JN241720

美味しい進化

食べ物と人類はどう進化してきたか

ジョナサン・シルバータウン
熊井ひろ美 訳

インターシフト

わが弟、エイドリアンへ

Dinner with Darwin
Food, Drink, and Evolution
by Jonathan Silvertown

美味しい進化【目次】

＊文中、〔　〕は訳者の注記です

第1章 進化美食学●ダーウィンとディナーをご一緒に

進化を食べる招待状

世の中には食べ物の本が多すぎる。食べ物に関する新たな本でそんな主張をするというのはひねくれているし自滅的だけれども、このテーマで語るべきことが果たしてまだ残っているのだろうかと思ったことは、あなたにもあるのでは？　ある日の午後、カリフォルニア大学デイヴィス校の蔵書豊富な図書館で、窓際で居眠り中のくたびれた学生たちを起こさないように注意しつつ食物関連の書棚を眺めながら、私はもちろん、そんなふうに思った。そこでは、アーティチョークからジンファンデルまで、食べ物と飲み物のあらゆる面が研究され、解説されている。棚に並ぶタイトルを見るだけでも勉強になった。『バカでもわかる燻製完全ガイド』は、おそらくバーベキューの煙をパイプタバコの煙と見間違えるのを防いでくれるはずだ。

『食べ物の泡』という分厚い本に、さらに分厚い続編の『食べ物の泡その２』が必要になるなんて、誰が思っただろう？　あるいは、肉やパイに関する本の棚にある『胃袋（トライプ）の食事』という本の内容が、ウシの胃の内壁のさまざまな料理法ではなくて、食品流行（フード・ファディズム）かぶれ全般、とりわけ菜食主義に対する痛烈な非難だなんて（トライプには「くだらない物」という意味もある）。通路の反対側にある『雄ウシなんか要らない！』は、元カウボーイが書いた完全菜食主義宣言だ。もしこの２冊の本の著者が顔を合わせることがあるとすれば、『手持ちサイズのパイ』の著者にも立ち会ってもらって、パイ投げ用のパイを提供させたいところだ。もっと真面目な（まあ、真面目とも言える程度の）話もしておくと、オックスフォード大学で開催された食物と料理のシンポジウムの論文集には、「古代ユダヤ式ソーセージ」や「トランシルヴァニアの炭でコーティングされたパン」や「ニシンダマシ祭り」やＵＦＯ（「未確認発酵物体」）に関する豊富な学識が示されている。工業志向の料理人向けには、『超高圧２軸エクストルージョンによる食品加工』なる本もあった。

　だから、実際に食べ物の本がうんざりするほど氾濫しているといけないので、あなたがいま手にしているこれは、本というよりもディナーの招待状だということにしてみよう。あなたが私と同類なら、受け取る機会もめったにないだろうし。けれども、これはひと味違ったディナーになる。頭脳のディナーになるのだ。もちろん、あらゆる食事は脳で食べるものだ。食べることによって生じる感覚を処理して感知する場所は、脳なのだから。だが、私の招待状は、食べ物をいままでとは違う見方で考えてみようというお誘いなのだ。

　たとえば、卵とミルクと小麦粉の共通点はなんだろう？　料理を楽しむ人なら、この３つはパンケーキのおもな材料だとすぐに気づくはずだが、それよりはるかに興味深い別の答えもある。卵とミルクと種子（小麦粉の原料）はそれぞれ、子を養うために進化によって設計されたものだ。この単純な事実をじっくり考えると、そこから1つの物語がまるごと飛び出してくる。この本はそういう物語を伝える本なのだ。パンケーキの材料だけでなく、14章にわたる食事の物語を。

すべての食べ物に進化の歴史がある。スーパーマーケットのどの棚にも、進化の産物がぎっしり詰まっている。とはいっても、鶏肉のパックのラベルを見てジュラ紀の消費期限を連想することはないだろうし、農産物の通路に並ぶ値札に、トウモロコシには先コロンブス期アメリカ大陸住民による6000年にわたる人為選択の歴史があるという事実が示されているわけでもない。それでも、すべての買い物リストに、それぞれのレシピに、あらゆるメニューに、全部の材料に、進化論の父チャールズ・ダーウィンと一緒にディナーを楽しもうという、無言の招待状がこめられているのだ。

ダーウィンの著書『種の起源』（光文社古典新訳文庫など）が1859年に出版されるまでは、自然界における設計の明らかな存在――たとえば、ミルクの栄養価が赤ん坊の食物として完璧だということ――は、設計者が実在する証拠だというのはわかりきったことで、その設計者とは神に違いないと考えられていた。だが、ダーウィンは別の答えを思いついた。自然選択だ。自然界のすべてのものはそれぞれ異なり、その多様性の一部はたいてい受け継がれる。たとえば、大人のミルクに対する耐性はさまざまで、その耐性はおもに遺伝子によって作り出される。自然選択とは遺伝した多様性のふるい分けのことで、ひと世代ごとに少しずつ、生物の機能を累積的に強化していく。局地的な条件に適した遺伝的多様体が、適応できない多様体が犠牲になることでどんどん繁殖するからだ。この漸進的な進化のプロセスは行き当たりばったりで、意図も計画も目標もない。

自然選択による進化は、設計者なしの設計を生み出す。矛盾していると思われるかもしれないが、このプロセスこそが、食べ物だけでなく、私たち自身も生み出したのだ。私たちと食べ物の関係には、私たち自身と食べ物の両方の進化が示されている。この関係について学ぶことは、胃袋だけでなく頭にも栄養をもたらしてくれる。簡潔な言葉がお好みなら「進化美食学」と呼んでもいいし、ただ単に、進化を食べるという言い方もできるだろう。

『種の起源』の一番初めの章が、植物の栽培化と動物の家畜化について書かれているのは、新しい品種を作るために利用する人為選択のプロセスが自然の仕組みに似ていることをダーウィンが気づいたからだ。育種家が作り出したとてつもなく大きい累積的な変化は、自然選択の漸進的なプロセスでもどれだけのことが達成可能なのかを明かしている。一見したところでは、植物も動物も進化の道筋を変えさせて私たちの要求を満たすようにたやすく形作ることができるほど順応性が高いなんて、奇妙に思えるかもしれない。そんなことが可能な理由は人為選択そのものが進化のプロセスであるからで、したがって私たちは進化に逆らっているというよりも、実は進化と協力しているのだ。

人為選択が植物と動物の進化を方向づける仕組みは、エンジニアが運河やダムや堤防によって地形を形作って川の流れを方向づけるのと同じだ。重力が水を望ましい方向へ流せるようにしてやるのだ。育種家は、どの個体に次世代を作らせるかを選ぶことによって遺伝子の流れを方向づけて、あとは遺伝にすべて任せる。これがうまくいくには、2つのことが必要だ。影響を与えたい特徴に関して個体間に多様性がなければならないのと、この多様性の一部が遺伝によって受け継がれるもの（遺伝性）でなければならないことだ。

種子と羊膜

卵とミルクと種子からパンケーキが作れるのは、自然選択による進化が授けてくれた特性のおかげなのだ。それがどういうふうに起こったのかを知るために、まずは卵から始めよう。卵は物事の始まりの象徴であり、進化がもたらしてくれた食べ物の中で、おそらく最も用途が広い。目玉焼き、ゆで卵、スクランブルエッグ、ポーチドエッグ、あるいはピクルスにしてさえ美味しいだけでなく、材料として魔法に近い力を発揮して、スフレやケーキやキッシュやメレンゲを膨らませ、マヨネーズやソースの油性の成分と水性の成分が分離しないように安定させてくれる。卵が栄養豊富なのはヒナの発生に必要な養分がすべて含まれているからで、台所で長期保存が可能なのは、進化によって設計された卵の殻が乾燥を防ぎ、腐敗の原因となる細菌や真菌から中身を守ってくれるからだ。こんなに役立つ特性は、どのようにして進化したのだろう？

ニワトリは卵を作り、卵はニワトリを作る。だから、「卵が先か、ニワトリが先か」という言い回しで、はっきりした出発点のない循環的な状況の比喩としてニワトリのライフサイクルが使われるのだ。だが、進化という観点で考えれば、卵が先かニワトリが先かというなぞなぞは簡単に解ける。卵はニワトリが登場する前に進化したのだ。鳥類は爬虫類の1系統の末裔で、かの象徴的存在の捕食恐竜ティラノサウルス・レックスも先祖に含まれる。現在では、驚くほど保存状態のよい化石が中国で発見されたおかげで、多くの恐竜に羽が生えていたことがわかっている。だからニワトリの羽は、雌鶏の卵と同じく、祖先の爬虫類から受け継いだものなのだ。それどころか、恐竜は巣作りまでしていて、どうやら一部の鳥と同じように、雌だけでなく雄も卵を抱いていたらしい。鳥類は、たしかに恐竜なのだ。

最も早い時期に科学論文に記述された恐竜の卵の化石として、ダーウィンが『種の起源』を出版したまさにその年、つまり1859年に発見されたものがある。発見場所は南フランスのプロヴァンス地方で、発見者であるカトリックの聖職者兼博物学者のジャン＝ジャック・プーシュ神父は、当然ながら、それは巨大な鳥の卵に違いないと信じていた。オムレツやスフレが誕生した国で、現代の卵の先祖に当たる爬虫類の卵がいち早く発見されたというのは、なんとなくふさわしいことのようにも思える。恐竜の卵は現在では世界中で見つかっているとはいえ、南フランスはいまもなお、こういった化石の世界的なホットスポットなのだ。

生命の進化の歴史の中で、無機物の殻に守られた卵を発明したのは爬虫類だが、殻のすぐ下にあるものはそれよりもさらに大昔に発明され、陸上生物に大変革をもたらしていた。海から陸地へ移動した最初の動物は両生類だが、サンショウウオやカエルなどの現代の両生類と同じように、ゼリー状の卵には空気中で乾燥するのを防ぐ手段がなかった。だから、成体は陸地で生き延びることができても、卵はいままでどおり水中に産むしかなかった。さもないと、しなびて死んでしまうのだから。

大変革というのは羊膜と呼ばれる膜を進化させたことで、この膜が胚を包み込んだ液体入りの袋のことを羊膜嚢と呼ぶ。羊膜嚢は、進化が最も利用しやすいルートで問題を解決するという典型的な例だ。3億1000万年前、石炭紀後期の原始の沼沢林から、セールスマンのこんな叫び声が聞こえてきそうだ。「胚が乾燥してしまう？　それならこれ！　池の水を詰めたこの袋にぽんと入れましょう」。実のところパンケーキには、陸地で生きるためのこうした適応の実例が、もう1つ含まれている。

それは種子のことで、3億6000万年前の進化的起源は、羊膜の起源と驚くほど似たいきさつだ。羊膜は、雌鶏の卵へとつながる道に不可欠なステップだった。陸地で繁殖する方法という問題に対する動物の解決策が羊膜嚢だったように、同じ問題に対する植物の解決策が種子だったのだ。最初の種子植物の祖先の陸生生物は、卵子と精子が出会うために湿潤な環境下の水分を必要としていた。現代のシダやコケと同じ仕組みだ。種子植物とシダの関係は、羊膜類と両生類の関係のようなものだ。種子でも羊膜嚢でも、乾燥を防いで養分たっぷりのパッケージで胚をくるむという進化が起こっているわけで、それは大革新だった。

そして、パンケーキの3番目の材料――つまりミルクの進化の話になる。子供に母乳を与えるのは私たち哺乳類の決定的な特徴で、どの種の動物も同じように、乳の分泌に特化した腺から授乳する。そのヒントは名前にある。哺乳類（mammals）とは乳房（mammaries）を持った動物のことだからで、乳を大量に作り出す。そう、とんでもなく大量に。アメリカの平均的な乳牛は、年間9.5トンものミルクを生産する。最大の哺乳類はシロナガスクジラだ。授乳中の体重100トンの雌クジラは1日にほぼ500ポンド(約225キロ)の母乳を子クジラのために作ると推定され、その中にはヒト400人を1日養うのに十分なエネルギーが含まれている。

パンケーキと生命進化の分岐点

哺乳類、鳥類、植物、そして生命そのものの進化の歴史は、ダーウィンの時代にはごく大ざっぱにしかわかっていなかったが、いまでは驚異的なペースで詳しい情報がどんどん明らかにされている。これは、異なる種のゲノムを読み取って比較することが簡単にできるようになったからだ。ゲノムとは要するにレシピ帳で、たとえば細胞の機構が有精卵をニワトリに変えるために、さらに、そのニワトリの細胞や臓器がニワトリのやるべきことを全部やるために、必要な指示がすべて書かれている。そしてそのやるべきことの中には、進化と料理の両方にとって最も重要な仕事も含まれている。つまり、ニワトリをどんどん増やすことだ!

ゲノムは、核酸の構成要素で作られた化学的アルファベットで書かれている。このアルファベットは4文字しかないのだが(つまり核酸の構成要素は4種類)、これらの文字を組み合わせたDNA配列によって、あらゆる種類のタンパク質を細胞に作らせるための、非常に長く複雑なレシピをつづることができる。このレシピというのは、実は遺伝子のことだ。遺伝子レシピによって作られたタンパク質の一部(たとえば卵黄のタンパク質)は食物分子になる。そのほかに、酵素と呼ばれる特別な種類のタンパク質を作り出す遺伝子もある。酵素は生化学的反応を促進する（つまり「触媒する」）働きがあり、たとえば唾液に含まれるアミラーゼという酵素はデンプンを単糖に分解してくれる。さらに別の種類の遺伝子は、ほかの遺伝子の働きを切り替えるスイッチになっている。細胞は小さな自動キッチンのようなもので、何万ものレシピをいっぺんに料理し、必要に応じてレシピの出来上がりを絶えず微調整しているのだ。

ゲノムには活動中の遺伝子だけでなく、偽（ぎ）遺伝子も含まれている。つまり、過去の遺伝子の亡霊だ。これはもう使われていないレシピなのだが、新しい世代が生まれるたびに、レシピ帳にはそのレシピがいままでどおりコピーされていく。機能している遺伝子は、忠実にコピーされ、修正される。また、偶然に生じた致命的なエラーは、自然選択によって取り除かれる。その保有者は、遺伝子の欠陥を子孫に伝えることができるようになる前に死ぬからだ。ところが、偽遺伝子のようにひとたび遺伝子が機能しなくなると、コピーのエラーは生存や生殖に不可欠なプロセスに影響を及ぼさないので、エラーは蓄積し、やがて遺伝子配列に無意味な部分がますます増えていく。機能を失った偽遺伝子が生じてから時間が経てば経つほど、その配列はまだ機能している遺伝子の配列とは大きく異なっていく。だから、使われなくなってから数百世代が過ぎるころには、レシピ冒頭の「卵白1個分を泡立てる」が「卵白1個分を食べる」になり、数千世代後には意味不明の「べる食はたまげぐくする」に変わっているかもしれない。

卵黄とミルクの生産にかかわるそれぞれの遺伝子の配列には、卵生の祖先から子供を母乳で養う胎生の哺乳類への間に起こった進化的変遷が反映されている。哺乳類の私たちの系統では、ニワトリに見られるような卵黄関連の遺伝子は7000万年前〜3000万年前に偽遺伝子になっている。これは乳タンパク質を作る遺伝子が登場してからずっとあとに起きたことなので、哺乳類が卵を産んで母乳も作る中間段階があったはずだ。ニワトリと卵生の哺乳類カモノハシのゲノムを比較したところ、ニワトリの卵黄のタンパク質を作る遺伝子の1つがカモノハシでもまだ機能状態にあることがわかった。つまり、誰でも予想がつくように、カモノハシのゲノムには卵黄のタンパク質を作る遺伝子だけでなく乳タンパク質を作る遺伝子も含まれている。カモノハシが哺乳類の卵生から胎生への移行期の生き残りだということが証明されているわけだ。

卵も種子もミルクも、親なら誰でもおなじみの根本的な問題、つまり「赤ん坊を守り、養うにはどうすればいいのか？」の解決策だった。少々シュールな話だが、パンケーキのこの3つの材料の進化が、地球上の生命の進化の分岐点だったのだ。

パンケーキは普通は前菜として出されることはないが、これからなにが出て来るのかという期待感を作り出してくれたのではないかと思う。では、メニューの続きをご案内しよう。材料はどれも、新鮮さはお墨付きの地元産だ。知識の供給者のお名前は、巻末の「注」に余すところなく列挙した。ついでに申し上げておくと、ここから先は私が並べた順番に従っていただいてもいいし、お望みならアラカルトで、ご自分で選んだ料理を好きな順番でお楽しみいただいてもかまわない。コーヒー、果物、ナッツがメニューに入っていないのは、私の以前の著書『見えない果樹園——種子の博物誌（*An*

Orchard Invisible: A Natural History of Seeds)』で提供済みだからだ。同じ品が2度出てきたら嫌でしょう？

料理の起源から未来の食べ物まで

料理はヒトの栄養摂取になくてはならないもので、第2章を見ればわかるように、本当に大昔からおこなわれ、ヒトの進化においてきわめて重要な活動だった。それと同じく重要なのが貝の食用で、約7万年前にアフリカ大陸から移住した少人数の集団は、そのおかげで生き延びた（第3章）。農業は植物の栽培化と動物の家畜化に基づいて始まり、現代人の食事の基礎となっている。ハッラー〔ユダヤ教徒が安息日・祝祭日に食べるパン〕の縄編み状の生地と同じように、第4章は農業の黎明期における穀物の栽培化の物語をパンの歴史と絡み合わせてみた。

それに続く2つの章では、私たちがどのようにして味覚と嗅覚を進化させて、植物などの食べ物の化学的性質に反応できるようになったのかという話を取り上げる。これは、なにが食用でなにが食用でないのかという、命を守るための選択ができるようになったいきさつだ。このトピックは、スープ（第5章）および魚料理（第6章）と一緒に供される。

私たち人間は作物の進化の道筋を定めてきたわけだが、それを食べることで、私たちの進化も作物によって方向づけられてきた。だが、注意してほしいのだが、本屋の棚がきしむほどぎっしり詰まった原始人（パレオ）ダイエット〔旧石器時代を見習い、肉や魚、野菜など、自然素材のみを生かした食事〕の本になにが書いてあろうとも、進化で運命が決まるわけではない。旧石器時代（パレオリシック）に進化によって定められたから膨大な量の肉を食べたほうがいい、などということはないのだ（第7章）。私たちは雑食動物なので、どのように振る舞わなければならないかとか、なにを食べなければいけないかとか、進化によって指図されることはない。あまりにも明らかな制約以外は、だが。「自分の頭より大きい物は食べるな」というのは、理にかなったアドバイスであるように私には思える。そして、マイケル・ポーラン（作家・ジャーナリスト）が述べているように、あなたがすでにご存じの3つの単純なルールに、健康に関する最高のアドバイスが含まれている。すなわち、本当の食べ物を食べること、おもに植物を食べること、食べ過ぎないこと。

進化による食事の制約がどれだけ小さいかという点は、私たちが食べている野菜を通じてすぐに証明できる（第8章）。私たちは、たとえ食べられそうにない有毒な植物でも美味しい食べ物に変える独創的な加工方法を見いだし、その結果として4000種以上の植物を食べることができている。食べられる植物がいかに多種多様かをほめたたえたいと思ったら、スコットランド植物学会を手本にするといい。この学会は2013年に、最も多くの種の植物を材料に使ったクリスマスケーキのレシピを競うコンテストを開催したのだ。優勝したレシピは焼き上げられ、そこには54科にわたる127種もの植物が含まれていた。トッピングだけでも、飴がけしたピーカンナッツ、クルミ、カシューナッツ、アーモンド、マツの実、ゴマ、アンゼリカ、ココナッツ、チョコレートコーティングしたコーヒー豆があり、飾り付けにはスミレ、プリムローズ、ラベンダー、ローズマリー、ルリジサ、オウバイ、デイジー、キンセンカの花を乾燥させて砂糖をまぶしたものが使われた。

植物は動物のように走ったり飛んだりして敵から逃げることができないため、それに代わる防御戦略を取り入れることを進化によって強いられている。植物は、運動能力ゼロのオタク学生と同じように、化学に秀でることによって、野外でのろまで弱虫なところを補っているのだ。そういうわけで、植物は逃げられないという単純な事実が、料理にきわめて重大な影響を及ぼした。第9章を見ればわかるように、これが香辛料に風味をもたらした原因なのだ。カラシやホースラディッシュのぴりっとした辛さ、ショウガやトウガラシの舌が焼けるような辛さ、おまけに植物のあらゆる薬効まで。

第10章では、贅沢品としての料理の世界へご招待する。糖と脂肪に対する原始的な欲望を満たしてくれる、デザートだ。第11章にたどり着くころには、ご用意しておいたチーズも満足のいく熟成加減になっていて、そのかぐわしい香りに心を奪われずにはいられない。ほかのどの食べ物とも違い、チーズには自然界にそのものずばりの同等物がないのだが、このミルクと微生物の調合には進化的な発酵が含まれている。そして発酵と言えば、第12章では、ショウジョウバエが腐りかけた果物に集まるように、私たちも酒に溺れよう。ワイン愛好家とハエはどちらもアルコールに引き寄せられる。アルコールがこの世にあるのは、酵母と悪魔の飲み物との長い進化的関係のおかげなのだ。

最後から2番目の章（第13章）では、食事においてあまりにも根本的すぎて、いつも当たり前のことと思われている疑問について考えてみる。その疑問とは、「なぜ私たちは食べ物を分け合うのか？」だ。進化に絡めた答えを話し合えば、食事時の素晴らしい話題になるだろう。結論としては、レストランにも進化的な起源があるということなのだ。最後の第14章では、食べ物の未来と、食べ物の進化において物議を醸している遺伝子操作の役割について考える。さあ、いよいよ食卓へご案内しよう。

たっぷり召し上がれ（ボナペティ）！

地図1　ヒトの出現と肉食の進化

第2章 料理●ヒト族はいつ料理を始めたのか

料理をする動物

料理をするのは人間の証だという考えは、古くからあった。1785年にスコットランドの伝記作家兼日記作家のジェイムズ・ボズウェルは次のように書いている。「私の考える人間の定義は、『料理をする動物』だ。獣は記憶力や判断力など、われわれ人間と同じような心的能力や感情のすべてを、ある程度は備えている。だが、料理をする獣などいない……」。ボズウェルがこれを書いたのはダーウィンが生まれる前なので、進化論を主張していたわけではないが、料理は私たち現生人類に欠くことのできないものだという考え方は、ほかの人々も直感的に正しいような気がすると思ってきた結論だ。本能的な直感（gut instinct）は科学における証拠の出どころとして一般的にはひんしゅくを買うものだが、これから述べるように、この問題では「腸（guts）」、つまり「消化器官」が重要参考人の役目を果たすのだ。

料理をする獣などいなくて、ボズウェルが言うように私たちは料理をする動物なのであれば、言わずもがなの疑問は、その習慣はいつどのように進化したのかという点になる。私たちのいとこに当たる大型類人猿は基本的には菜食主義者で、葉っぱや果物を餌にして生きている。ゴリラは植物しか食べないが、チンパンジーは可能なときには動物を捕まえて食べる。とはいえ、これは便宜的な行動で、おもに果物を食べて生きている。チンパンジーに料理はできないけれども、料理をするのに十分な知能を備えていると言われる。チンパンジーと私たちの共通の祖先は菜食主義だったはずなので、肉を食べて料理をする私たち人間は、菜食主義の、いや、実のところ完全菜食主義の種族から、段階的に進化してきたのだ。

私たちとほかの動物の間にぽっかり開いた隔たりが――食事と料理だけでなく、知能、言語、脳のサイズ、解剖学的構造においても――とても大きいように見えるのは、私たちが知らず知らずのうちにたどってきた進化の経路の中間形態が、絶滅によって消し去られてしまったからだ。私たち現生人類はヒトの最後の生き残りで、この世界にはかつて私たちの姉妹と呼ぶべき数種と、さらに数十種もの祖先やいとこが生きていた。それらをひとまとめにして、「ヒト族（ホミニン）」と呼んでいる。

私たち現生人類は、アフリカ生まれだ。チャールズ・ダーウィンはまだ化石の証拠がない時代にこのことを推論した。ただ単に、ほかの大型類人猿――チンパンジーやゴリラ――がアフリカ原産だという事実から推論したのだ。現在では、私たちがアフリカ生まれだということを示す化石証拠が十分にあるだけでなく、ＤＮＡの中に読み取れる進化史もそれを裏付けている。変異、つまり遺伝情報の小さな変化のおかげで、DNA配列を比較すれば進化の系統樹を復元することができるのだ。このプロセスは、先祖から受け継いだ姓を利用して親戚を見分けて家系図を作るやり方とよく似ている。

例として、私自身の名前、つまりシルバータウン（Silvertown）を取り上げてみよう。父方の祖父はポーランド生まれで、シルバースタイン（Silberstein）という姓だった。祖父が4歳のときに一家はイングランドに移住し、やがて祖父は仕立屋を開業した。第1次世界大戦が勃発したとき、ドイツ語風の名前だと商売に差し障りがあったので、1914年ごろに祖父は名前を英語風にして、シルバータウンに変えた。この変異は地域の環境に適応したもので──進化において絶えず起こっていることだ。もちろん、遺伝子の変異は無作為なのに対し、祖父には自分のやっていることがはっきりとわかっていた。写真の中の祖父は、「シルバータウン」と書かれた看板の店の前に誇らしげに立っている。祖父の商売は繁盛し、家族は増えて、いまではシルバータウンという姓の人間は誰でも（私たちの知る限りでは）私の祖父の子孫だ。

ほかのシルバースタインたちも名前を英語風にしたが、「シルバーストーン（Silverstone）」に変えた。進化の専門用語では、シルバースタインから生じた2つの変異のそれぞれは「共有派生形質」と呼ばれる。共有派生形質を利用すれば、起源をたどる樹形図を復元することが可能なのだ──家系図だろうと、進化の系統樹だろうと。もしあなたの姓がシルバータウンなら、この共有派生形質によって、あなたが私の祖父母でもあるジャックとジェニーの子孫だとわかる。もしあなたの姓がシルバーストーンなら、あなたは家系図の別の枝に属しているので、私たちの共通の祖先はもっと昔にさかのぼる。変異は常に継続中だ。私の名前は「シルバートン（Silverton）」と間違ってつづられることが多い。もし私または家族の誰かが世の中の流れに従うことに決めて、この簡単なほうのつづりを採用するならば、その変異が新たな共有派生形質となって、子孫を見分ける手がかりになるというわけだ。

さて、全人類が属している、もっと大きな家族に話を戻そう。ダーウィンが1871年に『人間の由来』（講談社学術文庫）を出版したとき、ヒトの家族のアルバムはまだ空っぽなままだった。ネアンデルタール人の頭蓋骨はすでに発見されていたが、それがいかに古く、いかに重要かということは理解されていなかったので、当時ヒト族の親睦会を開いたとしても、ひとりぼっちのパーティーになってしまったはずだ。現在では、ヒト族の化石が何千個も発見されていて、比較的最近の親戚については、ゲノム配列がわかっている者さえいる。私たちの先祖がなにを食べていたか、そして料理をしていたのかどうかに興味があるのだから、それを突き止めるには、全員を空想のディナーへ招待するのが一番ではないだろうか?

「エル・ディア・デ・ロス・ムエルトス（死者の日）」はメキシコの祭礼で、先祖をほめたたえて、墓地でピクニックをおこなう。墓は花で飾られ、ドクロの砂糖菓子や砂糖をまぶしたパンでできた骨が贈り物として交換される。私たちヒト族の親睦会は、「ウン・グラン・ディア・デ・ロス・ムエルトス——最大の死者の日」になりそうだ。ヒト族の最も古い先祖の代表が集まるのだから。招待状が発送されて、人類の故郷アフリカ大陸にメッセージがくまなく行き渡り、墓場でパーティーが開かれるという知らせが広がった。

11月1日になり、ヒト族の初めての大親睦会の日がやって来た。顎に歯の生えているヒト族の化石は、みんな出席する。わずかな骨しか知られていないので出席できない方々は、ゲノム配列を電子メールで送ってくれた。さあ、ずっと音信不通だった親戚のためのメニューを用意する必要がある。どの招待客にも間違いなく食事を提供するためには、姿を現した1人1人に次の質問をしなければならないだろう。「どちら様ですか?」、「どの時代に生きていましたか?」、「どこから来ましたか?」。それからもちろん、「なにを食べていましたか?」。招待客のほとんどは、生きていたころにこうした質問を理解して答えることなどできなかったはずだし、いまも最も無傷に近い頭蓋骨ですら、口を開けて苦笑するしか返事のしようがないわけだが、幸いなことに、到着客本人を詳しく調べれば、答えの多くは見いだせる。とはいっても、同じやり方をあなたが自宅で試してみることはお勧めしない。頭蓋容量、体内の構造、歯の顕微鏡検査など、きわめて個人的な問題が含まれるからだ。

最初の到着客は、私たちの何代前かわからないほど前の祖母、ルーシーだ。大昔の親戚はみんなそうだが、ルーシーも東アフリカからやって来た。驚くほど完全な状態の骨格を、エチオピアのハダールの砂漠でドナルド・ジョハンソンが発見したのだ。アウストラロピテクス・アファレンシスという種に属していて、ルーシーと名付けられたのは、発見されたときにビートルズの「ルーシー・イン・ザ・スカイ・ウィズ・ダイアモンズ」がベースキャンプで何度も繰り返し流されていたからだ。生前のルーシーはチンパンジーに似た背格好で、類人猿のような小さな脳も、チンパンジーよりわずかに大きい程度だった。それでも、彼女の発見が賞賛された理由は、ヒト族の中で初めて、人間のように直立歩行できたからだ。

　ルーシーは直立歩行していたが、優れた法医学的推理によって、手足を使ってよじ登ることもできたとわかっている。ルーシーの腕の骨の1本を分析したところ、非常に高いところから落ちて砕けた痕跡があったのだ。この落下がおそらく死因で、よじ登ることはできても、樹上生活に適した先祖たちほど木登り上手ではなかったらしい。なんといっても、彼女の足は歩くことに向いていたのだ。

　ルーシーとその同類たちの食事は、おもに菜食だったとはいえ、食べる植物の範囲はチンパンジーよりも幅広く、どうやらアウストラロピテクス属に含まれる数種は一般に、チンパンジーより幅広い範囲の環境で暮らせるように適応していたらしい。アウストラロピテクス・アファレンシスはチンパンジーに比べて臼歯が大きく、犬歯は小さく、たくましい顎を持っていたので、硬い食べ物を何度も噛み砕いていたのだろう。私たち人類の含まれるヒト属（ホモ属）は、アウストラロピテクス属の1種、おそらくルーシーと同じアウストラロピテクス・アファレンシスから生じたというのが、大多数の科学者の意見だ。この種は380万年前〜295万年前に生きていた。

　親愛なるルーシーは背が低いため子供用の補助椅子が必要だし、たしかにテーブルマナーはチンパンジー並みでナイフやフォークは用無しだが、生野菜の前菜とフルーツサラダには大喜びしてくれるだろう！　もしかすると、隣の席の火を通した料理を盗み食いすることもあるかもしれない。なぜかというと、実験によって、大型類人猿は選択の自由があるときには生の食べ物より火を通した物を好むことがわかっているからだ。心理学者のペニー・パターソンは驚くべき研究をおこなった人物で、ココという名前のゴリラを飼育して、コミュニケーションがとれるように訓練した。パターソンは霊長類学者のリチャード・ランガムに対し、どんな食べ物が好きかをココに尋ねたときの様子を次のように語っている。「ビデオカメラが回っている最中に、（自分の左手を示しながら）野菜に火を通したほうがいいか、それとも（右手を示しながら）生のほうがいいかとココに尋ねました。すると彼女は、私の左手（火を通すほう）に触りました。そこで私は、なぜ火を通した野菜のほうが好きなのかと尋ねて、片方の手を『美味しい』の意味で、もう片方の手を『食べやすい』の意味で示しました。ココは『美味しい』のほうを指差しました」

菜食主義者がなにを食べていたかを示す先史考古学的記録は、ほとんど残っていない（というよりも、菜食主義者が食べ残す物自体が、きわめて少ないのだ）。ファイトリスと呼ばれる非常に小さなケイ素の粒子（葉の組織の一部で、食べたとき歯にひっかかる）の形状の特徴から、ルーシーが食べていた植物の種類について多少のことはわかる。一方、肉食のヒト族は親切にも、食べた肉の骨――動物の解体に使われた石器による特徴的な傷が刻まれている――を残してくれただけでなく、解体用の石器そのものまで残っていることもある。実際に、解体された証拠のある最古の骨は、エチオピアのルーシーのなわばりで見つかった。339万年以上前の骨で、肉がこそぎ取られた跡と、骨髄を取り出すために割られた跡がある。どうやらアウストラロピテクス・アファレンシスは完全な菜食主義者だったとは考えられず、ただ単に骨にかじりつくだけでなく、食肉加工をおこなうこともできたらしい。

ごく最近まで、石器の製作は人間だけの技能で、ヒト属以前のヒト族は手近な岩を使って骨を叩いたり動物の死体をこすったりするのがせいぜいだったのだろうと考えられていた。ところが、2015年にケニアの西トゥルカナで発見された太古の遺跡では、330万年前に石器が製作されていた。ヒト属の最初の種が登場するよりも、少なくとも50万年前の出来事だ。東アフリカのほかの場所では、250万年前にエチオピアに住んでいたヒト族は大型動物の内臓を抜き、肉を切り分けており、さらにおそらく四肢を切り取り、皮をはいでいた。まとめると、このような古代の解体の残骸から考えて、肉食の慣習はほんの20万年前に進化したばかりのわれわれホモ・サピエンスよりはるかに古く、最初の人類（ヒト属）の種がアウストラロピテクス属から進化した280万年前ごろよりもさらにさかのぼることになる。だから、人類は古代の昔から肉を食べる雑食動物で、ヒト属の最古の祖先は動物の解体にいそいそと取り組んでいたのだ――それどころか、まるで自分の命がかかっているかのように熱心に。けれども、それは誰だったのか？

肉の毒性

ヒト族という名の家族の集まりで食器を年齢順に配置するとしたら、ヒト属の最初の種のための空席は、アウストラロピテクス・アファレンシスを代表するルーシーと、ホモ・エレクトゥスという名の明らかに人間らしい種の間に置くべきだろう。最初のヒト属が両隣の種の中間形態なら、その2つを比較することにより、アウストラロピテクス属よりも大柄で賢かったに違いないと考えられるわけだが、ほかにはどんな違いがあって、さらにその隔たりを埋めるためには、椅子をいくつ取っておかなければならないのだろうか？　隙間を埋めることのできそうないくつかの種がロビーで所在なげに待たされていて、古人類学者はそれらを正確に配置しようと努力している。その1つがホモ・ハビリス、つまり「器用なヒト」だ。この化石が最初に発見されて命名されたのは1960年代で、頭蓋骨の破片2個と片手の骨が、いくつかの石器の隣で発掘された。ひょっとすると、キッチンで起きた死亡事件の最古の記録では？

最初に見つかった「器用なヒト」の化石はわずか180万年前のものだったが、もっと古い化石が近ごろ確認されたので、ホモ・ハビリスの起源は230万年前まで押し戻され、ヒト属がアウストラロピテクス属から進化した時期と考えられている280万年前にぐっと近づいた。この化石によると、ホモ・ハビリスはアウストラロピテクス・アファレンシスに似た顎を持ち、頭蓋容量はホモ・エレクトゥスのほうに近かったようなので、2人の間の席なら、かなり居心地がよさそうだ。歯の化石だけから判断すると、「器用なヒト」はルーシーと同じくらい勢いよく食べ物を噛んでいたようだが、この2つの席の間に入り込むためにはライバルがいる。

2013年にエチオピアの人類学者チャラチュウ・セイヨムが、アウストラロピテクス・アファレンシスとホモ・ハビリスの中間に位置するように見える顎の化石を新たに発見した。その年代は280万年前の前後わずか5000年という驚くほどの精度で推定されており、歯は人間に似た特徴を備えているものの、顎の形はアウストラロピテクス属に似ている。この化石には、LD350−1という冴えない名前が付けられた――家族の一員というより自動車のナンバープレートにふさわしい名前じゃないかと思われそうだが、さしあたり、アウストラロピテクス・アファレンシスでもなければホモ・ハビリスでもないこの種には、これしか名前がない。ヒト属の最古参である可能性が非常に高いこの新入りが発見された場所は、ルーシーが見つかったハダールから30キロメートルしか離れておらず、しかも最古の石器の発見場所からわずか40キロメートルのところだった。

　そういうわけで、アフリカでヒト族が人間になった場所と、動物を解体して肉を食べるようになった場所は、2、3日で歩ける範囲内にあるということが突き止められた。これは、マクドナルド第1号店の歴史的に有名な所在地よりは、いくらかわくわくする情報だ。けれども、いまのところ、ヒト族の親睦会に集まった招待客は全員、食べ物を生で食べている。気の毒なＬＤ３５０－１は寂しげな表情を顔に浮かべて名札を物憂げにいじりつつ、血生臭いステーキ肉を何時間もクチャクチャと噛んでいる。隣の席の「器用なヒト」は、何日もかけて作り上げた石刃（せきじん）で肉を切り分けた。

　予想どおりに、ホモ・エレクトゥスがいま到着した。部屋に入ってくる姿を見ると、身長は1.3メートルしかないものの、体のプロポーションは私たちに似ている。石の握斧（あくふ）を持ち込んでいるので、面倒なことになるかもしれない。ほかのみんなが食べているのと同じ生肉の皿を出したら、気を悪くするだろうか？　それとも、家具を壊して火をおこし、料理を始めるだけのことだろうか？　歯をこっそり見てみれば、なにか手がかりが得られるかもしれない。最も初期のホモ・エレクトゥスは祖先のホモ・ハビリスやアウストラロピテクス・アファレンシスと同じように大きな臼歯を持っていたが、後期のホモ・エレクトゥスの化石を見ると、いままでの半分の回数しか噛まずに済むような軟らかい食事に適した小さい歯を徐々に進化させたことがわかる。つまり、ホモ・エレクトゥスは調理の上級者となったようだ。もしかすると、料理人と呼んでもいいかもしれない。

195万年前には、ケニヤ北部のトゥルカナ盆地で暮らしていたヒト族（おそらくホモ・エレクトゥス）は、カバやサイやクロコダイルのような難敵まで食用に解体していて、魚やカメも食べていた。とはいえ、ホモ・エレクトゥスとその肉食の祖先たちが肉しか食べなかったわけではないのは、かなり確実だ。生き延びるための食事はタンパク質だけでなくエネルギーも供給しなければならず、赤身肉はタンパク質をたっぷり与えてくれる一方で、カロリー源としては貧弱だ。タンパク質を消化してその一部をブドウ糖に変えるときにエネルギーが消費されてしまい、放出されるエネルギーはほとんどないからだ。カロリーの約3分の1以上を赤身肉から摂取している人々は、たちまち「ウサギ飢餓」になってしまう。これはアメリカ大陸にやって来た初期の探検家たちを悩ませた病気で、捕まえられる小動物だけを食べて生き延びようとしたことによる。赤身肉しか食べないとカロリーが不足するので、肉しか食べる物がない場合はさらに肉を食べて、飢えを満たそうと無駄な努力をするようになる。そしてこれが、肉の毒性をもたらすのだ。

肉を食べ過ぎると毒になるのは、タンパク質が消化されてできるアミノ酸が過剰になると、それを排泄処理する肝臓に負担がかかりすぎるからだ。肝臓は余分なアミノ酸を尿素に変えて、その尿素は血管から腎臓へ取り込まれるわけだが、腎臓にも余分な尿素のせいで負担がかかりすぎる。こうした問題は、食事に十分な分量の脂肪が含まれていれば避けられる。足りないカロリーが補充され、必要なブドウ糖が補われて飢えが満たされるので、肉を食べ過ぎずに済むからだ。大人のイヌイットが動物だけを食べて生きられるのは、常食している北極の哺乳類には非常に大量の脂肪が含まれているからだが、子供は植物も食べる必要がある。とはいえ、ヒト属が進化したアフリカのサバンナでは、野生動物から得られる肉の大部分は赤身肉で、脂肪はほとんど含まれていない。したがって、ほぼ菜食主義者だった祖先から進化した初期のヒト属は、無制限の肉食に対処することはできなかった。そういう食べ物に適応しているネコ科などの本物の肉食動物のようにはいかないのだ。

地下貯蔵器官とゾウ

おそらく、初期のヒト属のおもなエネルギー源は、祖先たちと同じだろう――つまり、植物の炭水化物だ。現代人でさえ、食事の炭水化物の大半は植物から得ている。もっとも、コムギ、トウモロコシ、イネ、ヤムイモ、ジャガイモなどの農作物からだが。アフリカの狩猟採集民族の生き残りで、おそらく大昔の祖先と似たような生活を送っている人々は、1日に必要なエネルギーの3分の1までを塊茎（かいけい）〔ジャガイモのように地下茎が養分をたくわえて塊になったもの〕、鱗茎（りんけい）〔タマネギのように多数の葉が短い茎の周囲に生じ養分をたくわえて球形になったもの〕、種子、ナッツ、果物などの野生植物から摂っている。こうしたエネルギー源は、200万年か300万年前のアフリカでも利用可能だったはずだ。

初期のヒト族が食べた植物の直接の化石証拠は残っていないが、彼らがおそらく植物の地下貯蔵器官から炭水化物を得ていたことを示す状況証拠ならある。たとえば、アウストラロピテクス・バーレルガザリ――アウストラロピテクス・アファレンシスが東アフリカに住んでいたころに中央アフリカのチャド湖の湖畔に暮らしていたヒト族の1種――の歯のエナメル質を分析したところ、摂取カロリーの85パーセントを熱帯のイネ科やカヤツリグサ科の植物を食べることで摂っていたという化学的証拠が得られた。こういった植物の葉はいくら噛んでも噛み切れないので、たぶん多肉質の茎やデンプンの詰まった地下部分を食べていたのだろう。実際に、現在では人間もヒヒも、たとえばショクヨウガヤツリ（キペルス・エスクレントゥス）のようなカヤツリグサ科の塊茎を食べている。この塊茎は美味しくて栄養があるため、古代エジプトで広く栽培されていた。油脂もデンプンも豊富に含まれていて、生でも加熱しても食べられる。ショクヨウガヤツリはスペインでは作物として栽培されているが、ほかの地域では、あまりにも繁殖力が強くてしつこいので、世界最悪の雑草の1つとみなされている。ミネソタ州でおこなわれた実験では、1個の塊茎を植えるとわずか12カ月後には1９００本以上の草が生えて、７０００個近い塊茎ができたのだ！

ショクヨウガヤツリの塊茎は硬い皮に包まれているので、歯科用機器がきちんと揃っていない時代のヒト族にとっては問題になったはずだ。初期のヒト族の遺跡にたくさん残されている剥片石器は、塊茎の皮をむくのに使われていた可能性があるだろうか？　それを突き止めるために、２００万年前の石英の剥片石器で使用時の引っかき傷が鋭い刃に残っている物を、ケニヤ南部の遺跡で見つかった同じ石英から作った現代版の剥片石器と比較した実験が実施された。現代の実験用の剥片石器を使ってさまざまな動物性および植物性食物の加工処理をシミュレーションしてみると、用途ごとに特徴的なパターンの傷が刃に残された。

この実験の結果、地面から抜いたばかりのように砂に覆われた地下貯蔵器官の皮をむくことで新しい石器に付いた傷のパターンは、元の石器に残っていた傷の一部と一致したので、まさにその目的で使われたらしいことが示唆された。もしこれが古典的な探偵小説なら、200万年以上前に生きていたヒト族には、地下貯蔵器官を食事のおもな構成要素とする動機も手段も機会もあった、と結論づけるところだ。動機は炭水化物の供給源の必要性、手段は石器を作る技術（歯かもしれないが）、そして機会は、住んでいる場所にちょうどいい種類の植物がありあまるほど生えていたことだ。

ホモ・エレクトゥスの招待客にどんな食事を出すべきかについて調査を続けていくと、彼がヒト族の中でもとくに旅慣れた種に属していることがわかる。ホモ・エレクトゥスは私たち現生人類と同様にアフリカから移住したわけだが、現生人類よりも170万年以上も前のことだった。アフリカ以外で見つかった最古のヒトの化石はホモ・エレクトゥスのもので、西アジアのコーカサス山脈のドマニシで発見された。このドマニシの化石はアフリカで発掘された初期のホモ・エレクトゥスと似ていて、知られる限り最も完全に近い初期のヒトの頭蓋骨が含まれている。この化石は約180万年前のものと推定され、ホモ・エレクトゥスがアフリカで進化したあとすぐにユーラシアに入り込んだことがわかる。そして分布域は急速に拡大して、西は地中海から東ははるばる中国にまで広がった。

ホモ・エレクトゥスが雑食性で動物だけでなく植物も食べていたことは間違いなさそうだが、その化石はゾウの化石と一緒に見つかることが多いので、とくにゾウに頼って生きていたのかもしれない。ゾウは食用として狩られ、巨大な死体から手に入る肉だけでなく脂肪も栄養補給に重要だったのだろう。ゾウの骨と牙は道具の材料として使われていて、ホモ・エレクトゥスが歩き回るところはどこにでも、この巨大な草食動物のなんらかの種が常にそばにいて、獲物を確実に得られる状態だった。40万年前に地中海東岸からゾウが消えたとき、ホモ・エレクトゥスも消えた。実のところ、過去100万年の間にヒトが現れた地図上の場所はどこも、ゾウの在来種が絶滅した場所なのだ。

そういうわけで、臼歯が小さくなって脳が大きくなった後期モデルのホモ・エレクトゥスをこの食卓に迎えているのなら、ゾウのステーキ肉に皮をむいたショクヨウガヤツリの塊茎を付け合わせたひと皿を提供すれば間違いなさそうだ。けれども、火を通してほしいと厨房に戻されてしまうだろうか？　そうなるかもしれないと考えるだけの理由はあるのだが、ホモ・エレクトゥスが火を通した物を食べていたことを示す直接的な証拠は、驚くほど手に入れにくい。たき火の跡、肉の解体処理の跡、石器、ヒトの化石だけでは、料理の状況証拠にしかならないのだ。洞窟の中に古代のたき火の灰が見つかるかもしれないが、それが故意に燃やした火で野火のせいではないと、どうすれば確信できるだろう？　たき火跡には動物の骨が含まれているかもしれないが、その肉が料理されて食べられたと、どうしてわかるのか？　そこまで疑り深く考えないならば、アフリカには燃えた動物の骨を含むたき火跡が複数あり、中には解体処理の痕跡が骨に残っているところさえあるので、どうやら人類初のバーベキューは150万年も前におこなわれたようだ。

幸いなことに、食習慣はヒトの進化の方向づけに非常に強い影響を与えてきたので、この主張に関しては、先史考古学的証拠だけでなく生物学的な証拠も存在する。ハーバード大学の生物人類学者リチャード・ランガムは、著書『火の賜物――ヒトは料理で進化した』（NTT出版）の中でこの証拠を集めて、脳の大きいホモ・エレクトゥスの進化は料理がきっかけとなったという説得力のある主張をおこなった。ランガムの考えでは、初めて料理をしたヒトはホモ・エレクトゥスで150万年前の出来事だという。彼の指摘によれば、チンパンジーに比べるとホモ・エレクトゥスやわれわれを含むヒト属は口が小さく、顎の力が弱く、歯も小さく、胃も小さく、腸も短く、全体として消化器官が小さい。頭部と腹部のこのような特徴はすべて、加熱によって料理したエネルギー豊富な軟らかい食べ物に合わせた適応だったというのだ。

もちろん、ホモ・エレクトゥスの消化器官の直接的な証拠はないのだが、胸郭の大きさと形から考えて、生のまま食べる草食動物の大容量の消化器官を納められるほど大きな腹ではなかったということはわかっている。アウストラロピテクス属のルーシーは霊長類では当たり前の生の菜食だったが、人間はかさばって繊維豊富でエネルギーの乏しい食物を大量に処理できるようには装備されていない。もし人間の食事が進化の間に変化していなければ、私たちと同じ大きさの霊長類なら、生の植物を食べ物として消化するのに必要な容量を備えるために、いまの私たちよりも40パーセント以上大きな腸を持つ必要があっただろう。このタイプの食事で生きていこうとして食べ物に火を通さない人々は、体がもたないペースで体重が減ってしまう。ほかの霊長類のように、生の植物だけの食事でいくらかの間でも生き延びることは、私たちには不可能なのだ。

脳の増大、エネルギー代謝率の向上

さて、ヒト族のパーティーにこれまでに集まった招待客を見渡すと、一方には「料理をする動物」が料理を始める前の祖先が並び、もう一方を見れば進化の行き着いた先がわかる――だが、よくわからないのは、料理によって引き起こされた大きな食事の変化が、正確にはいつどうして起こったのかという点だ。解剖学的な理由から、どうやら最初の料理人がホモ・エレクトゥスだったというのはおおいにあり得そうな話だが、この祖先の長い歴史の中で料理が始まったのは、実際どれくらい早い時期だったのだろう？

ヒト以外の霊長類の顎の筋肉を強くするＭＹＨ16という遺伝子が、２００万年以上前にヒトの系統から消えたという遺伝学的証拠が存在している。もしかすると、最古のホモ・エレクトゥスは当時すでに料理をしていて、力強い顎の筋肉は不要になりつつあり、小さくなってきた歯が折れてしまう危険さえあったのかもしれない。料理が正確にはいつ始まったのかという疑問の答えは、化石や先史考古学的証拠が見つかるにつれて、だんだん明らかになりそうだ。いつ料理が始まったのかという謎に比べて、どうして始まったのかという疑問のほうは、はるかに明らかな答えが出ている。料理は食べ物の消化率を高め、より多くのエネルギーを引き出せるようになるし、多くの毒素を不活性化するので、ヒト族の進化の可能性に新たな展望を開いてくれたのだ。

ジャガイモやショクヨウガヤツリの塊茎は十分に武装した地下貯蔵庫で、その中には将来の生長や繁殖に使うためのエネルギーがしまわれている。お察しのとおり、この貴重なエネルギーのたくわえは、一連の防御手段によって外部の攻撃から守られている。まず、見えない地下に埋められているので、見つけて掘り出さなければならない。次に、ショクヨウガヤツリのように硬い皮があったり、マニオク（キャッサバ）のように毒素が含まれていたりすることで、未加工では食べられないようになっている。塊茎のデンプンもこちこちに固まっているので、消化器官内の消化酵素がアクセスしにくい。とくに子供の場合、加熱不足のジャガイモは消化されずに消化器官を通過してしまう。そして最後に、デンプンの分子はちっぽけな粒の内部で結晶質のブロックに閉じ込められており、その粒はあまりにも小さいので歯と歯の間や石と石の間ですりつぶしてもこじ開けることができない。料理は塊茎の防御手段の大部分を無効にしてくれて、毒素や酵素阻害物質を破壊し、組織を柔らかくしてデンプン粒を破裂させるので、デンプンは乾燥した結晶から湿ったゼリー状へと変わり、それを分解する酵素がアクセスできるようになる。肉や脂肪も、生のままならライオンの胃袋でしか得られないほど大量の栄養素とエネルギーと風味が、料理することによってもたらされるのだ。

ランガムは、料理がわれわれを人間にしてくれたのだと主張する。なぜなら、大きな脳を動かすのに必要なエネルギーを与えてくれたからだという。人間の進化においてなによりも重要な傾向は、過去200万年間にわたって脳のサイズが着々と大きくなってきたことだ。私たちの脳は、いまではほかのどの霊長類よりも3倍は大きいが、絶対的な大きさがすべてではない。ウシの脳も大きいけれど、それほど利口ではない。大きくて賢い脳が、複雑な言語や抽象的思考やそれから生じるあらゆる能力などの、人間独自の力を引き出したのだ。脳はエネルギーにとても飢えている器官だ。人間の脳は体重の2パーセント程度の重さしかないのに、安静時に消費されるエネルギーの少なくとも20パーセントは脳で使われる。このエネルギーの大部分はシナプスと呼ばれる電気的接合部で使われており、シナプスは神経細胞どうしをつなぎ、脳の機能のかなめとなるものだ。

同じ重さで比較すると、消化器官は脳と同じくらいエネルギーに飢えているのだが、私たちの脳は同じ背格好の霊長類の脳の平均サイズよりもはるかに大きいのに、消化器官ははるかに小さい。消化器官を節約することによって、進化はより大きな脳に惜しげもなく使うためのエネルギーを取っておいたのだ。ランガムの仮説によれば、料理が食べ物のエネルギー価を高めたことで、より小さな消化器官でも脳の進化の急増する要求に応じることが可能になったのだという。消化器官を燃料タンクとして考えると、料理は燃料のオクタン価を高めてくれるというわけだが、それに加えて、人間はより速く走るエンジンからも利益を得ている。大型類人猿と人間の代謝率を比較した最新の研究によれば、意外なことに、私たちの代謝率はチンパンジーの代謝率よりも27パーセント高いことがわかった。だから、私たちはオクタン価の高い燃料を持っているだけでなく、より速くそれを燃やしているのだ。同じ体重で比較すると、人間のエネルギー収支はチンパンジーよりも大きい。その余分の利益を私たちはなにに使っているのか？　考えてみよう！

もしかすると、私たちが本当に料理する動物だという最も説得力のある証拠は、脳の増大と料理がたしかに密接に関連しているように見えるからなのかもしれない。ヒトの進化の過程では、脳が大きくなったのとほぼ同じ時期に、消化器官が小さくなっている。ホモ・エレクトゥスはこの傾向を体現する存在であり、もしランガムの意見が正しいならば、いまごろはもうこの招待客はテーブルをドンドン叩き、料理した食べ物を出せとわめているだろう。

ネアンデルタール人の食事

ホモ・エレクトゥスになにを食べさせるべきかという迷いが晴れて、腹ぺこのご先祖様が料理された食べ物を頬張っておとなしくなったので、ようやく次の招待客に注意を向けることができる。背の高いたくましい体格のヒト族が、自信に満ちた足取りで、細長い木の槍を手に部屋へ入ってきた。槍の長さは6フィート以上（2メートルほど）あり、先端にはよくできた石の矢じりが付いている。これはホモ・ハイデルベルゲンシスで、ホモ・エレクトゥスのアフリカの分家の子孫だが、ホモ・エレクトゥスよりも近代的な容姿で、脳も30パーセントほど大きい。額が高く、顔は平べったいものの、眉の隆起はまだ突き出ていて、顎先がない。ホモ・ハイデルベルゲンシスは70万年以上前に出現したので、100万年以上にわたる脳の増大をすでに経てきた系統の産物だ。学名から想像がつくように、最初の化石はドイツの都市ハイデルベルクの近くで発見されたのだが、その後ギリシャ、エチオピア、ザンビアでも見つかっている。また、ホモ・ハイデルベルゲンシスと推定される化石はインドと中国でも出土されている。

ホモ・ハイデルベルゲンシスは、私たちの祖先の中でもいち早く、必要なときにいつでも火を入手できたはずだとかなり確信できる存在だ。招待客が持ってきた槍はトウヒの木でできていて、ドイツのシェーニンゲンで泥に埋まっているのを発見された数本のうちの1本だ。シェーニンゲンの槍は約30万年前のもので、当時のこの地域は湖岸にあり、動物がたくさん生息していた。ゾウもいたがめったに見られず、ヒト族はおもにウマを狩りで仕留めていて、解体されたウマの骨が遺跡のあちこちに散らばっている。1頭のウマを殺すだけで20名か30名の集団を2週間ほど養うことができたはずで、食事にはヘーゼルナッツやドングリ、ラズベリーなどの地元の野生植物の実も添えられていたかもしれない。この親戚には、ミディアムレアの馬肉のステーキにローストしたドングリを付け合わせたひと皿を出したあと、熟したヘーゼルナッツを砕いたものに野生蜂蜜《はちみつ》で甘くしたラズベリーのクーリ〔ピューレ状のソース〕を添えたデザートを付けるのがよさそうじゃないか？

　ホモ・ハイデルベルゲンシスが満足そうに席に着き、あの恐ろしげな槍も邪魔にならないところに無事片付けられたので、ヒト族の末裔である最後の招待客たちに注意を向けるとしよう。一族の伝統を破って、この末裔のうちの2種類はアフリカで進化したのではなく、よそへ移住したホモ・ハイデルベルゲンシスの子孫だった。そのうち最も有名で、19世紀にその化石が初めて発見されたときに古さがきちんと認識されていれば、ほぼ２００年前には家族のアルバムに加えられていたはずなのが、ネアンデルタール人、つまりホモ・ネアンデルターレンシスだ。

　もう1種類は、２０１０年まではその存在すら私たちが知らなかった、絶滅した親戚だ。その年、シベリアの洞窟で発見された指の骨をＤＮＡ解析したところ、ネアンデルタール人とも現生人類とも一致しない配列が現れた。このDNA配列は幼い少女のものだとわかったが、既知の種とは十分に異なっていたため、指の骨が発見された場所〔シベリア南部・アルタイ山脈のデニソワ洞窟〕にちなんでデニソワ人という名前が人類学者によって付けられた。デニソワ人の物的証拠はあまりにも少ないので、この親睦会における「最も存在感が薄くて幽霊のようで賞」はもちろん決まりだ。とはいえ、これはそもそも死人たちの集いなのだが。ゲノム解読によって、デニソワ人の遺伝子が現代の一部の集団にうっすらと残っていることがわかった。これは、5万年以上前に現生人類がメラネシアとオーストラリアに定住する過程でデニソワ人と出会っていたはずだという証拠で、この地域の現在の住人のDNAにはその出会いから受け継いだ断片が残っている。

デニソワ人のための席はとりあえず空けておき、デニソワ洞窟で見つかったキツネやバイソンやシカの歯で作られた装身具を目印に置いておこう。これはその場所で亡くなった少女の持ち物だったのかもしれない。おそらく、そう遠くないうちにデニソワ人の化石がもっとたくさん見つかるだろう。そうしている間に、大型のヒト族の重々しい足音が階段から聞こえてくる。最後の招待客、ホモ・ネアンデルターレンシスの到着だ！

入ってきたのは、男が1人と、腕に赤ん坊を抱えた女が1人。外見は現代人に似ていて、美容院と服屋に立ち寄りさえすれば、あなたが道ですれ違っても、たくましい筋肉と並外れて大きな鼻と顎の引っ込んだ顔だちをちらっと横目で見るだけで通り過ぎるかもしれない。ネアンデルタール人は北半球生まれで、私たちのようにアフリカ生まれではなく、涼しい気候と暗い冬に適応していた。ゲノム解読がおこなわれた最初のネアンデルタール人の1人は赤毛だったことがわかっている。私たちも彼らも同じホモ・ハイデルベルゲンシスの子孫なのだが、ネアンデルタール人はユーラシアの集団から進化して、私たちはアフリカの集団から進化した。私たちとネアンデルタール人のゲノムの比較から、50万年以上前に枝分かれしたことがわかっている。ネアンデルタール人はほんの4万年前までヨーロッパでふんばっていたのだが、跡形もなく絶滅してしまったわけではない。アフリカ以外の全人類の中に、ネアンデルタール人の遺伝子が潜んでいる。ネアンデルタール人がなにを食べていたのかについても、かなり多くのことがわかっている。

ネアンデルタール人の食事に関する情報源は、おもに3つある。食べた物の断片が含まれた歯石と、出した物の中身を教えてくれる糞石と、比喩的な言い方をするならば、皿の縁に置かれた骨と食べ残しだ。ネアンデルタール人の洞窟住居には動物の骨があちこちに散らばっているので、おもに大型動物を狩って肉を食べることで生きていたのだろうという結論がすぐ思いつく。けれども、その肉にたっぷりと脂肪が含まれていない限り、そういった高タンパクの食事ではエネルギー必要量を満たすことはできなかったはずだ。とりわけ、彼らは私たちよりも筋肉質で、脳もわずかに大きかったのだから、エネルギー必要量もおそらく私たちよりずっと大きかったはずだ。5万年前のネアンデルタール人の糞便を化学分析したところ、肉を大量に食べていたという意見が裏付けられたが、野菜も食べていたことも明らかになった。この結論を裏付ける証拠はほかにもある。

歯石の形成は生きている間に化石化のプロセスを経験するようなもので、その化石の中には口の内容物のサンプルが抽出されていて、それはもしかすると一生分のサンプルかもしれない。最初は歯垢の沈着から始まる。時間が経つにつれ、リン酸カルシウムが沈着して歯垢が石化する。リン酸カルシウムは唾液内に過飽和状態で含まれており、その生物学的機能は歯のエナメル質の修復なのだが、副作用として歯垢が石化し、微量の食物を結晶の中に取り込み、何千年も保存することになるのだ。

ネアンデルタール人の歯から採取された歯石にはさまざまな植物のファイトリスが含まれていることがわかっており、デーツ、地下貯蔵器官、イネ科の種子などのほか、加熱したデンプン粒や煙の粒子まであった。これは、石器時代のレシピ帳でも見つからない限り、ネアンデルタール人が実際に植物に火を通して食べていたことを示す最も明白な証拠だ。植物の遺存体はたちまち腐ってしまうものだが、もし偶然にも火で黒焦げになれば、保存されて新たな証拠をもたらすことができる。このような燃えた遺存体がイスラエルのカルメル山の洞窟で見つかり、ネアンデルタール人がアーモンド、ピスタチオ、ドングリ、野生のレンズマメ、さらにイネ科の野草の種子やマメ科の数多くの植物を採集していたことがわかった。チキンスープもファラフェル〔ヒヨコマメやソラマメなどをすりつぶして丸めて揚げた中東の定番料理〕も、まだ考案されていなかったころの話だ。

最新の証拠によると、ネアンデルタール人の食べ物の幅広さは、同時期の現生人類とあまり変わらなかったようだ。ネアンデルタール人は大型動物だけで生き長らえていたわけではなく――大型動物は重要な食料ではあったのだが――貝や、ときにはウサギやカメや鳥類などの小型動物も料理して食べていた。イベリア半島の南端で地中海の入口を見下ろす岩だらけの小半島ジブラルタルにあるゴーラム洞窟は、ネアンデルタール人が最後に住んでいた遺跡の1つだ――もしかすると、最後の砦だったのかもしれない。カワラバトはいまも洞窟の周囲の崖に巣を作っているが、この地に定住していたネアンデルタール人のいつもの獲物として、６万７０００年前から彼ら（ハトではない）が消え去るまで、食べるために捕らえられて料理されていた。その後、現生人類が洞窟に住み着き、それから何千年にもわたってハトを食べ続けたわけだ。

ヒト族の親睦会の招待客の1人1人が、いまではふだんどおりの食事を出されていて、私たちにわかる範囲では、どの頭蓋骨も満足げな笑みを浮かべており、かすかなげっぷの音が食堂に響いている。５００万年前の私たちの祖先はおそらくほとんど菜食主義で、３３０万年前には石器を作って肉を食べるようになっていて、１００万年前か、おそらくもっと早い時期には、食べ物を料理していた。この歴史からわかるのは、進化による変化は段階的で、道具製作や料理など一般に私たち特有の目新しい習慣と考えられている事柄の起源は、ヒト族の系統に深く根差したものだったということだ。この系統の歴史は古いが、現生人類が登場したのはごく最近だ。

これで、私たち成り上がり者の人類も、宴会に加わる準備が整った。ホモ・サピエンスの生まれ故郷であるアフリカ大陸は、ネアンデルタール人が最後の晩餐のハトを食べたゴーラム洞窟からジブラルタル海峡を挟んでわずか9マイル（約１４・５キロメートル）のところだが、われわれがアフリカを発ったときは、その海峡を渡ることも、途中の食事でハトを食べることもなかった。それよりもまったく遠回りの道筋でアフリカから散らばり、全然違う物を食べていたのだ。

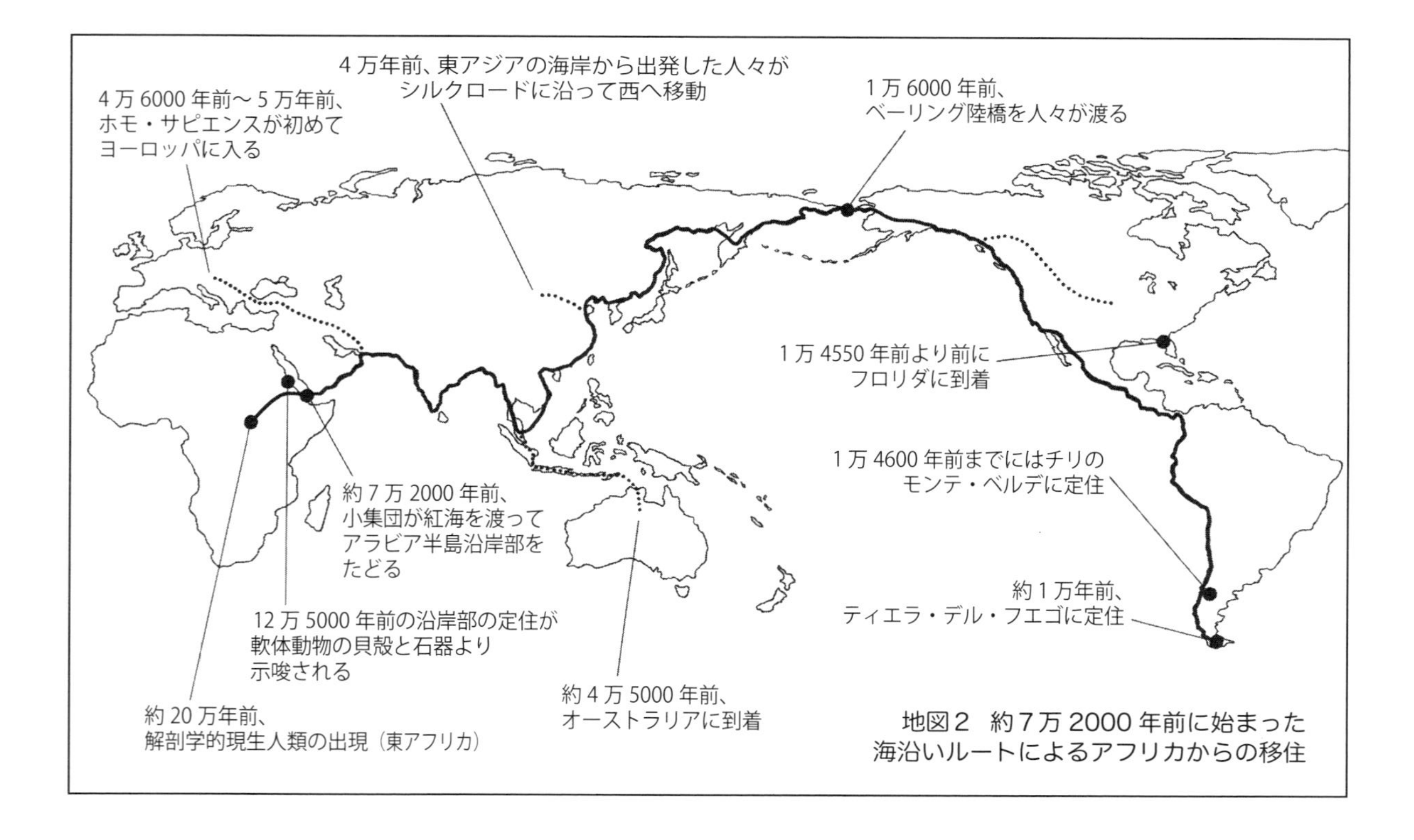

地図２　約７万2000年前に始まった
海沿いルートによるアフリカからの移住

第3章 貝●人類の大いなる旅の食料

時を超越した食べ物

1440年、中世の『料理術の本』を書いた名も無き著者が、ムール貝〔「イガイ」とも〕料理の作り方を記録した。このレシピは中期英語で書かれていて、単語のつづりは見慣れないが、音と意味は6世紀の時を越えて伝わってくる。「ムール貝を掃除してきれいにすること（Take and pike faire musculis）」と著者は語る。「そして、鍋の中に放り込む（And cast hem in a potte）」。そこへ「みじん切りのタマネギ、たっぷりのコショウとワイン、少しの酢（myced oynons, And a good quantite of pepr and wyne, And a lite vynegre）」を加える。出来上がりのタイミングは「貝の口が開き始めたらすぐ（assone as thei bigynnet to gape）」で、「火から下ろし、温めた皿に蒸し汁とともに盛って供する（take hem from ye fire, and serve hit forthe with the same brot in a diss al hote）」。この料理になくてはならない材料は、昔から変わらない。つまり、きれいなムール貝、みじん切りのタマネギ、コショウ、ワイン、少しの酢だ。

ムール貝は、母乳と同じくらいと言っていいほど時を超越した食べ物なのだ。人々は少なくとも16万5000年前からムール貝を生または火を通して食べてきた――たぶん、それよりもはるか昔から。私たちのきょうだいに当たるネアンデルタール人もムール貝を食べていたので、50万年以上前にいた共通の祖先も十中八九食べていたはずだ。ヒト族は100万年前から、いや、もしかするともっと昔から、貝を食べていたのかもしれない。この主張はそれでも控え目な数字だ。なぜなら、数多くのサルや類人猿が、魚や貝を入手できるときに捕まえている姿を観察されているのだから。

現生人類が地球上の海岸線に沿って移動した歴史的ルートには、捨てられた貝殻の山がたびたび差し挟まれている。北は北極から、南はアフリカ大陸南岸や南米大陸最南端まで、潮の満ち干の間に貝を拾い集めた人々が捨てた貝殻は、何世代にもわたって貝が日常的に食べられてきた証拠だ。シーフードに豊富に含まれているオメガ3脂肪酸は脳の発達にきわめて重要なので、進化にとって栄養的に必須だったのかもしれない。必須栄養素は、ある種のアミノ酸のように、私たちの細胞が自分で作り出せないので食べ物を通じて手に入れなければならない、きわめて重要な化合物なのだ。

世界最古の貝塚は16万5000年前の中石器時代のものでアフリカにあり、そこでは最も初期の現生人類の一部が、インド洋を遠くに望む洞窟に住んでいた。あとに残されたゴミから狩猟採集民だったことがわかっており、彼らが食べていた貝と同じ種は現在でも同じ地域で見つけられる。その中には数種のムール貝や、大量のカサガイや、ターバンのような分厚いらせん状の貝殻を持つ大型の巻き貝が含まれていた。この大型の巻き貝はアフリカーンス語〔オランダ語から派生した言語で南アフリカ共和国の公用語の1つ〕で「アリクルーケル」と呼ばれ、半ダースもあればとても立派な食事になる。

この驚くべき洞窟は南アフリカのケープ地方のピナクル・ポイントにあり、アリゾナ州立大学の人類学者カーティス・マリーンが発見した。彼の文章によると、単なる偶然で見つけたわけではないという。約19万5000年前にアフリカで現生人類が誕生してから数万年以内に氷期による気候の寒冷化・乾燥化で、アフリカ大陸のほとんどが人類の生存に適さなくなったことを知ったからこそ、彼はこの地域へたどり着いたというのだ。

この氷期が引き起こした人口の急落の遺伝学的影響はいまも現代人のゲノムに刻み込まれていて、子供を作れる年齢の人口が1万人からわずか数百人まで減ってしまったらしい。マリーンは、この生き残った人々――つまり私たち全員の祖先――は周囲の海の影響で気候が穏やかな南アフリカのケープ地方に避難したのかもしれないと推理したのだ。ケープ地方には、ほかの場所で狩猟採集民が依存してきた獲物を減少させた寒冷乾燥条件に影響されないはずの食料源が2つあったのではないか。それはシーフードと、ケープ地方特有の植物種が豊富に作る鱗茎だ。この鱗茎が、現在のムール貝料理で使われるタマネギに相当する材料として、中石器時代に使われていたのだろう。

現代の海水面は氷が大量の水を陸地に閉じ込めていた16万5000年前よりもはるかに高いので、当時の海岸付近の洞窟住居はその後みんな海中に沈み、考古学的堆積物はすべて波で洗い流されてしまった。ピナクル・ポイントの洞窟に人類が住んでいた証拠が残っていたのは、内陸に引っ込んでいて、高い崖の上にあったからだ。そこで見つかった考古学的堆積物からすると、洞窟には居住者がいない時期もときどきあったらしい。もしかすると、海水面の変動によって海岸線が洞窟に近くなり、貝を手に入れるのに便利だった時期だけ住んでいたのかもしれない。

マリーンによると、この地域に人類が居住していたことを示す考古学的証拠の大部分は、沖合の堆積物の中に埋もれているはずだという。比較的後期のそういった証拠が、もっと北のほう、エリトリア沖の紅海の浅瀬で見つかっている。そこでサンゴ礁を発掘したところ、何百個もの石器がサンゴの中に埋もれていた。海水面の上昇とともにサンゴが成長し、石器を覆っていたのだ。これらの石器は12万5000年前のものと推定されていて、周囲には31種もの食用の軟体動物の化石があり、カキと莫大な量のムール貝も含まれていた。2種の食用ガニもあり、美味しいカニ肉を取り出すために使われたらしい石器と一緒だった。

海岸沿いのルート

紅海沿岸は、人類がアフリカを出発する前の待合室だったのだ。出アフリカに失敗した人々がどれだけいたのかはわからない。大勢いたのかもしれない。わかっているのは、そのようにして出発した人々の子孫ははるばる中国までたどり着いたということで、中国では10万年前のものと推定される解剖学上の現生人類の歯が発見されている。ところが、こうした先駆者たちはどうやら死に絶えてしまったようで、アフリカ以外の現代人の遺伝的特徴から、すべての人々はそれよりあとの旅行者の子孫であることがわかっている。

私たちの種（ホモ・サピエンス）はピナクル・ポイントの最初の居住者が貝を食べて生きていたころから5、6万年の間はアフリカ大陸に閉じこもっていたのだが、ピナクル・ポイント住民がピクニックに興じていたのとほぼ同時期のネアンデルタール人（ホモ・ネアンデルターレンシス）は、どうやら寒冷気候に私たちよりも適応していたようで、すでにヨーロッパ全土に散らばり、スペインの南海岸周辺でも暮らしていた。そこのネアンデルタール人の洞窟から回収されたムール貝の殻の多くは外側の表面が焦げていて、火であぶられたことが示されている。

当時のシーフード料理術は、ネアンデルタール人のほうがホモ・サピエンスよりも進んでいたのだろうか？　もしこの2つの種の間で石器時代の料理対決があったなら、10万年前あたりまで待たなければならなかったはずだ。そのころ北アフリカのホモ・サピエンスが地中海の南岸沿いに東へ向かって移動して、現在のイスラエルに現れていたからだ。だが、そのずっとあとに農業の発祥地となる南西アジアはすでにネアンデルタール人の居住地となっていて、食料の奪い合いに負けたのか、それとも彼らの料理術に圧倒されただけなのか、とにかくホモ・サピエンスは生き残れなかった。

人類が出アフリカに初めて成功したのは、約3万年後（7万2000年前）のことだった。これもシーフードで馬力を補給しながらの海岸沿いの移動だったが、今回は南のルートで、紅海の入口を横切ってからアラビア半島の海岸に沿ってインドへ入った（地図2）。紅海の食べ物をたっぷりあてがわれていた人々が、なぜアフリカから移住の旅に出たのだろう？　この質問の答えは実際にはわからないが、人口増加の圧力が海辺の食料資源に押し寄せていたせいだったのかもしれない。わかっているのは、この移住を唯一(シンギュラー)の出発点として、現生人類は地球上に満ちていったということだ。「シンギュラー（singular）」という単語には「驚くべき」という意味もあり、この出来事にはその意味も当てはまる。どうやらアフリカ以外の地域の全住民（約60億人）が、およそ7万2000年前のある日に紅海を渡ってアフリカの角〔インド洋と紅海に接するアフリカ大陸北東部の地域〕からアラビア半島へ入り込んだ小さな集団の子孫らしい。このことがわかるのは、私たちの遺伝子にそのように記録されているからだ。アフリカの住民は遺伝的に多様性に富んでいて、人々の間に違いがたくさんある。それに比べて、世界のその他の地域は遺伝的に均一で、あの驚くべき移住を実行した、おそらく数百人程度の集団が備えていたアフリカの遺伝的多様性の乏しいサンプルをみんなが共有している。アフリカから遠くへ離れれば離れるほど、本来の遺伝的多様性が失われていった。このことから、移住は少人数の集団によって段階的に実行されたことが示されている。彼らは元の集団から離脱して、移動し、野営を張り、自分たちの定住地を設定し、やがて定住者が多くなると、またそこから離脱者が生じたというわけだ。

約7万2000年前の出アフリカで始まった旅はおもに海岸沿いのルートで継続し、故郷の大陸の沿岸部でおおいに役立ってくれたシーフードが旅の食料となった。インドの海岸に沿ってぐるっと移動して、私たちは約4万5000年前にオーストラリア大陸にたどり着いた。その到着の時期は、おなじみの貝塚の出現によって示されている。

遺伝学的証拠から、海岸沿いのルートを進む途中でいくつかの集団が間を置いて離脱し、内陸へ向かったことがわかっている。こうした集団の1つの末裔が、5万年前～4万5000年前にヨーロッパに初めて入り込んだ。その後の離脱者たちがアジアの奥地に入植したのは、4万年前に東アジアの海岸から内陸に向かって西へ戻るように移動したときのことで、のちにシルクロードとして有名になる中国とヨーロッパを結ぶ道を通った最初の旅行者となったのだ。

浜辺の採集民の暮らし

1万6000年前ごろには、環太平洋の海岸沿いの移住者はシベリアまで北上していた。大陸はまだ氷に覆われていたが、海岸はもう氷が消えて、北米大陸北西部に入り込むルートができていた。アラスカからチリまで、すべてのアメリカ先住民は、アジアからやって来たこの最初の入植者たちの子孫なのだ。北部の到着地点から散らばり、さまざまな道筋で北米に入り込んだようだ。1万4550年前にはもうフロリダに住民がいたことがわかっている。この時代の解体処理されたマストドンの骨がそこで発見されたからだ。ほかの人々は太平洋岸に沿って進み、1万4600万年前より昔に南米大陸のチリにたどり着いた。そしていまでも、4000マイル（約6440キロ）もの海岸線が続くチリは貝料理の中心地で、ロースト用の骨付き牛肉のように切り分けられそうなほど大きなアワビが供されている。

最終的には、おそらく1万年前ごろ、太平洋岸の移住者たちは南米大陸最南端のティエラ・デル・

フエゴにたどり着いた。最初のフエゴ島民たちが残した物理的痕跡は、海と7750年前に起きた火山の噴火のせいで跡形もなく消えてしまっているのだが、その後の現地調査に基づき、アフリカから始まった人類の旅の到達点における暮らしはこうだったに違いないという鮮明な記述が残されている。チャールズ・ダーウィンがビーグル号の航海中にティエラ・デル・フエゴを訪れていて、1832年のクリスマスに次のように日記に書いているのだ。

住民はおもに貝を常食としているため、住む場所をしょっちゅう変えざるを得ないのだが、間を置いて同じ地点に戻っているのは、古い貝殻の山を見れば明らかで、その多くは重さ何トンにも達しているに違いない。こうした貝殻の山は、ある種の植物の鮮やかな緑色によって遠くからでも見分けがつくもので、そこにはそういう植物が必ず生えているのだ。

ダーウィンはフエゴ島民のことを気の毒に思っていた。アザラシの毛皮の切れ端をまとっているか、そうでなければ全裸のままで、風雨にさらされ、氷点下近い気温の中で濡れた地面に寝ていたからだ。「干潮時には、夏でも冬でも、昼でも夜でも、起き上がって岩から貝をはぎ取らなければならない」

ダーウィンが乗っていた船にちなんで名付けられたビーグル海峡の最近の調査によると、貝塚はいたるところにあり、カヌーでしか近づけないような狭い場所でも見つかっている。貝殻の大部分はさまざまな種のムール貝で、最大の貝塚は深さ3メートル、幅50メートルもあり、非常に長い期間にわたってムール貝が大量に活用されていたことを示している。考古学的発掘の結果、この地域で人々が6000年間にわたって貝を食べて生きてきたことがわかった。

私たちにとって――いつ、なにを、どのくらい食べるかについて選択できるという特権を持っている私たちにとっては、海岸で貝を集めるのは海辺の娯楽の1つだが、フエゴ島民は荒天のせいで貝を集めることもカヌーでのアザラシ狩りもできないときは、飢え死にすることも多かった。人類史の中で、浜辺の採集民はこのような苦境をたびたび味わってきたに違いない。かつての貝は飢えをしのぐための食料で、高価な珍味になったのはほんの最近のことなのだ。貝はアフリカで厳しい時期に人類の命を支え続け、農業が発明されるまでの6万年間にわたり、地球上のあちこちで海岸沿いの旅の食料となってくれた。農業の誕生とともに、植物の栽培化と動物の家畜化という新たな技術が登場して、食事に革命が起こり、菜食から雑食への変化や料理の発明とまったく同じくらい重大な影響をもたらすことになる。

第4章 パン●穀物の栽培が変えたヒト遺伝子

創始者作物

　パンが最初に作られたとき、それは食の歴史に新たななにかを加える出来事だった。そう、加工食品だ。野草の生い茂る原っぱは、ムール貝や鱗茎や果実や野生動物とは違って、すぐ食べられる食事を期待させてくれないのは明らかだ。穀草の種子を収穫して、脱穀して、籾殻（もみがら）から穀粒を選り分けて、それを挽いて粉にして、水を混ぜて生地を作って、発酵させて、さらに焼いてからでなければ食べられない。でも、それだけ努力した見返りとして得られる味と栄養が素晴らしいから、パンは食べ物そのものを意味する言葉になったのだ。

　ローマ時代までに、コムギとオオムギはヨーロッパと南西アジアで何千年も前から主食となっていた。古代ローマとギリシャの都市やエジプトのピラミッドは、石で建てられているのと同じくらい間違いなく、パンによって建てられたのだ。考古学のおかげで、それが正確にはどんなパンで、どのように作られたのかということまでわかっている。

食物などの有機物が乾燥すると驚くほどよい状態で保存されるのは、腐敗の原因となる微生物は水分がないと生きられないからだ。エジプトでは砂漠の乾燥気候のおかげで、４０００年前〜３０００年前の古代の墓に王族の死後のごちそうとして入れられた何百個ものパンが保存されている。このパンはおもにエンマーコムギという種の栽培化されたコムギから作られていて、ときどき果実も加えられていた。エンマーコムギはもう作物として栽培されていないが、現在栽培されているおもなコムギ２種類の両方にとって祖先に当たる。その２種類とは、パスタ作りにとくに適しているデュラムコムギと、エンマーコムギとゴートグラスの雑種から進化したパンコムギだ。

ピラミッドを建てた労働者たちが住んでいた村も考古学的発掘によって見いだされ、王族だけでなく労働者もコムギのパンを食べていたことが明らかになっている。密集した村の中にある小さな住居の一軒一軒に、エンマーコムギを挽いて粉にして自家製のパンを焼くための道具がそれぞれ備え付けてあった。古代エジプトの経済は物々交換を通じて機能しており、価値の計算は一般的に穀物の数量やそれを原料に生産できるパンとビールの分量でおこなっていた。労働者にはほぼ必要最低限の穀物しか支給されなかったが、高官たちはとうてい食べきれないほど大量の穀物を受け取っていた。

生きていても死んでいても、王様は自分ではパンを焼かないので、あの世でパンの在庫が切れたときに新たに供給するため、ネブヘペトラー・メンチュヘテプ２世（紀元前２００４年没）の墓に調度品を備え付けた聖職者たちは、工業規模のパン焼き場のミニチュア模型を王に贈った。この模型は現在ではロンドンの大英博物館に所蔵されていて、13体の小さな人形が鞍のような形をした石臼の前にひざまずき、両手で持った石でコムギを挽いて粉にしている。きめの粗い花崗岩の石臼が使われたせいで岩の粒子が粉にまぎれ込み、じゃりじゃりしたパンになっていたようで、エジプトのミイラの歯が激しくすり減っていることでその影響がうかがえる。古代エジプトのパンをあの世で永遠に食べ続けるには、入れ歯を無尽蔵に供給してもらう必要があるだろう。

13名の粉挽き人の前には生地をこねている人々が一列に並び、その後ろには円筒形のかまどが3台あって、それぞれパン焼き人が1人ずつ焼け具合を見ている。中王国時代の別の墓の壁に描かれた装飾画のおかげで、こうしたパン焼き場で交わされたかもしれない会話を盗み聞きすることができる。この装飾画があるのはセネトの墓で、パン焼き場の模型と一緒に埋葬された王の何代かあとの後継者に仕えた最高位の廷臣の女性親族だ。女性が墓に埋葬されることは珍しかったが、ルクソールにあるセネトの墓の内部はナイル川沿いの暮らしのさまざまな場面で精巧に飾られており、魚釣り、イヌを連れた狩り、肉の解体処理と調理、パンとビールの製造の様子などが描かれている。パン焼き場の人々はヒエログリフでなにやら喋っているので、解読すれば、まるでマンガの会話のように読める。石臼で穀物を挽いている女が信心ぶって「この国のすべての神様が、力あるわがご主人様に健康をもたらしてくださいますように！」と高らかに言う。すると別の女がなにか言うのだが、その言葉は経年崩壊という名の検閲官が削除してしまい、「……これは食べるための分だから」という最後の部分だけが残っている。自分の挽いた分はビール作りに使わせないということを伝えたいのかもしれない。当時のビールは、コムギからもオオムギからも作られていたのだ。そしてパン焼き場の男たちは、「……俺は一生懸命働いている」とか「誰も時間をくれやしない」とか「この薪（たきぎ）はまだ乾いていない……」などとぼやきながら、煙や熱をよけるために片手を顔にかざしている。

古代エジプトのこうした場面は現代にも通じる光景なので、パンと農業は昔からずっと私たちの命を支えてきたかのように思われるかもしれないが、実は違う。農業は、1万2000年前〜1万年前の間に南西アジアで始まったのだ。この地域の最も古い農業の証拠はトルコ南東部のアナトリアで見つかっていて、その後間もなく南西アジアの「肥沃な三日月地帯」と呼ばれる地域全体に広がった（次ページの地図3）。この地域はアナトリアから南へ向かって弧を描き、現在のレバノン、イスラエル、ヨルダンを通ってエジプトのナイル川流域に至り、アナトリアから東の方角には北シリアを通ってイラクへ入り、そこから南下して古代メソポタミア地方、つまりチグリス川とユーフラテス川の流域に至る。約4000年前のものと推定される粘土板の記録によると、当時のメソポタミアにはおよそ200種類のパンがあり、使われる粉の種類、ほかにどんな材料を加えるか、生地をどう作るか、どのように焼くか、完成品をどう盛り付けるかといった点がいろいろ異なっていた。

エンマーコムギはどうやら最初に栽培化された作物だったようだが、すぐにほかの種の植物も栽培化されて、8種か9種の「創始者作物」というグループができた。エンマーコムギ以外で肥沃な三日月地帯の最初の農民たちが栽培化したのは、ヒトツブコムギ、オオムギ、レンズマメ、エンドウ、ガルバンソ（ヒヨコマメ）、ビターベッチ（マメの一種）、アマ（亜麻）、そしておそらくソラマメだ。今日に

地図3　南西アジアの肥沃な三日月地帯

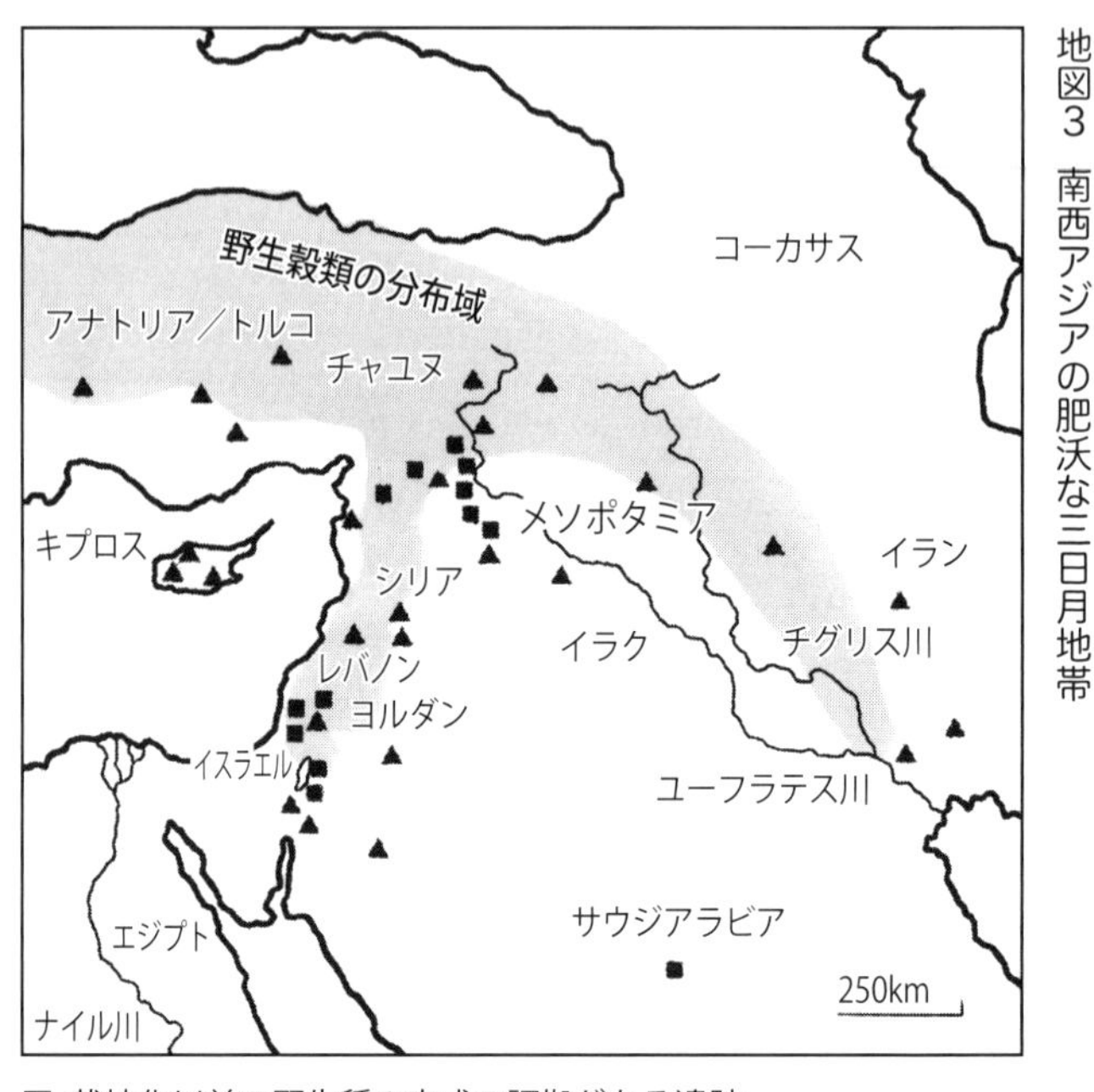

■ 栽培化以前の野生種の育成の証拠がある遺跡
▲ 栽培化された作物の残骸がある新石器時代の遺跡

至るまで、創始者作物のうち1種を除くすべての種の祖先が、肥沃な三日月地帯で自生しているのを見ることができる。例外はソラマメで、植物学的な探偵作業がいろいろおこなわれたにもかかわらず、その野生の祖先はまだ発見されていない。野生のソラマメは、もう絶滅してしまったのかもしれない。

栽培に向いている野生種がこんなに多く1カ所で見つかるのは、不思議な巡り合わせのように思えるかもしれないが、これには正当な進化的理由がある。気候で説明がつくのだ。肥沃な三日月地帯の降水量は季節によって大きく異なり、一定しない。降水量が一定しない乾燥気候は、栽培用作物の素材としてうってつけの野生植物が備えるべき3つの特徴の進化に好都合なのだ。1つ目の特徴は、短命なこと。短命な1年生植物は速く育って成熟するので、夏の乾いた暑さの中で枯れる前にたくさんの種子をまくことができる。

1年の生活史を持つ植物は育てて刈り入れるのに便利なだけでなく、収穫物を気前よく振る舞ってくれる。こうした生産力が、2つ目の有益な特徴となる。1年生植物は繁殖の機会が1度しかないので、種子を作ることに費やすエネルギーの割合は、数年間にわたって繁殖できる多年生植物よりもはるかに大きい。だから、穀類の作物はすべて1年生植物で、南北アメリカのトウモロコシやヒマワリ、アフリカのモロコシやトウジンビエ、アジアのイネなど、肥沃な三日月地帯以外の場所で栽培化されたものもそうだ。1年生植物は努力に対する見返りが一番大きく、人為選択を通じてこの潜在能力を最大限に引き出すことができる。

肥沃な三日月地帯の野生種の1年生植物を栽培化の優れた素材にしてくれた3つ目の特徴は、種子が比較的大きいことだ。乾燥気候が大きい種子の進化に好都合なのは、種子が発芽してから生き延びるには、生長中の植物に水分を供給するための根を作り出さなければならないからだ。乾燥した環境だと、水分を見つけるために根を深く張る必要があり、芽が養分のたくわえをたっぷり持っていなければ長い根を作ることはできないので、種子が大きくなる。

まばゆいばかりの金色に染まった収穫直前のコムギ畑は、いまではオーストラリア、北米、北欧、アフリカ南部、インド、ウクライナなどで見られる光景だが、どれも肥沃な三日月地帯の野生の穀物が生い茂っている野原とそっくりだ。エンマーコムギ、オオムギ、カラスムギなどの野生の穀物が生い茂る野原は、いまでもトルコ、イスラエル、ヨルダンの岩場で見ることができる。アメリカの作物進化学分野の重鎮ジャック・ハーラン（1917～1998）は、1960年代にトルコ南東部のアナトリアを訪れたときに、野生のヒトツブコムギの巨大な群生をカラジャ山の斜面で発見した。彼は実験として、石刃の付いた古代の鎌の複製品を使って野生の穀物を1時間でどれだけ収穫できるか試してみた。野生の穂はばらばらになってしまったので全部は収穫できなかったが、1時間で2.5キロ近くのコムギをどうにか刈り入れることができた。脱穀後に残った重量はそのわずか半分だったが、この野生コムギのタンパク質含有率は重量比で23パーセントもあり、現代の栽培品種の一部より50パーセントも多かった。

なぜ穀物の栽培化に何千年もかかったのか

ハーランの計算によると、ある一家が野生のヒトツブコムギを収穫する場合、早い時期に成熟する下のほうから遅い時期に成熟する上のほうへと山の斜面を移動していけば、わずか3週間で1年分の穀物を集めることができたはずだという。こうして収穫できる量があまりにもどっさりあったので、ハーランは次のように問いかけた。「自然の群生が耕作地と同じくらい密生している場所で、どうして穀物を栽培すべきなのだろう？　もし野生の穀草を無制限に収穫できるのなら、なぜわざわざ土地を耕して種をまくべきなのか？」。その答えは、長い間にわたって野生植物の収穫でおそらく本当に足りていたということだ。穀物の栽培化に何千年もの時間がかかったことが考古学的記録に示されている理由は、これで説明がつくだろう。けれども結局、人口が増加するにつれて、栽培化と農業経営が必要になったのだ。

人々が野生植物の種子を食べるために集め始めて、やがて栽培し、人為選択のプロセスを通じて作り変えるようになった経緯を示す証拠は、古代遺跡からたくさん産出されている。野生のエンマーコムギと野生のオオムギは、2万3000年前にイスラエルのガリラヤ湖畔に住む人々によって収穫された。コムギ、オオムギ、カラスムギを含む野生のイネ科植物は、穂が熟すとばらばらになる、つまり「落ちる」ことで、中に入っている種子をまき散らす。種の存続と繁殖の見込みが高まるので、自然選択によってすべての種の若い草に種子をまき散らす手段が与えられた。けれども、植物が耕作に取り入れられて栽培化されると、種子のまき散らし方が変化する。この状況では、最も多く繁殖するのは、集めて再びまいてもらえる種子を作る植物だ。したがって、収穫と種まきが繰り返されるうちに、刈り取りの最中に落ちてしまわない穂を持つ植物のほうが選択されて残るようになる。

栽培化の初期段階では、考古学的記録の中で野生の穀物と栽培された穀物は見分けがつかない。栽培化が続くにつれて、人為選択を通じて、穂が落ちるのを防ぐ遺伝子の出現率が増え始めた。落ちにくい穂は種子をこぼさない。このような穂は、脱穀の最中に機械的な力によって壊す必要がある。落ちにくい穂が農家の庭で脱穀されたとき、野生植物の自然なやり方だときれいに外れるのに対し、穂が砕けるので、端の部分にぎざぎざが残った。したがって、ぎざぎざの切れ目がある割合が高ければるこの栽培化のしるしが考古学的記録に初めて現れた穀物なのだ。

肥沃な三日月地帯でそんな遺物が発見された最古の遺跡は、トルコ南東部アナトリアのチャユヌ遺跡だ。エンマーコムギはそこで約1万年前に栽培されていたが、その粒は比較的小さく、野生種のものと非常によく似ていた。チャユヌの村ではエンドウ、レンズマメ、アマも栽培されていた。この原稿を書いている時点では、栽培化のサインによって判断すると、チャユヌは穀物栽培の明確な証拠がある最古の遺跡だが、ほかの考古学的証拠から農業はこの地域に広く行き渡っていたに違いないということがわかっている。作物の栽培化はおそらく、間違いようのないサインが残されるよりも何百年、いや、もしかすると何千年も前に始まっていて、その間にさまざまな創始者作物が栽培化の中で進化して、それぞれの野生原種と雑種を作り、肥沃な三日月地帯の農民どうしで何百キロもの距離を隔てて交換されていたのだろう。

落ちにくい穂は穀物が栽培化されたことを示す最古の確実な考古学的証拠だが、野生の祖先と違うほかの特徴も栽培化によって選択されていて、とくに粒が大きくなったり、種子の休眠性が失われたりした。ひとたび農業が広がり始めると、栽培化された作物は新たな地域へ運ばれ、新たな気候に適応しなければならなくなった。チャールズ・ダーウィンは家畜と栽培植物に関する著書の中で、ヨーロッパからの移住者が初めてカナダに到着したときのことを次のように述べている。

フランスから持ち込んだ秋まきコムギにとってこの地の冬は寒すぎるし、春まきコムギにとって夏が短すぎることが多いとわかり、ヨーロッパ北部から春まきコムギを調達してみるとうまくいったものの、それまではこの国で穀物を栽培しても無駄だと思われていた。

最近では、カナダの気候に適応した栽培変種を使ったコムギの農業が大変うまくいっていて、2013年には3700万トンもの豊作の作物を出荷するのに鉄道車両が足りなくなってしまったほどだ。適応の賜物は、こんなにも大きい。

パンコムギの巨大なゲノム

いまではコムギの品種は何十万種もあり、大半はパンコムギだが、この多様性はすべて進化における2つの重大事件を基盤として成り立っている。最初の事件が起きたのは80万年前〜50万年前の間で、ゴートグラスの1種〔一粒系コムギ〕と野生のコムギの交雑から野生のエンマーコムギ〔二粒系コムギ〕が進化したことだ。第2の事件はそれよりずっとあとの出来事で、エンマーコムギとゴートグラスの別の1種の交雑からすべてのパンコムギの祖先が生み出されたことだ。これを書いている時点では、第2の事件の年代はまだ非常に不確かだ。ある研究によれば、わずか8000年前に肥沃な三日月地帯の耕作地のどこかで起きたのかもしれないそうで、エンマーコムギが栽培化されたあとではないかとのことだが、別の研究では少なくとも23万年前、つまり現生人類の発生よりも前だという。パンコムギの進化史におけるこの2度の交雑が実際に起きたのがいつだったかにかかわらず、それぞれの交雑によって染色体がまるごとひと揃いずつ追加されたので、いまではこの種には染色体が3セットも含まれている。

この巨大なゲノム――人間のゲノムより5倍も大きい――が、パンコムギに進化のための膨大な遺伝的潜在能力をもたらしている。そうなる理由は、自然選択と人為選択には素材として遺伝的多様性が必要で、それをもとにして新たな形を作り上げるからだ。遺伝的多様性の根源は変異、つまりおもにDNAが複製されるときに起こる無作為のミスだ。予想がつくかもしれないが、無作為な変異はたいていダメージを及ぼす。染色体が1セットしかない生物では、変異の引き起こすダメージが進化的変化の速度を遅らせることもあるが、3セット持っている場合は試してみる余地がある。たとえて言うならば、パンコムギは遺伝子という名のズボンを固定するために、ベルトとサスペンダーとゴムバンドを全部持っているわけだ。この3倍強いゲノムがパンコムギの進化における桁外れの汎用性の原因で、さまざまな環境に適応した数多くの品種となって表れている。

遺伝的多様性は進化の素材で、さまざまな地域の集団に含まれている遺伝的多様性が、作物を改良するために育種家が使う素材になる。地元に適応した作物の変種は地域ごとの方言のようなもので、発生した場所以外で使い道が見つかる新しい言葉（新しい遺伝子）が含まれている。英語にはそのような言葉がいっぱいあり、とくに食べ物や飲み物を表す言葉に多い。たとえば、「whisky（ウイスキー）」はもともとゲール語で、「chocolate（チョコレート）」はナワトル語、「chutney（チャツネ）」

はヒンディー語、「bagel（ベーグル）」はイディッシュ語、「hominy（ホミニー）〔挽き割りトウモロコシ〕」と「persimmon（果物のカキ）」はパウハタン語だ。その地域特有の作物の変種は在来種と呼ばれ、方言と同じくらい個性的だ。なぜなら、地元の栽培者の好みに合わせるための人為選択に加えて、何千年にもわたる自然選択を経て、地元の気候に適応し、風土病に対する耐性を与えられてきたからだ。このような適応は、作物だけでなく私たち人間にとっても、生死に関わる問題と言える。

穀物の栽培化のおかげで人類が入手できる食べ物の量はおおいに増えたが、作物の健康によって私たちの生存が左右されるようにもなってしまった。古代エジプト人はパンに頼って生きていたので、飢饉というものを知っていた。旧約聖書の創世記の中で、ファラオは奇妙な夢を見ている。

> ファラオがまた眠ると、再び夢を見た。今度は、太って、よく実った七つの穂が、一本の茎から出てきた。すると、その後から、実が入っていない、東風で干からびた七つの穂が生えてきて、実の入っていない穂が、太って、実の入った七つの穂をのみ込んでしまった。ファラオは、そこで目が覚めた。それは夢であった。（『聖書 新共同訳』日本聖書教会）

聖書によると、ファラオは占い師たちにこの夢の意味を尋ねるが、占い師たちは（まったく異例なことに）答えに詰まってしまい、そこでファラオはヘブライ人のしもべのヨセフを呼びにやる。ヨセフは夢を解き明かすことができる人物だという評判だったのだ。ヨセフは次のように語る。

今から七年間、エジプトの国全体に大豊作が訪れます。しかし、その後に七年間、飢饉が続き、エジプトの国に豊作があったことなど、すっかり忘れられてしまうでしょう。飢饉が国を滅ぼしてしまうのです。（『聖書 新共同訳』）

そしてヨセフは、不作の7年間の飢饉を防ぐために豊作の7年間で獲れた穀物を貯蔵しておくよう、猛烈な勢いでファラオに勧める。優れたアドバイスだ。

もちろん、穀物などの種子はまさに貯蔵が利くわけで、なぜなら植物のライフサイクルの中の貯蔵こそが、自然選択が種子に割り当てた役割だからだ。種子は植物が赤ん坊のためにたくわえた養分で、それを私たちが略奪して利用している。つまり私たちは作物に寄生しているわけだが、不幸なことに寄生者はほかにもいる。私たちのライバルはウイルス、細菌、真菌、齧歯類、昆虫で、たとえばイナゴは、旧約聖書の出エジプト記の中で10個の災いのうちの1つに数えられている。

サビ菌の引き起こす病気は、穀物にとってとりわけ恐ろしい脅威となる。この真菌はライフサイクルが短いので素早く進化することができるし、ごく小さな胞子が風に運ばれていとも簡単に広がるからだ。黒サビ病菌の変種のＵｇ99は、１９９８年にウガンダに現れてからあっという間にアフリカのコムギ栽培地域全体に広がり、世界のコムギ収穫高の3分の1以上が危機に瀕している。パンコムギの品種の90パーセントはＵｇ99に感染しやすいが、幸いにも、Ｕｇ99に耐性を持つ稀少な品種の遺伝子を使って、Ｕｇ99に強くて収穫量の多い品種を作り出すことができている。

ナチスが狙った種子コレクション

すべての農作物の食料安全保障は、絶えず進化する病気がもたらす挑戦に継続して対抗できるかどうかにかかっている。この戦いにおける兵器は、病気を防ぐ遺伝子を含む作物の変種や在来種のコレクションだ。おそらく、世界中の穀倉のたくわえに最も大きく貢献した植物育種家は、ロシアの科学者ニコライ・イヴァノヴィッチ・ヴァヴィロフ（１８８７〜１９４３）だろう。彼は悲劇の科学者で、何千万もの人々に食料を供給するための力になったことでいまではロシアの国民的英雄と認められているが、ソ連の監獄で餓死する運命をたどったのだ。

農業大学を卒業したヴァヴィロフは、ロシアを周期的に襲っていた飢饉を軽減させることを目的に、作物の病気の研究に取りかかった。そして、品種間に見られる耐病性の違いは当時まだ新しい学問だった遺伝学を通じて理解できるのではないかと気づき、１９１３年に機会をとらえてイングランドのケンブリッジ大学へ留学し、遺伝学の創始者の１人であるウィリアム・ベイトソンのもとで研究を進めた。

ケンブリッジ滞在中、ヴァヴィロフは当時大学に保管されていたチャールズ・ダーウィンの蔵書を読むうちに、今後の研究のためのインスピレーションを得た。とりわけ感銘を受けたのは、作物の遺伝的多様性と新たな種の進化における地理的多様性の役割にダーウィンが明らかに関心を持っていたことだった。第1次世界大戦の勃発時にロシアに帰国したヴァヴィロフは、それから30年間にわたり、収集と調査と旅行を精力的におこなった。

ヴァヴィロフは標本を収集するために長期の遠征に出て、ヨーロッパ、北アフリカ、南北アメリカ、カリブ海、アフガニスタン、中国、日本、南西アジアを回り、行った先々で作物の種子を集めた(地図4)。そして機会があるたびに何百キロもの荷物をレニングラードにある自分の研究所へ送り、その荷物の中には耐病性に関するメモとそれぞれの標本が採取された場所の標高と位置の記録も入っていた。1930年代初めまでには、20万個もの標本が集まっており、レニングラードの研究所の近くで栽培されていた3万種のコムギも含まれていた。

彼の収集旅行は、作物の遺伝的多様性が最も大きいのは最初に栽培化された地域のはずだという自説に導かれたものだった。この仮説は時の試練に耐えて生き残ったとはまだ言えないが、山岳地帯にとりわけ大きい遺伝的多様性が見いだせることを発見するきっかけになったのは間違いない。この発見から、彼はとくに近づきにくい危険な場所を探検するようになった。

1930年代後期、ヴァヴィロフはのちに『ヴァヴィロフの資源植物探索紀行』(八坂書房)と名付けられる著書の執筆を開始して、植物収集の冒険の物語を書き始めたが、出版前にスターリンの粛清が襲いかかり、ヴァヴィロフと一緒に研究していた大勢の科学者が犠牲になり、そして最終的にはヴァヴィロフ自身まで命を奪われた。それから20年間、この原稿は紛失したと思われていたが、1960年代の初めに——そのころにはもうヴァヴィロフの死後の名誉回復がなされていた——彼の秘

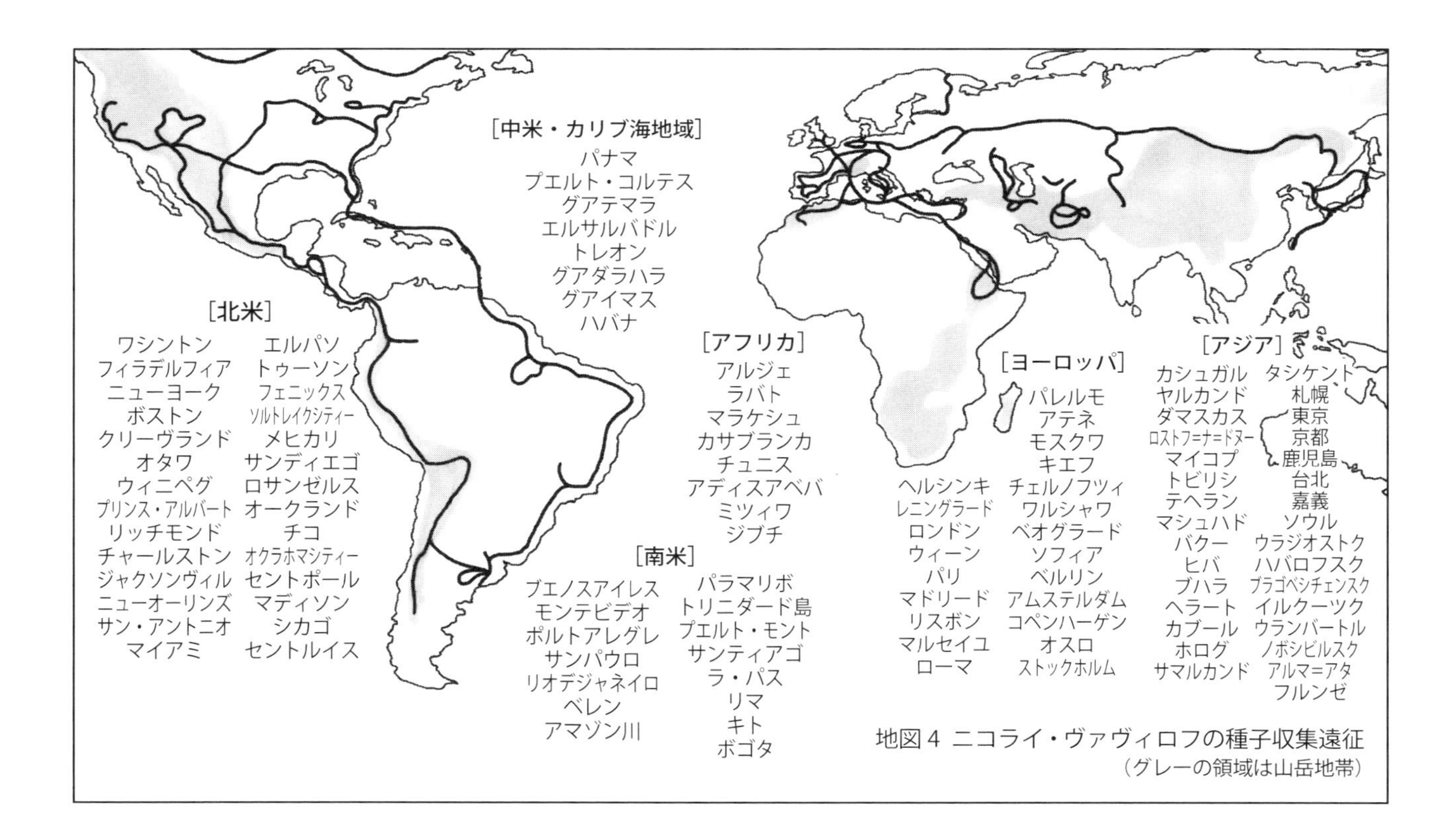

地図 4　ニコライ・ヴァヴィロフの種子収集遠征
（グレーの領域は山岳地帯）

書だったA・S・ミーシナが、勇敢にも原稿の大部分を秘密警察から隠していたことを告白したのだ。

ヴァヴィロフがどうしても訪れたかった地域の1つが、アビシニア（現代のエチオピア）と隣接するエリトリアの山々を含む一帯だった。『ヴァヴィロフの資源植物探索紀行』の中でヴァヴィロフは、ラス・タファリ――のちのエチオピア皇帝ハイレ・セラシエで、崇拝者はラスタファリアンと呼ばれた――に会ってアビシニアのあちこちを旅行する許可を得たことを述べている。エチオピアの高地の植物の多様性は期待どおりで、ヴァヴィロフは次のように書いている。「畑に信じがたいほどさまざまな変種が混在している。たった1つの畑の植物組成の代表標本を入手するためだけでも、何百本もの穂を集める必要があった」。青ナイル川上流の川岸にある町アクスムの近くの畑で発見したデュラムコムギが、何十年も前から育種家たちが作り出そうと無駄な努力を続けてきた種類のものだったことを、ヴァヴィロフは大興奮した様子で書いている。この地では自然そのものが、まさにそんなコムギを作り出していたのだ。

道をさらに進んでエリトリアへ向かううちに、ヴァヴィロフの仲間たちは山賊を恐れて動揺してきた。「彼らを勇気づけるために、私が先頭に立つ必要があった。川を渡ってさらに前進してわずか数時間後、銃を持った人々が、明らかに旅行者を襲うのに慣れた様子で、うっそうとした茂みの陰から姿を現した」。一行の先頭にヨーロッパ人がいるのを見た山賊は、ヨーロッパ人がたくさん武器を持って旅行することを知っていたようで、礼儀正しく会釈をし始めて、遠征隊に村でひと晩泊まるよう勧めた。「もう遅い時間で、どこかに泊まる必要はあったのだが、どうすればいいのだろうか？」。

ロシア人の一行は、とっておきのリボルバーに弾を込めることと、ひと晩中うとうとしないように野生のコーヒーを十分飲むこと、そして最高級ブランデーの残り2本を山賊の首領に贈り物として届けることを決心した。「任務を終えて戻ってきたガイドはほろ酔い加減だったが、フライドチキンと蜂蜜ひと瓶と、テフで作ったパンケーキをひと抱え持ち帰ってきた」

　テフとは小さな種子を作る穀草で、コムギやライムギやオオムギの粒よりもはるかに小さいのだが、そういった栽培植物と同じように、人為選択によって穂が落ちないようになっている。テフはエチオピア固有の作物だが、その原種である野生の雑草は熱帯地方と温帯地方に驚くほど広がっている。だが、この珍しい穀物の粉で作ったパンを好むようになり、雑草を作物に変えたのは、エチオピアの人たちだけだった。テフの種子にはグルテンが含まれていないので、テフの粉で作った生地には、小麦粉のパンを膨らませるのに不可欠な弾力性がない。その代わりにテフの粉は、水とスパイスを混ぜたあと放置して、発酵させてとろみをつける。生地が出来上がったら、熱したフライパンに流し入れて、インジェラと呼ばれる大きなパンケーキを作る。しっとり、ふんわりとしたパンケーキで、焼いている途中でガスが逃げるので、小さな穴がたくさん開いている。インジェラは少し酸っぱい味がして、世界中のほかの平たいパン（フラット・ブレッド）と同じように、食卓でほかの食べ物を包むか、ソースなどをすくって、一口大にして食べるのだ。

　植物学的に珍しいインジェラと美味しい添え物をガイドが持ち帰ったにもかかわらず、ヴァヴィロフは賢明にも、山賊の歓待を信じるべきではないと判断した。アルコールとコーヒーをうまく使い分けて、盗人たちを眠らせ、自分たちは眠らないようにしたおかげで、ヴァヴィロフの一行は首尾よく逃げ出した。午前3時に荷物をまとめて急いで出発し、眠りこけている山賊を置き去りにしたのだ。

　ヴァヴィロフの人生は、その英雄的な経歴にもかかわらず、悲劇的なまでに皮肉な結末によって荒々しく断ち切られた。祖国の飢饉を終わらせるという大義のためだけに、世界の果てまで巡る苦難の旅を乗り越えたこの科学者は、スターリンの秘密警察によって、背信と破壊行為の無実の罪を着せられたのだ。1940年に投獄され、拷問にかけられて、科学者としての経歴をスタートさせた町で、ゆっくりと餓死に追い込まれた。

　だが、ヴァヴィロフの研究者としての人生には、苦くも甘い（ビタースイート）終結が待っていた。1941年6月、ドイツ軍が急進してソ連との国境を越え、9月にはレニングラードにたどり着いたが、激しい抵抗に遭って足止めを食らっていた。ソ連当局は、ヴァヴィロフとそのスタッフを迫害していたにもかかわらず、レニングラードの研究所に保管されていた種子コレクションを救出する必要があると認めていて、避難計画が立てられた。ドイツ側も種子コレクションを奪うことを計画しており、それを実行させるためにナチス親衛隊の特殊部隊を結成し、「ロシアコレクション奇襲隊」と名付けていた。コレクションのごく一部は首尾よくロシア人の手で安全な場所に移せたのだが、その大半と最も重要な部分は包囲された市内に残されたままで、献身的なスタッフの中心メンバーがそれを守るためにそばについていた。こうした科学者の多くは、貴重な種子コレクションを守りながら餓死していった。それを食べれば、飢えを満たすことができたのに。

ドイツ軍の爆撃はレニングラードを破壊することを目的としていたが、ヒトラーの傲慢さが図らずも研究所とそのコレクションを守ることとなり、全滅はまぬがれた。ナチスの指導者はレニングラードを手に入れることをすっかり確信していたため、アストリア・ホテルで開催する祝勝パーティーの招待状の印刷をすでに手配済みだった。偶然にも、ヴァヴィロフの研究所はアストリア・ホテルとドイツ領事館の近所にあったので、砲火による最悪の被害からは守られたのだ。

ヴァヴィロフの遺産の真価がようやく認められたのは１９７９年になってからで、彼の伝記の著者G・A・ゴルベフがヴァヴィロフの種子コレクションと育種プログラムがソ連の農業に及ぼした影響を査定したときだった。ゴルベフの計算によると、ソ連の耕作地の80パーセントにヴァヴィロフの研究所のコレクションから派生した作物が植えられていた。１０００種の新しい品種にヴァヴィロフの名前が付けられていて、合計で年間５００万トンの生産量の増加をもたらし、それは当時の公定為替レートで15億ドル以上に相当した。

ヴァヴィロフが作り上げたような種子コレクションに含まれる遺伝的多様性のおかげで、作物はその野生原種よりも広範囲にわたる気候の中で、より広大な地理的地域において栽培できるようになる。融通の利くゲノムと何万もの品種を備えたパンコムギは、その典型例だ。けれども、たとえコムギでも限界はあり、全世界の収穫量はすでに地球温暖化の悪影響を受けている。品種の多様性の潜在力によってある作物が気候上の限界まで押しやられたら、最善策は、その地域に優勢な気候にもっと適応した別の作物種に切り替えることだ。ヴァヴィロフは、まさにそのような変化が起きつつあることを最初の遠征で気づいていた。

進化を逆戻りしたライムギ

1916年、ロシア革命の1年前、ヴァヴィロフはペルシャ（イラン）に収集旅行に行き、オオムギとライムギとコムギの在来種を収集したが、その中にコムギの地元種でウドンコ病にまったくかからない品種があった。ヴァヴィロフはこれらの品種を収集している最中に、秋まきコムギの畑にライムギが雑草のようにはびこっていることと、山を登るにつれて出来の悪いコムギに代わってライムギが作物として植えられていることに気づいた。この発見から彼は、ライムギはもともとコムギ畑の雑草で、コムギと一緒に収穫され、コムギがうまく育たない場所では代用作物として利用されることによって偶然に栽培化されたという見解を組み立てた。この見解は、いまでは一般的に受け入れられている。

ライムギはパンコムギよりもはるかに丈夫な作物で、やせた土壌や寒い気候によりよく適応しているため、北ははるか北極圏まで栽培可能だ。高タンパクの穀物で、アラビノキシラン（別名ペントサン）という珍しい炭水化物を含んでいる。アラビノキシランは水分をたくさん吸収することができるため、その性質が自然界ではライムギの種子の発芽を助け、料理の際にはライ麦粉に小麦粉の4倍もの保水力を与えている。小麦粉のパンがすぐぱさぱさになってしまうのは冷めるとデンプンが結晶化して硬くなるからだが、このプロセスは元へ戻せるので、温めれば焼きたてのようにふっくらする。それに対して、アラビノキシランは冷めても柔らかいままなので、ライ麦パンは小麦パンよりもはるかに長持ちする。

ライムギは北欧や東欧では貧しい人々の主食だった穀物で、いまでも現地で人気がある。19世紀にそれらの地域からの移民がアメリカでライムギの需要を生み出し、1960年代まで広く栽培されていた。その後、ライムギの需要が減少して栽培量がだんだん少なくなるにつれて、かなり奇妙なことが起こった――ライムギがほかの作物の畑に雑草として生え始めたのだ。21世紀初めまでに、雑草のライムギはアメリカ西部で100万エーカーもの農耕地にはびこり、年間2600万ドルもの損害をもたらしている。なにが起きたのかについて、さまざまな説が唱えられた。これは新しい雑種なのではないか、あるいは、かつて作物として種をまかれていた畑で自立できるようになったのでは？　雑草のライムギの特徴と遺伝的性質を調査したところ、その説はどちらも間違っていることがわかった。実際には、旧世界で偶然に栽培化されたのちに新世界へ作物として持ち込まれたライムギは、北米で進化を逆戻りして雑草になってしまったのだ。たった1個の遺伝子の1つの変化によって昔のように種子が落ちるようになり、それは野草が広がるのに大変有利なことで、さらに種子そのものも野生のライムギのように小さくなった。進化が常に働いていることを示すのに、これ以上わかりやすい証拠はない。ただし、農業によって私たち人類の進化が方向づけられたという実例を除けばの話だが。

α-アミラーゼの多い人、少ない人

作物の栽培化のプロセスは、作物だけでなく、直接的または間接的な手段によって、私たち人類にも大きな進化的変化をもたらした。それどころか、人類社会にとってあまりにも重大な変化だったので、オーストラリアの歴史家V・ゴードン・チャイルドは1930年代に、約1万2000年前～1万年前の新石器時代に起きた出来事を「革命」と表現したほどだ。「新石器革命」の重要性は、どんなに大げさに言っても言いすぎではない。耕地の世話をする必要性から定住が永久的なものになり、農業によって作り出された食物の余剰が人口の増加を可能にして、食料採集という最低限必要な仕事とはまったく関係のない職業へ労働力を解放した。人類史におけるもう1つのターニングポイント、つまり産業革命は、その1万年以上前に起きた新石器革命がなければ起こり得なかった。

農業は多量の食料を作り出したが、デンプンの豊富な穀物主体の食事への変化は、肥沃な三日月地帯の最初の農民たちにとって、とくに健康的なものではなかった。この根本的に新しい食事に私たちが唾液をどのように適応させたかを示す証拠が存在する。食べ物を期待してよだれを垂らすのは行儀がよいとはとても言えないが、美味しそうなにおいに対する「よだれの出そうな」という形容詞は、まさに正確な表現だ。唾液腺は食べ物のにおいに刺激されて、食事を予想して唾液を大量に作り出すからだ。唾液の大部分は水だが、さまざまな酵素も含まれていて、その中には消化のプロセスを開始するものもある。消化は胃で始まるのではなく、口の中で始まっているのだ。唾液に含まれるタンパク質量の半分はα-アミラーゼという酵素で、デンプンを分解して糖に変えてくれるのだが、唾液中のα-アミラーゼの含有量は誰でも同じとは限らない。

あなたの唾液に含まれるα-アミラーゼの量はストレスなどいろいろな事柄に影響されるが、個人ごとの違いのおもな原因は、親から受け継いだα-アミラーゼ遺伝子のコピーの数で——その数は1個~15個までさまざまだ。この特定の遺伝子の数にこれほど大きなばらつきがある正確な理由ははっきりしていないが、どうやら新石器革命がきっかけで、デンプンをたくさん食べる集団において遺伝子の平均数が増えたらしい。

ある研究で、高デンプンの食事をとる3つの集団と低デンプンの食事をとる4つの集団のα-アミラーゼ遺伝子の数の比較調査がおこなわれた。高デンプン食のグループは、伝統的に多量の穀物(イネ、コムギ、トウモロコシ)を食べる日本人とヨーロッパ系アメリカ人、そしてアフリカの狩猟採集民であるハッザ族だ。ハッザ族は農業はおこなわないが、デンプンの多い根や塊茎を採集して食べている。低デンプン食のグループは、ほかのアフリカの民族3つと、シベリアの民族1つだ。この調査では、高デンプン食グループの人々はα-アミラーゼ遺伝子の数が低デンプン食グループの人々よりも平均して約2個多かった。この結果から、α-アミラーゼ遺伝子の数の増加は高デンプン食に対する進化的適応なのかもしれないということが示唆された。

農業以前の共同体に存在していたはずの遺伝子の数のばらつきに自然選択が影響を及ぼして、パンやコメ、または根や塊茎を食べ始めたときにデンプンをよりよく消化できる個人に有利に働いたのだろうということは、容易に想像できる。この仮説の難を言うと、実際にはデンプンの消化の大部分は口の中ではなく胃の中でおこなわれるという点で、胃の中には別のアミラーゼ酵素があり、それは膵臓から分泌されている。唾液のα-アミラーゼとは対照的に、膵臓のアミラーゼを作り出す遺伝子は複製されておらず、そのため数に個人差がない。それでも、唾液のアミラーゼは口の中で食べ物と混ざり合ったあと、胃に到達してからも働き続けるので、もしかするとα-アミラーゼ遺伝子を多く持っている人は、この遺伝子が少ない人よりも本当に効率よくデンプン質の食べ物を消化できるのかもしれない。この効率の仮説は、簡単に検証することが可能だ。

デンプンが完全に分解されるとブドウ糖ができて、その分子がすべての生きている細胞に燃料を供給する。したがって、もし効率の仮説が正しいとすれば、デンプンを食べたあと、α-アミラーゼ遺伝子の多い人は少ない人よりもたくさんのブドウ糖が血液中に現れるはずだ。驚いたことに、この実験がおこなわれたとき、それとは正反対の結果になった——唾液アミラーゼが多い人々のほうが、少ししかない人々よりも、血液中のブドウ糖の量が著しく少なかったのだ。一体なにが起こっているのだろう?

血液中のブドウ糖の量は、インスリンというホルモンによって細かく調節されている。血液中に循環している燃料が多すぎる状態は、車のエンジン内にガソリンが多すぎる状態と同じくらい人体にとって危険だ。高デンプン食をとっていてα-アミラーゼ遺伝子の多い人々は、どうやらこの遺伝的体質から恩恵をこうむっているらしい。けれども、その恩恵はデンプンをより効率的に消化できるという点ではなく、デンプンの多い食事のあとで血液中にブドウ糖が危険なほどあふれることはないという点にあるのだ。血液中のブドウ糖が多すぎると2型糖尿病を引き起こすことがあるので、これはたしかに自然選択が目をつけるようなメリットだ。もしこの仮説が正しいとすれば、唾液アミラーゼの機能はデンプンの消化を開始することだけではなく、口の中でデンプンを分解して糖に変えて、大量のデンプンが胃に向かっていると味覚受容体を通じて早目に警告することにもある。するとインスリンを前もって放出しておけるので、血糖値が危険なほど高くなるのを防ぐことができる。

穀物の栽培化は、高デンプン食で生きていくための私たち自身の能力における遺伝的変化を選択によって残しただけではなく――人間の無二の親友の進化にも影響を及ぼした。イヌは少なくとも1万年前には――おそらくはもっと早く――オオカミから家畜化されているので、農業の黎明期から私たちの食事や残飯を餌にしていた。イヌには人間のような唾液アミラーゼはないのだが、イヌとその野生原種であるオオカミのゲノムを比較してみると、家畜化される間にデンプンの消化に影響する3個の遺伝子が変化していることがわかる。この変化の1つは、イヌの消化器系にアミラーゼ酵素を供給する遺伝子のコピー数が大きく増えたことだ。進化によってイヌは、私たちの食卓から落ちたデンプン豊富なパンくずを食べて丈夫に育つように適応したのだ。

私たちが毎日食べるパン、つまり大半の人々が当たり前だと思っているありふれた食べ物には1万2000年の歴史が潜んでいて、その歴史の中で私たちはありとあらゆる意味で変化させられた。それは、自分たちの目的のために植物や動物を進化させることを覚えた新石器革命の礎だった。農業は人類に食べ物を与え、人口を増やし、それによって生じた余剰人員を活用して、生者のための都市と死者のための立派な墓を造ることができた。さらに農業が余暇を与えてくれたおかげで、自然を注意深く観察し、ついには自然の法則を発見することもできた。家畜化と栽培化が動植物に及ぼした影響を調べたダーウィンは、こうした生物を好みに合わせて形作った人為選択のプロセスが、私たちとその他すべての生物を作り上げた自然選択と似ていることに気づいた。パンが私たちを飼い慣らし、そして私たちはいま、地球を飼い慣らす作業を完了しようとしているのだ。

パンのひとかじりで、私たちは農業の黎明期まで時代をさかのぼり、それから時代を先へ進み、栽培化された作物が人類に及ぼした進化的な影響を見てきた。焼きたてのパンのかぐわしい香りが胃液の分泌を促し、口の中のデンプンが生理学的に体内の準備を整えてくれた。さて、そろそろスープの時間だと思うのだが、あなたはいかが？

第5章 スープ ● 味を感じる「鍵穴」と失われた味覚

原始スープと「うま味」

スープを見ていると、生命において重要なものはすべて、結局は水に溶けているか浮かんでいる物質だということを思い出す。生命そのものもそんなふうに海の中で誕生したわけで、おそらくそれは、深海にある熱水噴出孔の周辺だろう。熱水噴出孔は熱水を噴き出して海底を加熱し、興味深い化学反応が起こり始める温度まで上昇させるのだ。チャールズ・ダーウィンは生命の起源についての推測を活字にすることを避けていたが、1871年に友人の植物学者ジョセフ・フッカーに宛てて書いた手紙の中では、「あらゆる種類のアンモニアとリン酸塩の含まれた、温かい小さな池――光や熱や電気などが存在する状況」で発生したのではないか、と想像を膨らませている。

進化生物学者で博識家のJ・B・S・ホールデン（1892〜1964）がその後これを「原始スープ」と名付けて、その呼び名が定着した。生命の起源に関するライバル理論の提唱者が、生命は「原始クレープ」または「原始ドレッシング」から誕生したのだと言って異議を示すことも時にはあるが、生命というメニューの最初の一品として、スープは不動の人気を誇っている。その人気ぶりと言ったら、スイスのある食品科学者が、非生物の原始スープが生命に移行する際の初期段階はすべて、いわゆる「台所の化学」で再現できると言い出したほどで、デンプンなどの多糖類からスタートするのだという。私としては、デンプンたっぷりのジャガイモのスープが生命を吹き込む力を持っているという点には同意するが、それを熱水噴出孔で料理しなければならないのは勘弁してほしい。

かの『美味礼讃』(岩波文庫など)の著者として有名なフランス人ジャン・アンテルム・ブリア＝サヴァラン(1755〜1826)は、フランスよりもスープが美味しい国はないと主張し、「スープはわが国の食事の基礎であり、何世紀にもわたる経験が現在の完成形をもたらした」のだから当然だと書いている。ルイス・キャロルの『不思議の国のアリス』(新潮文庫など)に登場する「にせウミガメ」も、サヴァランと同じくらい熱心な口ぶりで語っている。

すてきなスープ、こってりとして緑色
熱々のお皿で待っている!
誰でも飛びつく美味しいごちそう!
夕ご飯のスープ、すてきなスープ!
夕ご飯のスープ、すてきなスープ!

ハロルド・マギーは、必読の著書『マギーキッチンサイエンス――食材から食卓まで』（共立出版）の中で、熱い味噌汁の椀の中央をじっと見つめるよう読者に勧めている。対流によってふわふわした粒子が浮かび上がってうねる雲となり、まるで神の視点で空から下界を眺めているようなのだという。スープは明らかに、驚きに満ちている。また、味わいにも満ちている。私たちの味覚は、口に含んだ汁に栄養のある物質や有毒かもしれない物質が含まれているときに教えてくれる。舌の表面にある5種類の感覚細胞が、塩味、甘味、酸味、苦味、うま味を識別する。脂肪の味を感知する細胞も舌にあるので、これが第6の味覚だと考える研究者が増えつつある。アリストテレスもそう思っていた。

味噌汁は塩味だが、うま味と呼ばれる美味しくて芳醇な味も含まれている。塩味、甘味、酸味、苦味は何千年も前から別々の味覚として認識されているのに対して、うま味の存在が確認されたのは1909年のことだ。その年に東京帝国大学理学部化学科の池田菊苗（きくなえ）教授が日本語で論説を発表し、当時一般的に認識されていた4つの味覚以外に少なくとももう1つあると思うと述べたのだ。「それは魚類肉類等に於（おい）て吾人が『うまい』と感ずる一種の味でありまして鰹節、昆布などの煮出汁に於て其の味が最も明瞭に感ぜられるのであります。是は主観的の事柄ではありますが幾多の人に就（つ）いて問ひ試みるに即時に若（も）しくは少時沈吟の後に同感なりと答ふるが常であります……此の味を『うま』味と名づけて置きます」

池田はうま味が私たちの目の前にずっとありながら認識されていなかった別個の味覚だと確信して

いたが、その存在を証明するためには化学的な根拠を突き止める必要があった。化合物の正体がなんであれ、水溶性で海藻に含まれているはずだとわかっていたので、彼は水性の海藻抽出物の化学分析に取りかかった。つまり、料理用語で言えば海藻スープだ。それから面倒な手順が続き、蒸発（エヴァポレーション）、蒸留（ディスティレーション）、結晶化（クリスタリゼーション）、析出（プレシピテーション）など、国民（ネーション）の知っている「〇〇ーション」勢揃いといった具合の工程が、合計で38段階にも及んだ。そしてとうとう、海藻の煮出し汁の味がする砂のような舌触りの結晶が出来上がった。さらに化学の魔法をほんの少し追加すると、その精製された結晶が実はグルタミン酸だと示すことができた。グルタミン酸のナトリウム塩、つまりグルタミン酸ナトリウムが、最高のうま味をもたらすことがわかったのだ。

池田は、「此の研究によつて二つの事実を発見し得ました。即ち『だし』昆布がグルタミン酸塩を含むこと及びグルタミン酸塩は『うま』味の感覚を与ふるものであると云ふことであります」と控え目に述べている。だが、彼が実際に成し遂げたのはもっとはるかに重要なことで、第5の味覚を突き止めたのだ。それだけでなく、ほかにも2つの重要な貢献を果たしている。理論的な貢献と、実践的な貢献を。理論に関しては、池田は私たちがなぜうま味という味覚を持っているのかを考察した。グルタミン酸は肉などのタンパク質に富んだ多くの食べ物に含まれていて、ごく微量でも味が感じられるので、いま味わっている食べ物には栄養があるという非常に優れたサインとなる。ヒトの母乳に含まれるグルタミン酸塩は、牛乳の濃度の10倍もある。私たちがうま味を味わうことで喜びを得ているのは、食べるべき物を確実に食べさせるために自然選択がとった手段であるかのようにも思えてくる。

実践に関しては、池田はグルタミン酸ナトリウムの製造方法の特許を取っており、いまではうま味調味料として料理に非常に広く利用されている。グルタミン酸ナトリウムは、コンブなどの海藻の乾燥重量の3パーセントにもなる。毎年25億トンのコンブが中国で収穫されている。海藻にグルタミン酸ナトリウムがこれほど豊富に含まれているのには、生物学的な理由がある。すべての細胞のまわりには膜があり、それが細胞の中身を包み込んで保護している。細胞膜は半透膜で、水のような小さな分子は内外へ通過することができる。濃度の異なる2つの水溶液が半透膜で隔てられているときには浸透というプロセスが起こり、濃度の低い溶液から濃い溶液のほうへ水の分子が移動する。水の移動によって膜の両側の塩分濃度が等しくなるまで浸透は止まらない。生の海藻は90パーセントが水分なので、海中に沈んでいるときに浸透が働いたら細胞がどうなるか想像してみよう——海水中の高濃度の塩分のせいで急速に水分を失い、しなびて、枯れてしまうだろう。解決策（ソルーション）は、溶液（ソルーション）の中にある。海藻の細胞に含まれるグルタミン酸ナトリウムが海水と海藻の塩分濃度の違いをならして、脱水と衰弱を防いでくれるのだ。予想がつくかもしれないが、グルタミン酸ナトリウムの濃度が一番高いのは、最も塩辛い海に棲む海藻だ。

海藻から抽出した白い結晶状の物質よりも自然に近い形でグルタミン酸塩を取り入れたいということなら、加熱したトマトや、味噌などのさまざまな発酵食品にも自然に含まれている。上等なパルメザンチーズがざらざらしているのは、熟成プロセスの間に自然と生成されるグルタミン酸ナトリウムの結晶のせいだ。ミネストローネスープにささっと振りかけよう！

海藻から抽出したグルタミン酸塩にうま味があるという池田の発見から間もなくして、彼の学生の1人が、出汁（だし）のもう1つの主成分でやはりうま味のある鰹節からイノシン酸塩という名の分子を単離した。イノシン酸塩はリボヌクレオチド――DNA（デオキシリボ核酸）の「N」に当たる化合物の種類――なので、これもまた栄養的に重要だ。だから、出汁にはうま味のある物質が2倍含まれている。それから何十年も経った1950年代、酵母を研究していたある日本人の食品科学者が、酵母を分解するとグアニル酸塩という名のリボヌクレオチドでやはりうま味のある物質が放出されることを見つけた。彼はさらに、グアニル酸塩またはイノシン酸塩のいずれかのヌクレオチドをグルタミン酸塩と混ぜると、それぞれの分子が単独で引き出すよりもはるかにうま味を増すことができるのを発見した。そしてここに、単純な化学によって、出汁があんなに優れたスープベースである理由が説明されている。海藻のグルタミン酸塩と鰹節のイノシン酸塩という2種類の分子を結び付けることで、相乗作用によってうま味の爆弾を爆発させるからだ。

出汁は液状媒体による最も純粋な昔ながらのうま味の供給源なのかもしれないが、よい煮出し汁（ストック）はどんなスープにとっても基本的な出発点で、ほぼすべてのレシピに、骨や魚の小片などのタンパク源をとろ火で静かに煮込んでうま味の豊富な溶液を手に入れるという手順が含まれている。チキンストックはグルタミン酸塩の優れた供給源なので、スープのベースとしてほとんどこれだけに頼って作る料理もあるほどだ。ストックの動物性の材料はグルタミン酸塩のおもな供給源で、核酸系のうま味は同じく動物性材料からのイノシン酸塩か、植物やキノコが鍋に加えられたときにはグアニン酸塩によって供給される。

完全菜食主義版の出汁を作るには、魚のストックの代わりに干しシイタケを使えばいい。シイタケと、実はそれ以外の多くの食用キノコも、干したあとでぬるま湯で戻せば、グアニン酸塩とグルタミン酸塩の豊かな供給源になる。戻すときに熱湯を使うべきではないのは、キノコの風味を与える分子を放出する酵素が壊れてしまうからだ。加熱したトマトにはソースやスープを構成する要素としての長所がたくさんあり、その1つは、そこに含まれるグルタミン酸塩がうま味を引き出す手助けをしてくれることだ。マッシュルームとトマトのピザはいかが？

T1Rファミリー

うま味は昔からずっと私たちのすぐ目の前にあったのに、その存在が第5の味覚として日本以外でも認められるまでには何十年もかかった。これが認識されるようになるまでに時間がかかった理由の1つは、食塩（塩化ナトリウム）とグルタミン酸ナトリウムの味が少し似ているので、グルタミン酸ナトリウムの味はただの塩味だと主張することも可能だったからだ。けれども、池田の論説を読むことができる人なら誰でも、この問題に対する答えをすぐに見つけたはずだ。池田の指摘によると、食塩の味は濃度が400分の1以下になると感知できなくなるのだが、グルタミン酸ナトリウムは3000分の1まで薄めても味わうことが可能だという。さらに彼は、醤油の鑑定はまさにこの原則に基づいていると述べている。醤油はうま味が豊富で塩分も多く含んでおり、優れた醤油は水で薄められて食塩の味が消えたあとでも味を保っているというわけだ。池田の論説が1909年に発表されてから、彼の発見が真実であることを確定する生物学的証拠が現れるまでに、1世紀近くの時が過ぎていた。

私たちがこの世界で経験する内容はすべて、食べられる物がどんな味なのかを含めて、感覚器官の特殊な細胞で始まる一連の出来事を通じて獲得され、神経経路を経由して脳へと伝えられる。味覚の感覚器官は味蕾で、舌の上側の表面と口蓋にある。池田はグルタミン酸塩を味わうと「うま味だ!」という信号が脳に伝わることに気づいたが、経験は主観的なものなので、グルタミン酸塩を味わったほかの人々は、「塩味だ」という信号が伝わっているだけだと考えた。グルタミン酸塩が食塩よりも低い濃度で味を感じられるということを示した希釈テストさえ、この2つの味覚がまったく違うことを懐疑論者に納得させるには至らなかった。

うま味が本当に別個の味覚だということが最終的に確認されたのは21世紀の初めで、味蕾の中にタンパク質を表面に備え付けた細胞があり、そのタンパク質がグルタミン酸塩とグアニン酸塩またはイノシン酸塩だけに反応し、食塩には反応しないことが発見されたときだった。このようなタンパク質は受容体と呼ばれる分子の仲間に属していて、味を感じるための入口の小さな鍵穴のような働きをする。正しい形と化学構造の分子だけが受容体の鍵を開けることができ、それをきっかけに「うま味だ」という信号が脳に伝わる。もちろん、私たちはうま味を意識的に理解するのではなく、「うーん、美味しい」と思っているだけかもしれないが。

うま味の受容体は実のところ、1個ではなく2個の受容体タンパク質から成り立っていることがわかっている。だから、1つの鍵だけのときよりも2つの異なる鍵が鍵穴に差し込まれるときのほうが、はるかに強く反応するわけだ。1つ目の鍵はグルタミン酸塩だが、2つ目の鍵は2種類の核酸のうちのどちらでもいい。つまり、おもに加熱した植物とキノコ類に見られるグアニン酸塩か、動物由来の材料のイノシン酸塩だ。これらの核酸は、料理、腐敗、または発酵の間に細胞が分解されたときに放出される。グルタミン酸塩と核酸が組み合わさったときのほうが、グルタミン酸塩だけのときよりも、食べ物の栄養価を示す優れた指標となるのだ。

うま味受容体の2個のタンパク質は、T1R1とT1R3という名の遺伝子によって作られる（T1R1遺伝子に暗号化(コード)されているタンパク質をT1R1タンパク質と呼ぶ）。進化の担い手は常に倹約家なので、砂糖など甘味のある物質のための受容体分子を、T1R1タンパク質ともう1つのT1R2というタンパク質を組み合わせて作り上げた。この3つの似たような味覚受容体タンパク質の仲間は2種類の重要な栄養素の感知にかかわっているわけで、共通の祖先遺伝子から進化したのかもしれないが、これを書いている時点では、この仮説はまだ検証されていない。

人々は進化のことを、バックギアのない車のような一方向のプロセスとして考えがちだが、それは全然違う。無作為に混ざり合った役に立つ形質と役に立たない形質の中から自然選択が選び出した形質は、やがて有利でなくなった場合には取り消せるのだ。進化の過程で機能を失った形質の遺伝子は、変異が蓄積して、亡霊のような「偽遺伝子」になりがちで、それはかつて役に立っていた自分のぼんやりした影でしかない。そういうわけで、ネコなど一部の肉食獣では砂糖を味わう能力が余分になり、T1R2タンパク質を作る遺伝子はもう機能していない。あなたの飼いネコは、たとえお菓子の砂糖ネズミ（シュガーマイス）だろうと、砂糖は好みではないのだ。クマは肉食獣だがベリー類も食べるので、甘味を感じるのに不可欠なT1R2遺伝子をまだ持っている。ジャイアントパンダはクマと同じ系統の動物でタケしか食べないので、予想がつくかもしれないが、砂糖の味はわかるけれどもうま味はわからず、T1R3遺伝子は機能していない。アシカは餌を噛まずに丸のみするので、この魚食いたちにとってはうま味受容体と甘味受容体の両方が余分で、T1Rファミリーは3つすべてが偽遺伝子になっている。これと同じ進化的損失はイルカとチスイコウモリにも別々に生じていて、どちらも餌を噛み砕かない。ひょっとすると、ゲノム時代の子供たちへの訓話がここにあるのかもしれない。つまり、「噛まなければおまえの損」ということだ〔原文は「You chews or you lose」。「You choose or you lose：選ばなければおまえの負け」という英語の言い回しをもじって、「choose（選ぶ）」を「chews（噛む）」に変えている〕。

　ネコやクマやアシカの話で料理から話題を逸らしている間に、スープがいい具合に沸騰してきたので、味見をしてみよう。うま味として認められる十分なこくがあり、ワインビネガーを少々加えたおかげで爽やかさもかすかに感じられるのだが、なにか足りない。なんだろう？　もちろん、ひとつまみの塩が必要なのだ！　ほかの4つの基本的な味覚と同じように、塩味を感じるための味覚受容細胞がある。塩、つまり塩化ナトリウム（NaCl）は、水溶液中ではプラスに帯電したナトリウムイオン（Na^+）とマイナスに帯電した塩化物イオン（Cl^-）に分離する。私たちが味わったり、欲しくてたまらなくなったりするのはナトリウムイオンで、これが特別な塩味受容細胞の中へ、細胞膜の外側にある通路（チャネル）から入り込むのだ。

ナトリウムは動物の生命に欠くことのできない物質で、あらゆる体液の重要な成分であり、その濃度は細かく調節されている。低濃度の食塩は好ましく、塩味を感じる濃度よりかなり低くても風味を向上させることができるのだが、その一方で、高濃度の食塩は嫌がられる。海水を喜んで飲む者など誰もいない。

マウスを使った研究により、塩味を感知する味覚受容細胞は実はタイプが2つあることがわかっている。1つは低濃度のナトリウムを（しかも、ナトリウムだけを）感知して、これによってマウスは塩分に引き寄せられる。もう1つは、高濃度の塩化ナトリウムなどの塩類だけを感知する。この2番目のタイプの塩味受容細胞が刺激されると、塩分を避ける行動が引き起こされる。私たち人間にも塩味の味覚受容細胞が2タイプあるかどうかはわかっていないが、その可能性はおおいにありそうだ。もしそうだとすると、「美味しい塩味」と「嫌な塩味」を別の味覚として考えるのが理にかなっているわけで、基本的な味覚が全部で少なくとも6つあることになる。不快なほど塩辛いスープを出された経験があるのは、私だけではないはずだ。

苦味の不思議

甘味、塩味、うま味は快い味覚だが、シンデレラよろしく醜い姉が2人いる。つまり、苦味と酸味だ。苦味は思わず顔をしかめたくなる味で、苦い味のする食べ物を考えてみると、ほとんど植物由来だということに気づくだろう。芽キャベツ、キャベツ、ケール、ブロッコリーなど、キャベツと同じ科の青野菜はどれも本来苦くて、栽培化によって苦味が和らげられている。だが、クレソンとルッコラの苦味は野生のままで、カラシナとその同系統のワサビとホースラディッシュはことによると栽培化によって苦味が強められてさえいて、その味を私たちは、一見ひねくれた話のようだが、楽しんでいる。

カラシナとその同系統の苦味は、グルコシノレートという化合物群に由来している。これは昆虫にかじられないようにするための防御分子なのだが、そういう植物でも食べられる特殊なイモムシがいて、そのことは自分で野菜を栽培すれば嫌というほどよくわかる。それどころか、ルッコラの学名エルーカは、ラテン語でイモムシを意味する言葉なのだ。すべてのイモムシからキャベツの仲間を守ることには成功していないグルコシノレートだが、ウドンコ病などの真菌病から植物を守ることはできている。

どの毒物にも、長い付き合いを通じて、自然選択によって耐性を身につけた動物がいるものだが、そういう動物はたいてい、その代償として食べ物の好みが非常に特殊化している。ククルビタシンという化学物質は、キュウリやカボチャの同類を苦くする働きがある。なんでも食べるナミハダニはククルビタシンの毒にやられてしまうのだが、ウリハムシはこの物質に耐性があり、そのにおいが食事を知らせる銅鑼のような合図となって、キュウリの仲間に引きつけられるのだ。

苦い青野菜では美味しいスープは作れないだろうとあなたは思うかもしれないが、料理の魔力は大きく、味に対する私たちの反応は複雑なので、クリームまたはジャガイモで作ったスープや豚バラ肉で作った中華スープにクレソンを加えると、素晴らしい味になる。カラシナも、オニオンクリーム、ガモン〔豚肉の塩漬け〕、グリュイエールチーズ、スティルトンチーズ、アーモンドなどのとろみのあるスープに風味を加えてくれる。スープ以外では、ルッコラは薄く削ったパルメザンチーズと組み合わせてサラダにするのが伝統的な使い方だ。苦味、塩味、脂肪味〔脂味〕、うま味を一気に味わえる。

もう1つ、苦い植物性化合物の大きな一群としてフラボノイドがある。これは主としてスープではなくて紅茶の中で味わうもので、苦味はレモンかミルクで和らげられる。さらにもう1つの、植物が自衛のために使う苦い化合物のグループがアルカロイドだ。この中にはストリキニーネなどの猛毒や、モルヒネ、コカイン、カフェインなどの向精神薬も含まれる。コーヒーがどれだけ苦いか、考えてみよう。キニーネは恐ろしく苦いことで有名だが、インディアン・トニックウォーターにごくわずかに潜んでいるキニーネの味わいを、私たちは美味しく感じる。甘味を加えていないチョコレートの苦さは人によって好き嫌いがあるけれども、テオブロミンという名のアルカロイドはチョコレートの風味を楽しむのに欠かせない。

苦味の不思議なところは、このたった1つの感覚の引き金となる化合物がどれだけたくさんあるのかという点だ。甘味を感じる分子はわずか数十個で、うま味を感じる分子の数はひと握りにも満たないのに、苦味を感じる分子は何千もある。この理由は、大部分の植物はなんらかの毒物を使って自分の身を守っているからで、そういうわけで植物を食べる動物はそれを感知する手段を進化によって身につけている。私たちの味蕾には苦味を感じる細胞が1種類しかないのだが、その表面には25種類もの受容体タンパク質があり、そのそれぞれが特有のTAS2R遺伝子によって作られている。前に使った鍵と鍵穴のたとえで言えば、苦味を引き起こす細胞には25種類の鍵穴が付いていて、そのどれかが作動すると、苦味の警報信号が発せられて脳に伝わる。鍵穴に差し込んで苦味の反応を引き起こす鍵（分子）の種類が多ければ多いほど、警報システムはより効果的になって、しっかり身を守れるようになる。たった1種類の苦味化合物だけを感知するように精密に調整された受容体もあるが、どうやら大部分はもっと感受性の幅が広く、多くの化合物に反応しているようで、感知する苦味化合物が重複しているのかもしれない。たとえば、ビールのホップの苦味を感じる受容体は3種類ある。

このような苦味に対する幅広い反応をもたらす遺伝子は、私たち人間だけでなくマウスなどの哺乳類も持っている。私たちの祖先とマウスの祖先が別れたのは9300万年前なので、共通している味覚遺伝子は進化の歴史に深く根差していることになる。草食の習性を持つ動物は、草を食べない動物よりも、苦味化合物の受容体遺伝子の数がはるかに多い。ネコは6個だけだが、マウスは35個も持っている。私たち自身は苦味受容体遺伝子を約25個持っているので、祖先がさまざまな種類の植物を食べていたことがうかがえる。同系統の大型類人猿の現在の様子と同じだ。ヒトゲノムの中には10個あまりの偽遺伝子が見つかっているが、それらはかつて苦味受容体を作る暗号を備えていた遺伝子が大昔に亡霊になってしまった姿なのだ。

ある独創的な実験により、鍵穴（受容体タンパク質）が食べ物の中の苦味分子と甘味分子を感知するポイントが明らかになっているが、こうした物質を嫌だと感じるか、それとも美味しいと感じるかは、味覚細胞と脳がどのようにつながっているかによって決まる。研究者たちは遺伝子工学を利用して、甘味細胞で糖分を感知する正常な受容体を苦味受容体と取り替えた。このような細工をされたマウスは、苦い物質に対してまるでそれが甘いかのように反応して、ふだんなら避けるはずなのにがつがつ食べた。さまざまな鍵穴（受容体）が1つの扉（味覚細胞）に付いているというこのメカニズムのおかげで、進化が受容体にわずかな変化を加えるだけで苦味の感受性を幅広い分子に合わせることが可能になっているのだ。

味覚の多様性と遺伝暗号

醜い味覚姉妹のうちの酸味は、より複雑な苦味ほど嫌な味ではなく、料理でももっと目立った役割を担っている。酸味とは、レモンや未熟な果実に含まれるクエン酸や、酢に含まれる酢酸など、弱い酸の味のことだ。未熟な果実の酸っぱさ、つまりクエン酸は、内側の種子が外界に送り出せるようになるまで動物に獲られるのを防ぐという明らかな機能を果たしている。酢酸も生物学的な抑止手段なのだが、クエン酸とは出どころが違う。

果実が枝から落ちたときや、母乳が乳房から流れ出たとき、食べきれなかった分や飲みきれなかった分はすべて発酵し始める。酵母や細菌が残り物をごちそうとして楽しむからだ。発酵とは、一般に酸素を使わずに微生物が糖を消費してアルコール（酵母の場合）や乳酸（乳酸菌の場合）などの廃棄物を生成するプロセスのことだ。アルコールや乳酸は微生物の廃棄物であるだけでなく、ほかの酵母や細菌の繁殖を食い止めるための武器でもあり、養分の奪い合いになるのを防いでくれる。私たちもそれと同じ目的で発酵を利用していて、ピクルスにして食べ物を保存する。自家醸造でビールやワインを作ったことがある人ならわかるように、発酵を成功させるにはエアロック〔発酵容器の栓で、炭酸ガスは排出されるが外気は入ってこない〕が不可欠だ。もしアルコール発酵の最中に空気が入り込むと、酢酸菌が繁殖できる環境に変化して、アルコールが酢酸（酢）になってしまう〔酢酸菌は発酵に酸素を必要とする〕。

酸の分子は形も大きさもさまざまだが、どれも共通の特性を持っていて、それは溶液中の化学的環境に水素イオンを加えるということだ。水素イオン（H^+）が味覚を引き起こすやり方は甘味やうま味や苦味の分子とは違い、鍵穴と鍵の複雑な受容体を必要とすることなく、細胞膜のチャネルに入り込むだけで適切な味覚細胞を刺激する。

高濃度の酸は細胞を傷つけるので、おそらくその理由から嫌な酸っぱさだと感じられるのだが、まろやかな酸味は、とくに塩味や甘味など別の味と混ぜ合わさったとき、快い風味を添えてくれる――たとえば、スペインのアンダルシア地方の冷たいスープ、ガスパッチョはワインビネガーを使って作り、中国四川料理でわたしの大好物の酸辣湯（サンラータン）にはコメを発酵させて作った酢が含まれている。フルーツジュースにもしクエン酸の酸味がなかったら、甘ったるくて爽やかさのない飲み物になってしまうだろう。

不思議なことに、５歳〜９歳の子供は酸っぱい物に対して赤ん坊や大人とは違う反応を示す。チャールズ・ダーウィンは自分の子供たちを見てこのことに気づいた。大人には酸っぱすぎる味のルバーブやスグリの実などの果物が大好きだったのだ。菓子メーカーは同じ現象を利用して、この年齢層向けにとても酸っぱい製品を作っている。このような好みが生じる理由として、ビタミンCを含む果物を子供に食べさせるためなのではないかという意見があるが、この仮説では成長すると好みが失われる理由の説明にはならない。別の仮説によると、酸っぱい食べ物を好むことはそれ自体で有利なわけではなくて、将来のための食習慣が形成される年齢における新しい食べ物を試してみたいという欲求の一例にすぎないという。この仮説は、酸っぱい味を一番好む子供たちは選り好みせずに新しい食べ物を進んで試そうとする子たちでもあったという研究結果に裏付けられている。これが進化において有利な点になるかどうかについては、なんとも言えない。

私たちがなにかについて「好み（テイスト）の問題」だと言うときは――塩辛いアンチョビーのことでも、ピンク色のことでも、フリージャズのことでも――好きな物は人によって違うという意味で言っている。だが、これが味覚（テイスト）について使われるときは、単なる比喩ではなくなることがわかっている。味わう能力は人々の遺伝子の違いに影響されることが多いからだ。２種類のうま味受容体遺伝子について人々の間の遺伝的多様性はあまりないようだが、Ｔ１Ｒ２遺伝子の配列の多様性を見ると、さまざまな集団でさまざまな甘い物質を感知するように適応させることができるらしい。それでも、T1R群のすべての遺伝子の多様性は、さまざまな個人が苦い物質をどのように味わうかを決める遺伝子に見られる多様性に比べると、はるかに小さい。

その最も有名な例は、フェニルチオカルバミド（PTC）という化学物質に対する好みの件だ。この物質は、ものすごく苦く感じる人もいれば、ほとんどなんの味も感じない人もいる。この多様性は1931年に偶然に発見され、PTCの「苦味を感じる人」と「苦味を感じない人」の違いは親から受け継ぐものだということがすぐにわかった。最近の研究で、この多様性の遺伝学的根拠はTAS2R群の遺伝子のうちたった1個の違いだということが突き止められている。それはTAS2R38遺伝子で、この遺伝子は2つの形のどちらかで現れる。つまり、「対立遺伝子（アレル）」だ。

進化論的に興味深い疑問は、TAS2R38遺伝子のこの多様性はなぜ存在するのかということだ。PTCの多型（遺伝子を構成しているDNA配列の個体差）に関する2つの重要な事実から、進化はTAS2R38遺伝子の多様性をなんらかの理由で維持してきたらしいとわかる。1つ目の事実は、世界の人口の約30パーセントが「苦味を感じない人」だということで、もし「苦味を感じる人」が「感じない人」よりも有利なのであれば奇妙なほど高い数字だし、その逆だとしてもやはりおかしい。すると、なんらかの理由でこの多様性は保たれているということなのか？　この考えを裏付けているのは、現代の進化生物学の創始者3名——ロナルド・フィッシャー、E・B・フォード、ジュリアン・ハクスリー——による不思議な発見で、1939年にエディンバラで開かれた国際遺伝学会に出席している最中の出来事だった。

　会議の中で、フィッシャーとフォードとハクスリーは、エディンバラ動物園へ行ってチンパンジーのPTCの味覚反応に多型があるのか（多様性があるのか）どうかを調べることを思いついた。驚いたことに、あるとわかった。これは2つの解釈ができる。もしチンパンジーと人間の共通の祖先のTAS2R38遺伝子に多型があり、どちらの種も祖先の集団から多型性を受け継いだのだとすると、600万年以上も存続していたことになる。あるいは、この多型性は2つの種において別々に生じたのかもしれず、それはつまり収斂進化（系統の異なる生物が似かよった身体的特徴に進化すること。「収束進化」とも）が起きたということで、2つの種に似たような選択圧が働いたのではないだろうか。これを書いている時点では、どちらが正しいのかについてまだ結論は出ていないが、いずれにしても、自然選択はなんらかの理由でこの遺伝子の多様性に本当に関心があるらしいという結論を避けるのは難しい。その理由とは一体なんだろう？

　2つの対立遺伝子の遺伝暗号の違いの中に手がかりがある。ほかの種の味覚遺伝子で見てきたように、遺伝子が個体にとって有利に機能しなくなった場合、変異によって暗号が変えられて、遺伝子は不活性化される。そのようにしてネコは糖を味わう能力を失い、チスイコウモリにはうま味という味覚がなくなり、かつて機能していた関連遺伝子の亡霊だけが残されている。しかし、「苦味を感じない人」が持つTAS2R38遺伝子の対立遺伝子に起きた出来事はこれとは違う。亡霊の遺伝子によくある変異的変化はなく、遺伝子はいまも機能していて――ただ単に、「苦味を感じる人」の持つ対立遺伝子がしていることをしないだけなのだ。まだ苦味受容体を作っているようだが、ＰＴＣによって鍵を開けることができない。進化が鍵穴を変えてしまったのだ。

苦味を感じるＴＡＳ２Ｒ群の遺伝子は人間には約25個あり、そのほとんどのケースで、たくさんある苦味化合物のうちのどれが遺伝子の作る受容体に一致するのかまだわかっていないので、ＴＡＳ２Ｒ38遺伝子について理解が不十分なのはそれほど意外なことではない。ＴＡＳ２Ｒ群の遺伝子は25個すべてに多型があり、ある程度は多数の対立遺伝子を持っているが、ＴＡＳ２Ｒ38遺伝子のような高い割合で多型性を示しているものはほかにはない。私たちが苦く感じる植物化合物の多くには、薬効がある。たとえば、キニーネは抗マラリア薬だ。キュウリとその同系統（ズッキーニなど）に見られる苦味化合物——栽培化される間にほとんど取り除かれているが、ある種の果実では干ばつストレスを受けるといまも現れることがある——には、抗がん成分があることが証明されている。だから、「苦味を感じない人」が持つＴＡＳ２Ｒ38遺伝子の対立遺伝子が、青野菜をより多く食べさせることでなんらかの重要な保護機能を与えているのかもしれない。だが、どの青野菜なのかという疑問は残るし、「苦味を感じる人」が持つ対立遺伝子はどのような有利な点があるのだろうか？

この章でお出ししたスープが、汁よりもアルファベット型パスタだらけだったことは私も認めるが、パスタが汁に浮かんでいるからこそ味わいが生まれるのだ。味覚は、すべての生物学的プロセスと同じように、液状媒体によって決まる。固体生物学などというものは存在しない。進化は非常に早い時期から私たち人類に美味しい味と嫌な味を区別する味覚受容体を備え付けて、それに従って反応するように配線を組み込んだ。うま味、甘味、苦味に対する私たちの味覚受容体をほかの動物と比べてみると、私たちも動物と同じように、特定の食べ物を食べるように装備されていることがわかる。脂肪味もおそらく基本的な味覚の1つだろう。たしかに美味しいのだから。そういうわけで、私たちの味覚受容体は不可欠な栄養素が口に入ったときに脳に信号を送る。タンパク質（うま味）、炭水化物（甘味）、そして脂肪（脂肪味）。もちろん、味覚受容体は進化が取り付けてくれた感覚器官の一部にすぎない。次に食卓に運ばれてくる皿の中身を教えてくれるのは、あなたの嗅覚だ。

第6章 魚 ● 風味の決め手となる遺伝子

ヒトは嗅覚が鈍いのか

魚のにおいを嗅ぐと、えも言われぬ香りを感じることもあれば、とんでもない攻撃を食らうこともある。魚の風味が恵みとなるか災いとなるかは、鮮度でほとんど決まる。最も新鮮な魚はほぼ無臭で、草のような芳香がある。魚自身の細胞が放出する酵素によって多価不飽和脂肪酸が分解されるときに生じる香りだ。魚は、肉であればうまく保存できるような低温（凍らない温度）でも分解し始める。深海魚の生息場所はいずれにしても低温になりがちなので、酵素がそういう環境で働けるように適応させられているからだ。酵素がもう少し長く働くと、アミノ酸と核酸が放出される。私たちのうま味を作る仲間、グルタミンとイノシンのように。日本料理には、生の白身魚の切り身を海藻でくるむテクニックがある。冷蔵庫に入れて2日ほど経つと、魚が海藻のグルタミン酸塩を吸収し、それが魚自身のイノシン酸塩と組み合わさって、魚のうま味が増し、刺身で美味しく食べられる。

冷凍することで分解を食い止めない限り、細菌が素早く宴会に加わって、その活動がますます多くの臭い分子を作り出し、魚の新鮮な風味が消え、甘ったるいにおいになり、次に嫌なにおいになり、最後には腐敗臭に変わる。ベンジャミン・フランクリンによれば、「魚も客も3日経てば鼻につく」そうだ。魚臭いにおいの正体はTMA（トリメチルアミン）という化合物で、無臭のTMAO（トリメチルアミンオキシド）の分解生成物だ。TMAもまた分解されて、魚臭さのもう1つの構成要素で刺激臭のあるアンモニアを放出する。TMAOは、海藻内のグルタミン酸ナトリウムと同じ機能を魚において果たしている。つまり、塩辛い海水との浸透圧のバランスを保ち、細胞から水分が吸い出されるのを防いでくれるのだ。

5つの基本的な味覚――甘味、苦味、酸味、塩味、うま味――は、魚の変わりやすい風味のどの段階も完璧にとらえるのに適しているとは言い難い。これは風味が多感覚的な経験であるからで、5つの基本的味覚と嗅覚、触覚（口当たり）、視覚、音、記憶が組み合わさることで無限の可能性が与えられる。口の中の痛覚受容体さえ風味に寄与している。なぜなら、トウガラシのぴりっとした辛味は、これを通じて感じるものだからだ。

18世紀フランスのポリカルプ・ポンスレ師という名の化学者兼聖職者は、味覚と嗅覚の補完関係をいち早く理解した科学者の1人だ。さまざまな味覚や嗅覚がどのように相互補完できるのかという点と音楽の和音の類似性を指摘して、実際に五線譜で表現したのだ。嗅覚は風味に不可欠で、風邪のときでも、あるいは鼻をつまんだだけでも、鼻がふさがって嗅覚が失われると、私たちはほとんど風味のない世界へ入り込んでしまう。その世界は、豊かな風味に満ちた日常体験と比べると、平凡で面白みがない。なのに、嗅覚は人間の五感の中のいわば「シンデレラ」で、多くの人々から低く評価され、けなされてきた。その筆頭がアリストテレスで、２０００年以上前に次のように書いている。

「われわれの嗅覚はほかのあらゆる生き物のそれに劣り、われわれ自身が持つほかのあらゆる感覚にも劣っている」

警察犬が人間のハンドラー（調教師）にはまったく気づかれないにおいを追跡できるのはたしかに事実だが、私たちの嗅覚は本当に、ほかのあらゆる生き物のそれに劣っているのだろうか？　アリストテレスには意見を述べるために話を誇張する自由がいくらかあるのは認めるとしても、彼の主張がほぼ事実だというようなことはあり得るのか？　もしにおいが風味に不可欠なもので、そこまで豊かな感情を引き起こすのだとしたら、私たちの嗅覚が本当にそんなに弱いなどということがあり得るのか？　イヌやマウスが約９５００万年前に哺乳類の共通祖先から受け継いだ生得権を、進化は私たちから奪い取ってしまったのだろうか？　こうしたすべてのことについて、遺伝子の言い分は？

嗅覚は味覚と同じく化学物質感知システムで、苦味、甘味、うま味分子の感知と似たような仕組みで働く。においは、ほかのすべての感覚と同様に脳で知覚されていて、脳は鼻の内側に何百万個もある嗅覚受容細胞と神経によってつながっている。舌の上にある苦味受容体と同じように、鼻の嗅覚受容細胞の外側に嗅覚受容体と呼ばれるタンパク質が付いていて、限られた範囲の分子だけに反応する。それぞれの受容体タンパク質は異なる遺伝子によって作られる。ただし、味覚と嗅覚の仕組みには重要な違いもいくつかある。

私たちは苦味物質に対して約25種類の受容体とそれと同じ数の遺伝子を持っているが、嗅覚受容体はその15倍以上もある。約400種類もの遺伝子のそれぞれが、異なる嗅覚受容体タンパク質を作っているのだ。そして、苦味受容体と嗅覚受容体にはそれ以上に重要な違いがある。苦味受容体は25種類もあるのに、それを作動させるさまざまな化学物質を、私たちはどれも同じ――苦い――味として知覚する。苦味受容細胞はすべて1本の線で脳につながっていて、そのメッセージはただ1つ、「オエッ！」だけだからだ。嗅覚受容細胞は、そんなふうにはつながっていない。その代わりに、400種類のそれぞれが、独自のラベルの付いた線で脳につながっている。これはたとえば、25本の電話回線がすべて消防署につながっていて、メッセージはいつも「助けてくれ！　火事だ！」ばかりという状況と、400人の友達から電話がかかってきて、メッセージはそれぞれ独特で異なっているという状況の違いのようなものだ。進化論的な視点から見ると、警報システムが1本の線でつながっているのは道理にかなっているが、それよりはるかに難解で多様な食べ物やセックスに関する情報を運ぶにおいの感知には、もっと多くの情報を伝えられるシステムが必要になる。

では、人間の嗅覚系は五感の中でも格下で、私たちはほかの生き物より鼻が鈍いというアリストテレスの主張は、まったくの間違いだったのだろうか？　この質問の答えは興味深く、最初に思われるほど簡単なものではない。ほかの哺乳類が持っている嗅覚受容体遺伝子の数と比較すると、アリストテレスの言葉は正しかったように思える。たとえば、アフリカゾウは機能する嗅覚受容体遺伝子を信じられないことに2000個も持っているので、地球上で最も鼻のいい動物に違いない。ワインのテイスティング能力を自慢している友達に、きみの嗅覚はゾウ並みだね、と言って反応を確かめてみよう。ほめ言葉として受け取られるべきなのだから。

ヒトゲノム全体に含まれる遺伝子の数がわずか2万5000個程度で、ほかの哺乳類も似たような数だと考えると、嗅覚受容体遺伝子が2000個もあるとか、またはラットやマウスのようにその半分の数だとしても、それは進化が嗅覚をかなり重要視しているということになる。たとえ、私たち人間がたったの400個しか持っていなくても。とはいえ、私たちの嗅覚受容体遺伝子の数がほかの哺乳類に比べてそんなに少ないのは、なぜなのか？ 恵まれた種の動物が進化の途中で遺伝子を多く獲得したからか、それとも、私たちが哺乳類の共通祖先から進化する間に機能する遺伝子を失ったのだろうか？ その答えは、2つの方向のどちらからもたくさんの進化的変化があったということだ。私たちが低い道を行く一方で、ゾウたちは高い道を登っていったのだ。

ヒトだけでなく、ほかの霊長類も嗅覚受容体遺伝子が比較的少なくて、チンパンジーは私たちと似たような数で、オランウータンは300個にも満たない。嗅覚能力を自慢している例の友達がゾウ並みと言われるのを嫌がった場合、少なくともオランウータンよりは鼻が利くと知ったら、少しは慰めになるかもしれない。霊長類の嗅覚受容体遺伝子の少なさが、私たちの進化史の中で大きな損失があったことを示しているのは間違いないだろう。なぜなら霊長類のゲノムには、機能する完全な遺伝子と同じくらいたくさんの偽遺伝子が含まれているからだ。つまり、大昔の祖先は私たちよりもはるかに多くの嗅覚受容体遺伝子を持っていたのだ。

偽遺伝子はかつて機能していた遺伝子の残骸で、ハイウェー沿いに並んでいる錆びた古い車の残骸と同じようなものだから、すっかりすたれて、なんの役にも立たない。霊長類は時が経つにつれて嗅覚受容体遺伝子がどんどん減ってもうまくやっていけたらしいのに、アフリカゾウが属している哺乳類のグループでは、まさにそれと同じ種類の遺伝子が増えることを自然選択が好んだというのは、たしかに不思議な話だ。私たちが失った嗅覚受容体遺伝子がそれをまだ持っている動物においてどんな働きをしているのか、大部分はわからないのだが、私たちにはない嗅覚能力を授けてくれているはずだということはわかっている。たとえば、マウスは二酸化炭素ガスのにおいがわかる。だから、マウスにとってスパークリングのミネラルウォーターは、私たちにはどうしてもわからない風味を持っているに違いない。種の間でこのような違いがある理由は科学における謎の1つだが、おそらく種ごとの食べ物の違いと関係があるのだろう。霊長類が進化する間に起きたかもしれない出来事について、推測してみることもできる。

風味は鼻が作り出す

自然選択はきちんと機能している遺伝子を壊れた残骸に変えてしまうようなたぐいの変異を取り除いてくれるが、そういった遺伝子の果たす機能が直接的または間接的に保有者が子孫を残すのを助けた場合に限られる。これはつまり、嗅覚受容体遺伝子の働きを調べれば、その有用性が失われる経緯についての手がかりが見つかるかもしれないということだ。あるいは、別の言い方をすると、私たちに実際に必要な嗅覚受容体遺伝子は何個なのだろう？　ここから、食いしん坊にとって話が本当に面白くなってくる。嗅覚受容細胞は鼻腔内の小さな一部分の粘膜に分布していて、2つの方向から入ってくるにおいにさらされる――鼻の穴を通じて入り込む外のにおいか、鼻道と喉の奥をつなぐ通路を通じて入り込む口の中のにおいだ。1つ目の方向は、息を吸ったりなにかのにおいを嗅いだりするときに使い、オルソネイザル（前鼻腔）経路と呼ばれる。2つ目の方向はレトロネイザル（後鼻腔）経路と呼ばれ、息を吐くときに使う。この口から鼻に抜けるレトロネイザル経路が、食べ物を噛み砕くときに放出されるすべての揮発性化合物を、鼻の中の嗅覚受容細胞へ運んでくれる。これこそが、嗅覚の要素を提供して風味を作り出しているのだ。

オルソネイザル経路とレトロネイザル経路のにおいは、それぞれ異なる機能を果たしている。オルソネイザル経路のにおいは外界の空気の見本となり、外になにがあるのかを教えてくれる。レトロネイザル経路のにおいは、飲み食いしている物を含む口内環境の見本となる。レトロネイザル経路のにおいは鼻で感じているのに、心の錯覚のせいで口で感じる風味として経験する。これが、嗅覚の持つ力を私たちが過小評価してしまうおもな理由だ。無意識のうちに、レトロネイザル経路のにおいを嗅覚というよりも味覚や風味のせいで感じていると思ってしまうのだ。

霊長類が嗅覚受容体遺伝子を失い始めたのは、私たちの祖先が二足歩行を開始して、嗅覚よりも視覚に頼って危険を警告することができるようになったときだと提唱されてきた。これによってオルソネイザル経路の嗅覚の重要性は低下して、レトロネイザル経路のほうが重要になったはずだ。すると次の疑問が生まれる。栄養になる食べ物と有害な食べ物の風味を嗅ぎ分けるのに必要な識別力をすべて授けるのに、400個の嗅覚受容体遺伝子で十分なのだろうか？

この疑問に対する答えがイエスだということは確信できる。なぜなら、400種類の嗅覚受容細胞からの入力について、脳がきわめて高度な処理をおこなってくれるからだ。ラベルの付いた400個の情報を使って脳がすることのできる一番単純な処理は、400種類の風味を区別することだろうが、脳はそれよりもはるかに賢い。実際には、多くの分子がそれぞれ複数の種類の嗅覚受容細胞を作動させていて、大部分の嗅覚受容細胞は複数の種類の分子に反応する。結果として脳は、1度に400個のラベル付き情報のうちの1個だけを受け取ることは絶対になく、いつも1度に数個の組み合わせを受け取り、その特定の組み合わせが、鼻の中にどの分子があるのかを脳に教えてくれるのだ。

嗅覚受容細胞の中には、同じ分子が低濃度の場合に反応するものと、高濃度の場合に反応するものがある。したがって、分子の量によって異なる組み合わせの嗅覚受容細胞が刺激され、まったく違う反応が引き起こされることもある。たとえばスカトールの分子は、ジャスミンやオレンジの花から作られるエッセンシャルオイルの中にもあるし、哺乳類の糞の中にも含まれる。花が作り出す低濃度のスカトールは甘くかぐわしい香りなのに、同じ分子でも糞が放出する高濃度のものは悪臭がする。

私たちが色を感知する仕組みは、ほんの数個の感覚入力でも脳がそれを組み合わせたときにどんなことができるかを示す格好の例だ。目の網膜で色を感じ取っているのはわずか3種類の受容細胞で、

1つは赤、もう1つは青、もう1つは緑の光にそれぞれ反応するように調整されている。このわずか3種類の細胞からの入力を組み合わせることにより、脳は何百万もの色を見ているわけで、その中にはマゼンタ（赤紫色）のように、純粋に頭の中で作り出されたもので虹のスペクトルにまったく含まれていない色もある。

だから、アリストテレスの嗅覚能力に関する発言は、正しくもあり、間違いでもあったのだ。周囲の危険や機会を嗅ぎ付ける能力がほかの大部分の哺乳類ほど備わっていないという点は正しかったが、それ以外の点はすべて間違っていた。私たちは大きな脳を持っているおかげで、400種類しか残っていない受容細胞から伝えられた嗅覚信号の組み合わせを処理して、1兆種類以上のにおいに変えることができる。こうして、私たちの嗅覚は色覚よりもはるかに敏感になっているのだ。

嗅覚受容細胞によって脳へ送られるたくさんの信号を、5つ（または6つ）の基本的味覚の受容体から伝わる信号に加えて、食べ物からのいろいろなほかの感覚入力（リンゴやパリッとしたコーンチップを噛み砕いたときの音や食感など）を付け足し、ありとあらゆる方法で組み合わせると、際限なくさまざまな風味がもたらされる。アリストテレスが主張したような「五感の中で最もお粗末な存在」どころか、嗅覚は実のところ最も優秀な感覚なのだ。皮肉なことに、アリストテレスと同じように、私たちは自分自身のこの上ない嗅覚能力に気づかずにいる。おもにレトロネイザル経路を通じて使われているので、風味はすべて口から入ってくるという錯覚のせいで隠れてしまうからだ。

進化は嗅覚受容体遺伝子で遊ぶのが好きらしい。こうした遺伝子と、おそらくそれに付随するにおいや風味は、種によって種類も数もまちまちであるだけでなく、同じ種の中でも個体によってばらつきがものすごく大きい。2000年に完了したヒトゲノムの塩基配列決定は、種としての私たち自身に関する知識が増えていく中での画期的な出来事だった。2組の研究チームが、ゲノムの最初のドラフトを完成させるために競い合った——公的資金の提供を受けたチームと、ベンチャーキャピタルが出資したクレイグ・ヴェンター率いるチームだ。それから2年後、ヴェンターは自分のチームが配列決定したのはヒトという生物種のゲノムではなく、ある個人のゲノムだということを打ち明けた——はっきり言えば、彼自身のゲノムだ。私たちはヒトゲノムというものが1つしかないかのように話してしまうが、1人1人が独自のゲノムのコピーを持っていて、それぞれが少しずつ異なっている。とりわけ、嗅覚受容体遺伝子に関して。

1000人のゲノムに含まれる約400個の嗅覚受容体遺伝子を比較してみたところ、それぞれの遺伝子に対して平均10個の異なるバージョン（対立遺伝子）があることがわかった。また人間はそれぞれの遺伝子を2個ずつ持っている——母親と父親から1個ずつ受け継いでいる——が、平均すると1人の嗅覚受容体遺伝子のうちの半分が、異なる対立遺伝子の組み合わせになっていた。すなわち、私たちは嗅覚受容体遺伝子を400個ずつしか持っていないけれども、個人の嗅覚受容体の遺伝的多様性はその1.5倍、つまり対立遺伝子が600個ずつあるということだ。これらの対立遺伝子がすべて使われて、1個の嗅覚受容細胞につき1個の遺伝子が個々の嗅覚受容体タンパク質を作るので、600個すべてがあなたの鼻の中でいいところを見せてくれるわけだ。

さまざまなにおいや風味に対する好みは個人的な問題で、個々の経験と食文化によって大きく影響されるものだが、嗅覚受容体遺伝子の人による多様性も影響を及ぼしている。料理用ハーブのパクチー（コリアンダー）――中東料理やアジア料理などで広く使われている――は、石鹸のような不快な味がすると感じる人もいる。初期の草本誌を書いて人気を集めたジョン・ジェラード（1545ごろ～1612）にとってパクチーは、「有毒な特性」のある葉を持つ「非常に臭い薬草」だった。1万2000人近くにパクチーが好きかどうかを尋ねて調査したところ、このハーブに対する嫌悪は特定の嗅覚受容体遺伝子の変異と関連していることが（弱い関連性だが）わかった。

白身魚と赤身魚の筋肉

悪臭がない場合、魚の風味はほかの特性におおいに影響されており、とくに魚肉の質感と油分含有量の影響が大きい。魚肉はほとんどすべてが筋肉で、質感と油分含有量は魚の種ごとに異なり、さまざまな生活様式のニーズに進化が筋肉をどのように適応させてきたかによる。意外でもないことだが、すべての魚の生活様式は生活環境の特性に支配されている――つまり水だ。

典型的な魚の泳ぎ方をとくに上から見ると、体をうねらせることで水の中を進んでいるのがわかるだろう。この動作は、体の左右の筋肉を交互に収縮させることによって生み出される。流線形の体型なので、水中をゆっくりした一定の速度で進むときにはほとんどエネルギーを必要としない。こうした効率のよい「巡航速度」の移動は、赤血球のヘモグロビンに似たミオグロビンと呼ばれる赤い色素を含む筋肉によって実施される。ミオグロビンは泳ぎ続けるのに必要な酸素を貯蔵していて、そのために使う燃料は油の形でたくわえられている。ニシン、サバ、イワシは、血合い肉のある油分の多い魚の身近な例だ。丸々としたニシンの筋肉には、脂肪が20パーセントも含まれていることもある。

水中を巡航速度で泳ぐのはほとんど努力を要しないが、水という媒体は急な加速には大きく抵抗する。風呂やプールでこのことを試してみるといい。水中でてのひらをゆっくり移動させるのは簡単だが、急に素早く動かすのにはちょっと努力が必要だ。突然動かすと手の前に水の壁ができて、それが手を後ろへ押し戻す。魚にとっては、急な加速は捕食者の口の中にいる場合には生きるか死ぬかの問題になる。捕食者の魚にとっては、食事にありつけるかひもじい思いをするかの瀬戸際だ。そこで、急に加速するのに要する力を働かせるために、魚には瞬時に使える筋力がたくさん必要になる。これは白い筋肉、すなわち白筋によって供給される筋力で、タラなどの白身魚のような捕食性の大型魚に豊富に含まれている。タラの筋肉には脂肪が0.5パーセントしか含まれておらず、ミオグロビンはまったくない。一方、マグロは何千マイルも回遊する捕食性の大型魚なので、赤筋の割合が多いだけでなく、白と赤の中間の特性を備えたピンク色の筋肉も持っている。

魚の筋肉の構造は、料理法や食感にとって重要だ。陸上の動物と魚では筋肉の働き方が違う。陸上動物は重力に逆らって体を支えるために筋肉を使わなければならず、その目的のために筋肉はきつく束ねたブロックになっていて、骨を引っ張り、てこのように動かしている。骨の多い魚は、気体で満たされた浮き袋を使って海水中の中立浮力〔重力と浮力が釣り合う状態〕を保っているので、筋肉は推進力を作り出すだけでいい。柔らかくなるように加熱された魚の肉が薄くはがれやすく、口の中でほぐれてえもいわれぬ風味をもたらすのは、魚の筋肉が重なり合った層状の構造になっているからで、泳ぐのに必要なしなやかな動作を生み出すためにこのように適応したのだ。

古代ローマのガルム人気

魚は分解が進むにつれてますます臭くなっていくが、必ずしも食べられないとは限らない。ノルウェーにはラークフィスクという珍味があり、魚を何カ月も塩漬けにして発酵させて作る。そのにおいは、着用済みのサッカーのユニフォームの山の中に、選りすぐりの臭いチーズを1週間放置したようだと言われている。発酵した魚で作る魚醤はベトナム料理やタイ料理には欠かせない材料で、それによく似たガルムというソースは古代ローマ料理で日常的に使われていた。ローマ時代の料理書でいまも残っている最古の本——紀元1世紀のマルクス・ガウィウス・アピキウスという美食家の著書とされてきたが、どうやら違うらしい——には465種類のレシピが載っているが、その4分の3以上にガルムが使われている。

2000年前の古代ローマにおけるガルムの製造法と使用法は、文書の証拠と考古学的証拠から復元されている。最高級のガルムは、最も価値のなさそうな材料から作られていた——新鮮なサバの血と腸だ。これと塩を4対1の割合で石の発酵槽の中で混ぜて、上から石の蓋を載せて、すぐに出て来る汁の中に材料が常につかっているようにする。塩分を加えて空気を遮断することで細菌や真菌の繁殖が抑えられるので、こういう環境での発酵は魚自体の細胞から放出される酵素によるものだ。ふだんから食べ物が分解されている腸を使うことで、おそらく消化酵素がとくに豊富に供給されたのだろう。日なたで何カ月も発酵させたあと、塩辛い液体を濾過して瓶に詰めて、料理に使っていた。現代の魚醤と同じように、ガルムにはうま味成分のイノシン酸塩とグルタミン酸塩がたっぷり含まれていたはずだ。

古代ローマの著述家たちは、ガルムに対して愛憎相半ばする感情を抱いていたらしい。製造している場所から腐敗臭が漂っていたからだ。ガルムの製造はローマの多くの町では禁じられ、海岸沿いの数カ所だけで作られていて、その1つであるスペインのアルムニェーカルでは、古代ローマ時代に使われていた石の発酵槽がいまでも見られる。魚醤の製造は、古代世界における唯一の大規模工場産業だったと言われている。ガルムを運ぶのに使われたアンフォラ〔一対の取っ手の付いた壺〕はローマ帝国の領土全域で古代の難破船の残骸から発見されており、グレートブリテン島北部にあるハドリアヌスの長城にまで届けられていた。現代の一番人気の調理ソースと同じように、ガルムの製造者たちは富を築き、その1人であるアウルス・ウンブリキウス・スカウルスはイタリアの不運な町ポンペイの「ガルム長者」で、彼のブランドの付いたテラコッタ製のガルムの瓶は1000キロ離れた南フランスでも見つかっている。

新鮮であれば、最も風味豊かな海産物は魚よりも貝や甲殻類のほうで、ムール貝やクラムなどの軟体動物とかカニやエビなどが含まれる。こうした食べ物がとくに美味しい理由の1つは、貝や甲殻類の細胞は魚のように味のないＴＭＡＯを使って海水の浸透圧に抵抗する代わりに、グリシンなどの遊離アミノ酸を含んでいるからだ。これらのアミノ酸は魚のＴＭＡＯと同じような生理的機能を果たすが、私たちのうま味受容体を刺激する物質なので美味しく感じるのだ。

味覚受容体とスープから、生命にとって最低限必要なものを進化と料理が細かく気にかけているということがわかった。嗅覚受容体と魚からは、どちらもやはり繊細さを備えていることがわかった。空気をくんくん嗅いでみよう。なんのにおいがする？　肉の焼ける香りだろうか？

第7章 肉●野生動物が家畜になるとき

寄生虫が教えてくれる肉食の起源

私たちの進化は、肉を食べることによって形作られた。第2章の大親睦会の中で、祖先がどのようにして肉を食べ始めて雑食性になったのかがわかった。330万年以上前に、私たちの祖先ルーシーの故郷エチオピアに住む誰かが、石器を使って骨から肉をはがした。その誰かとはおそらく、ルーシーの種であるアウストラロピテクス・アファレンシス、つまり現生人類が含まれるヒト属（ホモ属）の直前の祖先と考えられているヒト族（ホミニン）だったのだろう。明らかに私たちと同じく雑食性で、植物だけでなく肉も食べていたのだ。

肉と魚は、私たちにとって最も豊かなタンパク源で、必要なのに自分の組織で作ることのできない必須アミノ酸をすべて供給してくれる。さらに肉は、バランスのとれた食事に必須なほかの成分で植物だけでは十分な量を摂取しにくいものも提供してくれる。この中に含まれるのは鉄分、亜鉛、ビタミンB12、多価不飽和脂肪酸で、脳をはじめとする組織の発達に欠かせない。もちろん、適切な菜食で健康的に生きることは可能だが、動物性食品をまったく含まない完全菜食で人間が栄養を摂取するのは難しいという事実が、私たちが雑食に適応していることを証明している。

肉を目的に飼育されているすべての動物——現在ケージや檻の中で飼われている工業化された動物たちの祖先も含めて——は、家畜化される前は野生の状態で狩られていた。そういった動物たちの進化の物語を聴き、私たちがどれだけ深く影響を及ぼしてきたかについて学ぶべき時がやって来た。狩猟から農業への旅がどのように始まったのかを示す証拠は、石器だけではない。内部の情報源から確証が得られている。つまり、サナダムシだ。

サナダムシの成虫は、動物の腸内に棲んでいる。そこでの暮らしは気楽なものだ——食べ物は宅配で届くし、1日中することといったら、ぶらぶらして卵を産むことだけ。だが、すべての寄生虫に関する限り、その卵の新しい宿主を見つけて感染させることが問題なのだ。サナダムシの場合は、宿主の食物連鎖に割り込んで、宿主が食べる動物に感染する。ヒトの腸に感染するサナダムシは3種あり、ウシから感染するものが1種（無鉤条虫）と、ブタから感染するものが2種（アジア条虫と有鉤条虫）だ。私たちはサナダムシの幼虫を含む肉を食べることで感染するわけで、幼虫はウシやブタの筋肉の中にもぐり込んでいる。肉を食べなければ、サナダムシに寄生されることはない。サナダムシの幼虫は肉と一緒に食べられたときに初めて、寄生虫のライフサイクルを完了することができるのだ。

ウシやブタは家畜なので、サナダムシの感染は1万年か1万2000年ほど前の農業の出現とともに始まったに違いないと以前は考えられていた。ところが、進化解析によって、この寄生虫と私たちの付き合いは数万年どころか数百万年にわたるということがわかった。無鉤条虫とアジア条虫は、アフリカでライオンとレイヨウ（ウシ科）の間を行き来して感染しているサナダムシの1種と同じ祖先を共有している。このことから、ヒトに感染するこの2種のサナダムシの祖先は、私たちの祖先がライオンと同じ獲物を食べ始めたときに体内に入り込んできたらしいとわかる。ライオンとレイヨウの間を行き来していたサナダムシのライフサイクルが、200万か250万年前ごろにヒトとレイヨウの間を行き来するライフサイクルを生み出したのだから、私たちの祖先はそれ以前から肉を日常的に食べていたに違いない。

私たちの祖先がサナダムシに感染してしばらく経ったころ、もしかするとすでに170万年前には、私たちの体内にいた1つの種が無鉤条虫とアジア条虫の2種に分かれた。この分裂——いわゆる種分化——がどのように起こったのかはわかっていないが、2つの種の中間宿主（幼虫が寄生する宿主）は異なっている。おそらく、サナダムシのライフサイクルが、ウシを通過するルートとブタを通過するルートに分かれたことにより、異なる中間宿主に感染して生き延びるための必要条件にそれぞれ適応して、種分化につながったのだろう。サナダムシの種分化に関する進化研究をさらにおこなえば、その当時のヒトの食事についてなにかわかるかもしれない。たとえば、もしサナダムシの種分化がホモ・エレクトゥスの体内で生じたのだとしたら、そのころレイヨウに加えて野生のブタも食べるようになったのか、それともホモ・エレクトゥスの別の集団がそれぞれ別の動物を捕食していて、のちに交差感染（他人から病原微生物を感染すること）が起きたのだろうか？

ヒトに感染する第3のサナダムシ、つまり豚肉に寄生する有鉤条虫は、ハイエナの体内で見つかるサナダムシと同じ祖先を共有している。有鉤条虫の場合もほかのサナダムシと同じように、初期人類または人類以前の祖先がアフリカのサバンナでハイエナと同じ獲物を食べているときに感染したに違いない。別の腸内寄生虫である旋毛虫――豚肉を食べることで感染する――も、似たようなルートでヒト族の感染症へと進化した。私たちの祖先が初めて味わった肉は、ハイエナやライオンが殺した獲物を、石の武器や火まで使って横取りしたものだったのかもしれない。きっかけはなんであれ、私たちが肉を食べ始めると獲物の動物との関係はどんどん密接になり、最終的には畜産業とウシやブタの家畜化につながった。私たちに感染するサナダムシ3種との進化上の付き合いの長さからすると、私たちが家畜化したときに農場のウシやブタをサナダムシに感染させたのであって、その逆ではないようだ。

サナダムシの感染に対する防御手段は2つある。1つは衛生管理で、サナダムシの含まれたヒトの糞便にブタやウシが接触しないようにして、ライフサイクルを断ち切る。もう1つは料理で、肉を加熱することで感染性の幼虫を殺す。あなたがレア気味の肉を味わうのであれば、サナダムシや旋毛虫から無事でいられるかどうかは、フード・チェーン（食品の一次生産から販売に至るまでの一連の過程）の衛生状態と食肉処理場の検査頼みということだ。

有鉤条虫の遺伝子には人類との長い付き合いの証拠が残っており、この寄生虫はどうやら料理に対する耐性を進化させてきたらしい。細胞には——私たち自身の細胞にも——熱ショックタンパク質という成分があり、温度の急上昇から細胞を守る働きをしている。有鉤条虫のゲノムには熱ショックタンパク質を作る遺伝子が並外れてたくさん含まれているので、野生動物に感染するサナダムシと比べると、熱ショックに対する防御が非常にしっかりしているらしい。もしヒト族が少なくとも150万年前から肉を料理しているのであれば（どうやらそのようだが）、サナダムシの熱ショックタンパク質が増えるように進化したのは当然のことで、肉の中の感染性の幼虫が料理を生き延びて次の宿主へ移動し、ライフサイクルを完成させる可能性が高くなるからだ。

マンモス・ステップ

肉食の初期の証拠は石器に見られ、サナダムシにも記録されているわけだが、その後の洞窟壁画という直接証拠もある。最も初期の壁画は、動物ではなくて人間の手の輪郭を描いた絵だったが、獲物に向かって槍を振るい、石器をつかんで肉を骨からはがし、肉を焼くための火をおこしていたのは、まさにその手だ。インドネシア、オーストラリア、ヨーロッパといったばらばらな場所で、1000本もの手が洞窟の壁で上に向かって伸ばされ、幼稚園で初めての出席点呼にやる気満々で返事をする園児のように、「僕はここだよ！」と誇らしげに主張している。4万年後のいま聞こえるその声は、はるか遠くのどよめきではなく、同じ人類として手をつなごうという、聞き覚えのある呼びかけだ。

その手形は、顔料を口で吹きかけることで洞窟の壁にステンシル〔型染〕で描かれている。スプレー缶の発明よりも4万年前に、この祖先たちは家族のアルバムに自画像をエアブラシで描き、現代のグラフィティ・アーティストの署名と同じくらい個人的なタグを付けたのだ。それから5000年後、動物と認識できる世界初の壁画が、インドネシアのスラウェシ島という熱帯の島の洞窟に描かれた。丸々とした雌のバビルサの絵で、バビルサは名付け親の動物学者が「バビュロウサ・バビュルッサ」という学名を与えた風変わりな動物だ。あまりにも変わっていたので、名前を繰り返したのだ。

バビルサはスラウェシ固有種のブタだが、ほかのどのブタにも似ていない。2対の牙があり、1対は下顎から、もう1対は上顎から生えている。下の牙はただのカーブした大きな犬歯だが、上の牙は上向きに回転した歯槽から生えているので、顔の中央から突き出ていて、そこから後ろへカーブしている。この奇妙な牙の役割は不明だ――戦いや防御に使うには、あまりにももろすぎる。地元の言い伝えによると、この牙はハンモックのフックのように使われるもので、バビルサが安全な場所で昼寝をしたいときに木の枝に引っ掛けてぶら下がるのだという。たとえラドヤード・キップリングが『なぜなぜ物語』にバビルサの話を入れていたとしても、それ以外の説明は思いつかなかっただろう。バビルサは雑食性でナッツや果物を食べ、とくにマンゴーが好物だ。雄は体重200ポンド（約90キロ）にもなる。昼寝中のバビルサを、もしあなたが見つけたら――マンゴーを食べて育ったバビルサのローストの味を想像してみよう！

2万年以上前、ヨーロッパ南部に住んでいた狩猟民が、おそらく史上最高の動物画をいくつか生み出した。フランスのショーヴェやラスコーとスペインのアルタミラにある有名な洞窟壁画は、当時ヨーロッパ北部を覆っていた氷床の縁で暮らしていた旧石器時代人の作品だ。そのころの風景に木は1本もなかったが、広々とした生息地で草をはむ動物たちがたくさんいた。現在のセレンゲティ国立公園の熱帯草原のような景色だったはずだが、冬の気温は摂氏マイナス20度以下にきっちりと設定されていた。この植生のタイプは、マンモス・ステップ（草原）と呼ばれている。

南フランスの巨大なショーヴェ洞窟の中には、1994年に発見されたばかりの、並外れたスキルで描かれた当時の動物画がある。16頭のライオンの群れが7頭のバイソンを追うように飛び跳ねていて、1頭のマンモスと3頭のサイがそばにいる。同じ洞窟の別の場所には3頭のホラアナグマが描かれ、岩の表面の膨らみを巧みに利用して体の特徴を表しており、本物そっくりのレリーフになっている。現在は絶滅しているこのクマの骨が何百頭分もあったので、ハイイログマよりもはるかに大きいホラアナグマはいつもこの洞窟で冬眠していたらしい。そこの壁にはさらにウマ、バイソン、アイベックス、トナカイ、アカシカ、ジャコウウシ、オオツノジカ、オーロックス（野生のウシ。学名ボス・プリミゲニウス）も描かれている。この絵の作者は動物の体の構造をわかっており、おそらく何頭分も食べたのだろう。ショーヴェなどの洞窟に残されていた動物の骨は、トナカイの肉と長骨の骨髄（骨を砕いて抜き出す）が好んで食べられていたことを証明している。この世界には肉がたっぷりあって、洞窟画家とその家族に必要なタンパク質をすべて供給することができたのだ。

マンモス・ステップの動物に忍び寄っていた絵心のある狩猟者たちは、肉だけを食べて生きていたわけではなく、植物性の食べ物も採集し加工していた。南イタリアの洞窟で発掘された丸石にデンプン粒が付着していたことから、3万2000年前にそこで暮らしていた人々がその石を使って野草の種子を挽いて粉にしていたことがわかっている。彼らは粉に挽く前に種子を乾かしており、この工程は現在でもカラスムギなどの穀物の風味や保存性を向上させるために使われている。夏にはベリー類やヘーゼルナッツや根菜類があったはずだが、冬にはそういった採集物はなくなっていただろう。当時のトナカイのステーキの付け合わせは、野ネズミの巣のたくわえから奪った種子や根っこだったのかもしれない。これはアラスカやシベリアのイヌイットがかつて食事を補うためにとった手段で、食用になる根っこと、ネズミには食べることができても人間には有毒な根っこを区別するよう気をつけていた。

世界が暖かくなってヨーロッパ北部と北米大陸を覆っていた氷床が後退するにつれて、植生も変化した。森林がマンモス・ステップの広葉の草やイネ科の草、低木に取って代わり、そういった草や低木の葉を食べていた動物の多くは、餌となる植物を追って後退した。トナカイとジャコウウシは、いまでは北極圏でしか見られない。ヨーロッパでは、アカシカと、場所によってはウマも環境の変化を生き延びたが、ケナガマンモス、ケブカサイ、ホラアナグマ、オオツノジカなどのほかの草食動物はすべて数が減り、やがて絶滅した。大部分の獲物が消えてしまうと、最も大型の肉食獣たちも消えてしまった。サーベルタイガーやアメリカライオン、そしてハイイロオオカミの変種も含まれており、このオオカミはバイソンなどの大型の獲物を捕らえてむさぼり食うために特殊化した頭骨を持っていたらしいことが化石からわかっている。

だんだん小さくなるマンモス・ステップのいたるところで、最も大型で最も特殊化した動物たちが消えていった。生き延びた種は局所的に取り残された個体群に似ていて、死に絶えた個体群の骨から取り出したDNAよりも遺伝的多様性が低い。場合によっては、動物が絶滅の道をたどるきっかけは気候の変化だったとしても、とどめを刺したのは人間の狩猟者だったのかもしれない。ヒトの骨の同位体分析をおこなって生涯にわたる食べ物の痕跡を調べたところ、当時の一番の大好物はケナガマンモスだったようなのだ。この分析の対象となった狩猟民たちは3万年前に生きていたのだが、考古学的証拠によるとマンモスはマンモス・ステップの全域において、その名を冠した生息地が消え失せるまでずっと不動の人気メニューだったらしい。

食事は1回で3度楽しめるという有名な中国のことわざがある。期待する楽しみ、食べる楽しみ、思い出す楽しみがあるというわけだ。食事としてのマンモスは、4度楽しむことができた。期待する楽しみ、食べる楽しみ、思い出す楽しみ、そして、住む楽しみ。マンモスの大きな骨は、住居を造るためにも使われていたのだ。しいたげられていたこの動物の最後の砦がシベリアの北東沖に浮かぶ離島のウランゲリ島で、つい4000年前まで生き残っていたのは、果たして偶然なのだろうか？　大陸上のマンモスの個体群は、それより5000年以上も前に消え失せていた。

野生の肉不足

イタリア、ギリシャ、トルコ、イスラエルの地中海沿岸で発掘された考古学的遺物から、5万年前

〜4万年前にはすでに、この沿岸の住民が食べ物のレパートリーを広げ始めていたことがわかっている。理由は人口が増加して、その結果として当時でさえ、最も大型の狩猟動物が地元で見つかりにくくなっていたからかもしれない。そこから2万年ほど時間を早送りしたころの、農業が始まる前の生活と食事を示す詳細なスナップショットが存在する。イスラエルのガリラヤ湖（キネレト湖）のほとりで、オハロIIという名の驚くほど保存状態のよい野営地が見つかったのだ。オハロIIは一時的な野営地で、地質学用語で最終氷期極大期（LGM）と呼ばれる時期に何年にもわたって、狩猟採集民が定期的に訪れていた。最終氷期極大期とは氷河が地球の両極から最も遠くまで到達していた時期のことで、レバント地方の気候は寒く乾燥していた。

2万3000年前、オハロIIの時間は凍りついた。ガリラヤ湖の水面上昇によって水没し、泥と水で覆われてしまったのだ。水浸しの泥は素晴らしい保存料になる。酸素を締め出すことで、その奥に埋まっている物を細菌などの腐敗因子が破壊するのを防いでくれるからだ。つまり、ここには野営していた人々が食後に捨てた骨と男性訪問者1名の埋葬された人骨が残っていただけでなく、建築に使われた木片、人々が上で眠った寝わら、魚を網で捕らえるために使われた綱やおもり、採集された野生植物の遺存体まであった。この時代の遺跡に植物が保存されていることは、きわめて珍しい。オハロIIにいた人々が利用していたか、あるいはその場に生えていた140種以上の植物が確認されている。そのうちの野生のコムギとオオムギは粉に挽くために使われていたようで、表面に穀物デンプン粒の残った磨石（すりいし）〔すりつぶすために使われた石器〕も見つかっている。植物の遺存体には現在の耕作地の雑草13種の種子も含まれていたので、もしかすると当時も穀物が計画的に植えられていたのかもしれない。

湖のおもな魅力は魚が捕れることだったに違いないが、オハロIIの人々は魚以外にも大量のガゼルと、カイツブリやカモやガンを含むあらゆる種類の鳥、猛禽類、カラス、シカ、ごくたまにオーロックス、イノシシ、ヤギも食べていた。驚いたことに、いまでは絶滅したオーロックスと珍しくなったマウンテンガゼルを除けば、オハロIIの人々が食べたり利用したりしていた動植物の大部分は、現在も同じ地域でまだ見られるのだ。

オハロIIは水浸しになったときに見捨てられてしまったが、もっと最近のイスラエルの遺跡でハイファの近くにあるエル＝ワドの様子から、その後8000年間にわたって狩猟採集民は同じような幅広い獲物を使った食事を続けていたことがわかっている。マウンテンガゼルの肉は相変わらず好まれていたが、エル＝ワドの人々はさらに幅広い野生動物を食べていて、カメやヘビなどの小動物まで含まれていた。このように食事の中に小動物が増えたのは、おそらく、過剰殺戮のせいで大型の狩猟動物の供給量が減り始めてきたことを意味している。狩猟の影響の増大はたしかに、それから4000年も経たないうちに（現在から約1万1700年前）大型も小型もすべての動物の骨がエル＝ワドの考古学的記録にめったに見られなくなった理由だろう。このような変化は南西アジア全体で起こっていて、住民はだんだんとほかの生活手段に頼り始めていた。

野生のコムギ、オオムギ、豆類などの植物の栽培化が何千年も前から徐々に進行していた（第4章）

ので、野生の肉の供給不足を補うタンパク質豊富な作物をもたらすことはできただろうが、解決策はほかにもあった。何千年もの定住の間に土の家が建てられ、崩れて、残骸の上に新たな家が建てられることでできた人工の小山の内部に保存された考古学的証拠を見れば、当時の人々がなにを食べていたのかがわかる。土の家の新たな層ができるたびに、前の住まいと食習慣の記録が家の土台に葬られたのだ。アナトリアのアシュクル・ホユックにあるそういった小山の1つを発掘したところ、1万1000年前〜1万200年前までの間に、かつてエル=ワドで食べられていたような野生肉の食事からヒツジの飼育への切り替えがあったことがわかった。このような家畜や栽培植物に依存する生活への転換が、農業の始まりと新石器時代の幕開けを示していたのだ。

生活手段としての狩猟採集が農業へ変化したことをきっかけに、新石器時代のベビーブームが起こった。この時代のレバント地方の墓地に残されたヒトの骨格化石から推定すると、女性1人当たりの子供の数は狩猟採集時代には5.4人だったのが農業が取り入れられてからは9.7人と、ほぼ2倍になっている。このような増加は世界的な現象で、狩猟採集民が農業に切り替えた場所ではどこでも起こっている。農民は自然生息地を農地に変えていくので、新石器時代の人口増の影響として野生動物の個体数はさらに減少し、増加分の人口すべてを養う手段として畜産業が促進された。家畜化の実施によって自然に対する私たちの進化的影響に新たな1章が始まり、私たち自身の進化の道筋も変わることになったのだ。

ニワトリ、地球を巡る

ある種の動物は、狩猟の獲物から家畜への移行がほかの動物よりも簡単だった。その証拠に、ブタやニワトリのように何度か家畜化された動物も数種あったが、オハロIIの居住者に狩られていた何十種もの動物などほかの多くは、1度も飼い慣らされなかった。ブタとニワトリは残飯をあさる動物なので、おそらくその習性のせいでヒトの住居のすぐそばに近づき、餌を頼るようになり、家畜化のプロセスが始まったのだろう。

家畜の中で最も持ち運びやすいのはニワトリで、私たちはこの素晴らしい生き物をあらゆる場所へ持って行った。なにしろ、残飯をあさって食べた餌を美味しい肉に変え、卵を毎日供給してくれるのだ。もし鳥の世界にホメロスがいたならば、羽ペンをふるって『ニワトリ版オデュッセイア』を書いてくれるところだが、そんな鳥が登場するまではドクター・スース〔米国の絵本作家〕で間に合わせるしかない。彼は旅立つ若者に向かって、先見の明を発揮して次のように警告している。「迷うだろうけど、迷ってとうぜん。きみはもうわかってるでしょう。進むにつれて、きみは、へんてこな連中のあいだに迷いこむ」（『きみの行く道』いとうひろみ訳、河出書房新社）〔「へんてこな連中」は原文では「strange birds」なので、ここでは文字どおりの「鳥」という意味と掛けている〕。

地球上の移動は、その移動をおこなう生物にとっても、新参者に迷い込まれる先住者たちにとっても、進化の上で影響を及ぼす。ニワトリは、アメリカのニューイングランドでも故郷（オールド）のイングランドでも農家の庭や裏庭にすっかりなじんで見えるが、その起源は異国情緒たっぷりだ。チャールズ・

ダーウィンが『家畜および栽培植物の変異』の中でいつもの洞察力によってまさに推測しているように、ニワトリの野生原種はアジア原産のセキショクヤケイだと判明している。

現代の遺伝学的・考古学的分析によれば、セキショクヤケイの家畜化は1度きりではなく、アジアの異なる場所で3度にわたって別々に起きている(地図5)。ニワトリの利用を示す最古の考古学的証拠は、中国北部の黄河の谷で発見された。そこで見つかった古代のニワトリの骨は1万年前のもので、抽出されたDNAは現代のニワトリとの遺伝的類似性を示している。こうした初期のニワトリの骨が野鳥ではなくて家畜化された鳥のものだという直接的な証拠はないが、ブタなどのほかの動物は同じころにこの地域で飼育されているので、当時かその直後には家畜化されていた可能性は非常に高そうだ。黄河での家畜化の少しあとで、セキショクヤケイは東南アジアのタイ周辺とインドで別々に家畜化されたのだ。

現代のニワトリの遺伝子を見ると祖先の複雑さがわかり、人々が世界中を行き来したことによって3度の家畜化すべての子孫がいくつもの機会で接触して繁殖した証拠が示されている。アジアのニワトリたちの出会いとして初めて記録に残っているのは3400年前の出来事で、インドから中国に生きたニワトリが持ち込まれた。

アメリカをはじめとする国々の消費者が好む黄色い鶏皮は、野生のセキショクヤケイにはまったく見られない特徴で、どうやら別の種――ハイイロヤケイから来ているようだ。この種はインド原産だが、野生ではセキショクヤケイと雑種を作らないので、ニワトリが灰色のいとこに見られる黄色い皮

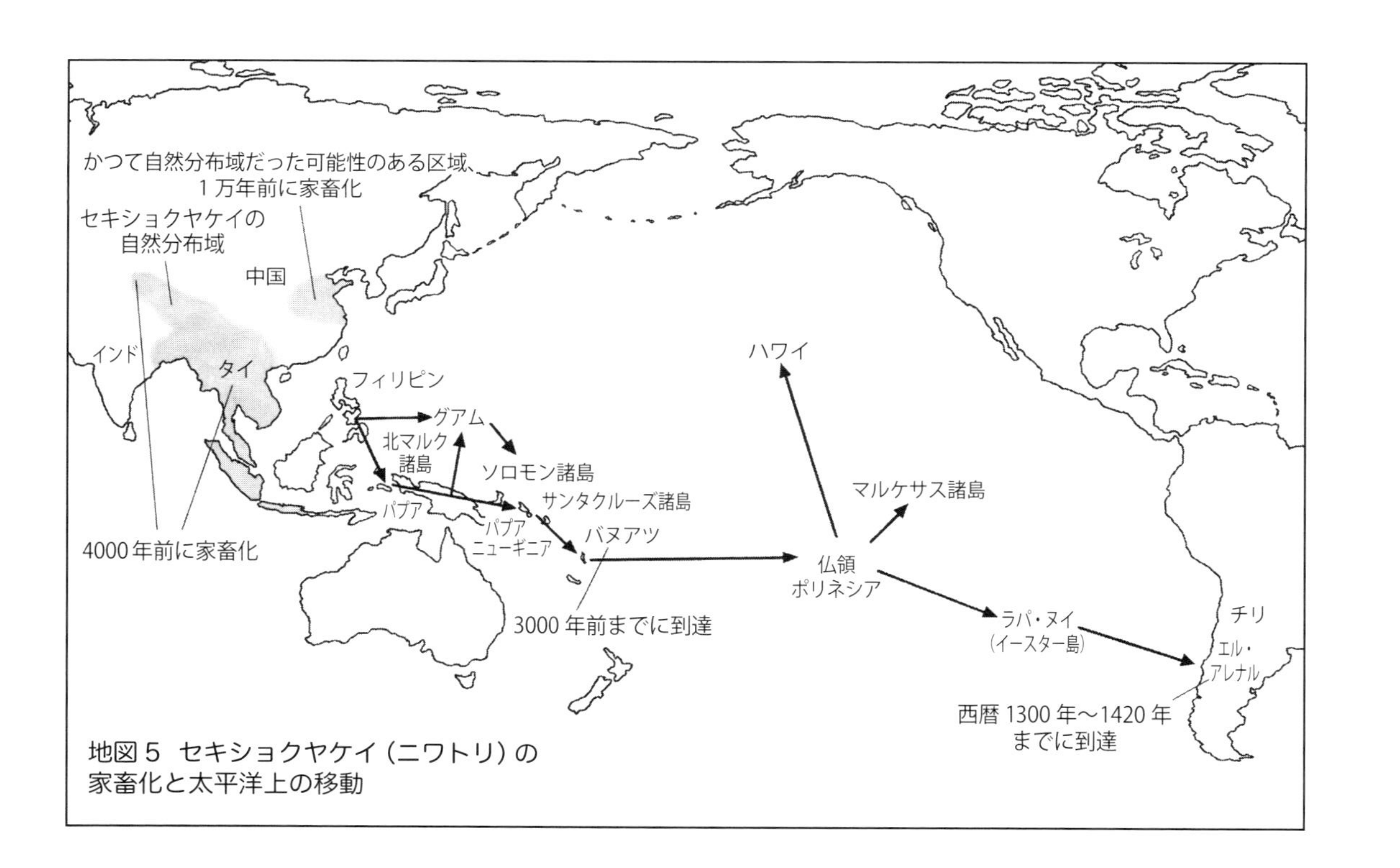

地図5 セキショクヤケイ（ニワトリ）の
家畜化と太平洋上の移動

膚という形質を獲得したのは、おそらく何千年も前のインドのどこかにある農場での出来事だったのだろう。

アフリカのニワトリ――国連食糧農業機関によると、2010年の時点で16億羽もいる――の祖先は、少なくとも3つの別々なルートでアフリカ大陸に持ち込まれた。1つ目はインド系統のニワトリがエジプトから北のルートで持ち込まれたもので、エジプトでは4000年前の古文書にニワトリの記述がある。2つ目のルートはアフリカの角を経由して東から到着したようで、人類がアフリカを出たときのルートを逆方向にたどっている。3つ目も東から到着したルートだが、東南アジアから海を渡ってやって来た。

東南アジアは太平洋の島々に住み着いたポリネシア人の出発地点でもあり、彼らは生きたニワトリ、ネズミ、イヌ、食用植物を持って移動した。これはおそらく、人類史上最も勇敢な移住だったのではないだろうか。外洋を何千キロもカヌーで渡り、太平洋に浮かぶ絶海の孤島――ラパ・ヌイ(イースター島)、ハワイ諸島、果てはニュージーランドまで――にたどり着いた。ニュージーランドへの移住は、ほんの1000年ほど前という比較的最近の出来事だった。

ラパ・ヌイは荒野の見張り役を務める巨像があることで有名だが、木が1本も生えていない環境では、そのような巨大な記念物を建てられるような人数や余暇、建てようという気持ちを備えた集団を維持することはとうてい不可能なように思える。ところが、この島のほかの建造物を見れば、そんな印象はまやかしだとわかる――1233棟もの石造りの鶏小屋が海岸線を縁取っているのだ。鶏小屋の大きさはさまざまで、奥行き20フィート（約6メートル）程度のありふれたサイズから、奥行き70フィート（約21メートル）・幅10フィート（約3メートル）・高さ6フィート（約1.8メートル）というものもあり、ニワトリが出入りできる小さな入口が地面の近くに付いている。それぞれの小屋の周囲に石の囲いがあって、ニワトリが逃げ出すのを防いでいる。ラパ・ヌイの鶏小屋は、利用できる唯一の家畜だったニワトリが産業規模で飼育されていたことを示しており、肉と卵がすぐ使えるように供給されていたに違いない。

ポリネシア人が外洋を渡るカヌーで運んだ食べ物は、彼らがクリストファー・コロンブスよりも先にアメリカ大陸にたどり着いたという証拠を提供している。西暦１３００年〜１４２０年の間のものと推定されるニワトリの骨が、チリ中南部のエル・アレナルで発掘された。この骨のＤＮＡを分析したところ、サモア、トンガ、ラパ・ヌイで発掘された有史以前のポリネシアのニワトリと遺伝的にほぼ同一だった。したがって、スペイン人の征服者（コンキスタドール）〔スペイン王の認可を受けてアメリカ大陸を征服した人々〕フランシスコ・ピサロが１５３２年にペルーに到着したときに目撃したニワトリはインカ経済に定着した存在で、おそらくポリネシア原産だったのだろう。

何千キロにも及ぶ移動だったとはいえ、ポリネシアのカヌーに乗ってニワトリがアメリカ大陸に到達したのは偶然の出来事ではなかった。ポリネシアの船乗りは、行き先を十分に承知していたのだ。彼らは並外れた航海の腕を持っていて、夜空の星による航海術の詳しい知識を使うとともに、陸地から跳ね返される海のうねりによって、はるか遠くの見えない島々の方角を感じ取っていた。この技術の最も高度な使い手は海中に入り、陰嚢で海の動きを感じ取って方向探知機代わりに使っていた。だからポリネシアのカヌーは、ボールベアリングが登場する１０００年も前から、「ボール」で動いていたというわけだ。

ある種の植物はアメリカ大陸からポリネシアへ運ばれているので、海洋交通は双方向の行き来があったらしい。１７６９年にジェイムズ・クック船長が初めて太平洋を探検したとき、訪れたポリネシアの島々すべてで――はるか遠いニュージーランドでも――南米原産のサツマイモが栽培されていることに気づいた。クックの航海に同行していた植物学者が収集したサツマイモの標本のＤＮＡを最近の遺伝学的分析で調べたところ、彼らがポリネシアで見つけたサツマイモの原産地は、南米大陸のエクアドルやペルーのあたりだということが確認されたのだ。

南米とポリネシアの間にかなりの量の交通があったのではないかと予想される一方で、ヒトのゲノムの中にも接触の証拠が存在する。ヨーロッパ人に「発見」されて以来、ポリネシアの原住民は病気のせいで大勢が死に、侵略され、奴隷にされて、別の場所へ連れ去られてしまったが、生き残った集団のゲノムには、南米からの訪問者が歓迎されて家族に加わっていた幸せな時代の印がまだ残っているのだ。

家畜化はどのように進んだか

動物の家畜化のルーツ探しに話を戻すと、哺乳類の一部の動物たちは、社会的行動のおかげで家畜化されやすい性質になっていたようだ。ヒツジのように群れて暮らしたり、イヌのように野生で群れを作ったりしている社会的な動物はすぐに家畜化されたが、シカのようにハーレムを作る動物はそうはいかなかった。最も初期に家畜化された動物はイヌで、ハイイロオオカミから進化して、少なくとも1万5000年前には私たちがほかの動物を狩るときの相棒になっているが、イヌと人間の付き合いはその2倍は古いのではないかと言われている。イヌは、オオカミの群れのリーダーに従うのと同じように人間のハンドラーに従い、言うことを聞いているように見える。羊飼いが牧羊犬に命令してヒツジを駆り集めさせるのを見るだけで、この両方の動物の社会的行動がどちらも牧羊にとって重要なことがわかるはずだ。ヒツジの群れをイヌで管理することは、既存の進化的関係を私たちが自分の目的のために利用しているという一例にすぎない。

ヒツジは南西アジアで初期に家畜化された動物で、早くも1万1000年前には飼い慣らされていたのかもしれないほどで、そこから何度かの波で四方八方へ広がった。5700年前までには、南西アジアのヒツジがはるばる中国北部にまでたどり着いていたのだ。世界中のヒツジの個体数は、現在では10億頭を超えている。ヒツジがどこへ行き着いても、そこで飼育されて現地の環境に適応するようになったので、いまでは約1500もの品種がある。ヒツジの進化は、故郷の南西アジアでも止まっていたわけではない。ヒツジは大量の脂肪を蓄積できるので、家畜化と最初の拡散の波が広がってから数千年後、南西アジアの農民は目を見張るほど太い尾を持つヒツジ〔脂尾羊〕の品種を作り出し、それが新たな拡散の波を生み出した。ギリシャの歴史家ヘロドトス〔紀元前484年ごろ〜425年ごろ）は、アラビアのある種のヒツジの尾はあまりにも太いので、尾を引きずり回して傷つけないように羊飼いが小さな木製の台車をくくり付けていたという話を書き記している。このヒツジの尾から獲れる脂肪は、中東やイランでは昔から料理に使われている。

野生のブタ、つまりイノシシ（学名スス・スクロファ）と野生のウシ、つまりオーロックスは、どちらも最近までユーラシア大陸の極西から極東まで全域に分布していたので、家畜化する機会は、この広大な地理的範囲にある数多くの社会に与えられていた。南西アジアでは、野生のウシやブタの狩猟から飼育への移行が起きた形跡がヨルダン川上流にある新石器時代の定住地で発見されている。9000年前～8000年前の間に、家畜化された動物に典型的な骨が多くなり、同じ種の野生動物の骨が少なくなっているのだ。

8000年前までには、ウシもブタも南西アジアで完全に家畜化されていたが、それ以降の出来事については、この2つの種の遺伝子が伝える物語は大きく異なっている。ウシの場合、現存する種の遺伝学的分析から、オーロックスの家畜化は3度あったことがわかっている。南西アジアのおそらくシリアと、インダス川流域でオーロックスからコブが特徴の家畜のコブウシが誕生したときと、そしてアフリカだ。

オーロックスはローマ時代までヨーロッパでよく見られる野生動物だったが、ヨーロッパのウシの品種はすべて南西アジアで家畜化されたウシの子孫で、地元ヨーロッパのオーロックスが祖先ではない。人類遺伝学の研究から、農業そのものは南西アジアからの農民の移住とともに西ヨーロッパへ広がったことがわかっているので、その際にウシを連れて行ったらしい。農民と農業とウシたちは、ひとまとめでヨーロッパに拡散したのだ。

それとはまったく対照的に、ウシやその他の家畜の肥沃な三日月地帯における拡散（次ページの地図6）は、人間の移住に伴って起きたわけではない。動物は農業共同体から農業共同体へと次々に広がっていったが、遺伝学によると人々は同じ場所にとどまっていた。それどころか、イランのザグロス山脈の9000年前の遺骨から回収したゲノム配列によれば、当時の新石器時代の農民の名残が、現在イランに住んでいるゾロアスター教徒の遺伝子の中に残っているのだ。この「出不精」の傾向は、肥沃な三日月地帯全体に存在していた。アナトリア、レバント地方（イスラエルとヨルダン）、ザグロス山脈の最初の農民たちは互いに取引をおこない、農業のやり方や家畜や作物を共有していたが、血のつながりはなかったのだ。

アフリカでは、最初に家畜化された動物は野生のウシだった。その後、南西アジアやインドから来たウシと交配して、地元の環境に適応した品種を作り出した。家畜化したウシが穀物栽培化後の定住農業に組み込まれていった南西アジアの状況とは異なり、サハラ砂漠以南のアフリカでは、土着種の作物が初めて栽培化されるまで何千年もの間、ウシが遊牧の基盤となっていた。ウシはいまだに多くのアフリカ文化において経済的にも社会的にもこの上なく重要な存在で、男の価値は所有しているウシの頭数で判断される。

イノシシ、つまりスス・スクロファの祖先が最初に進化した場所は東南アジアの島々で、そこには

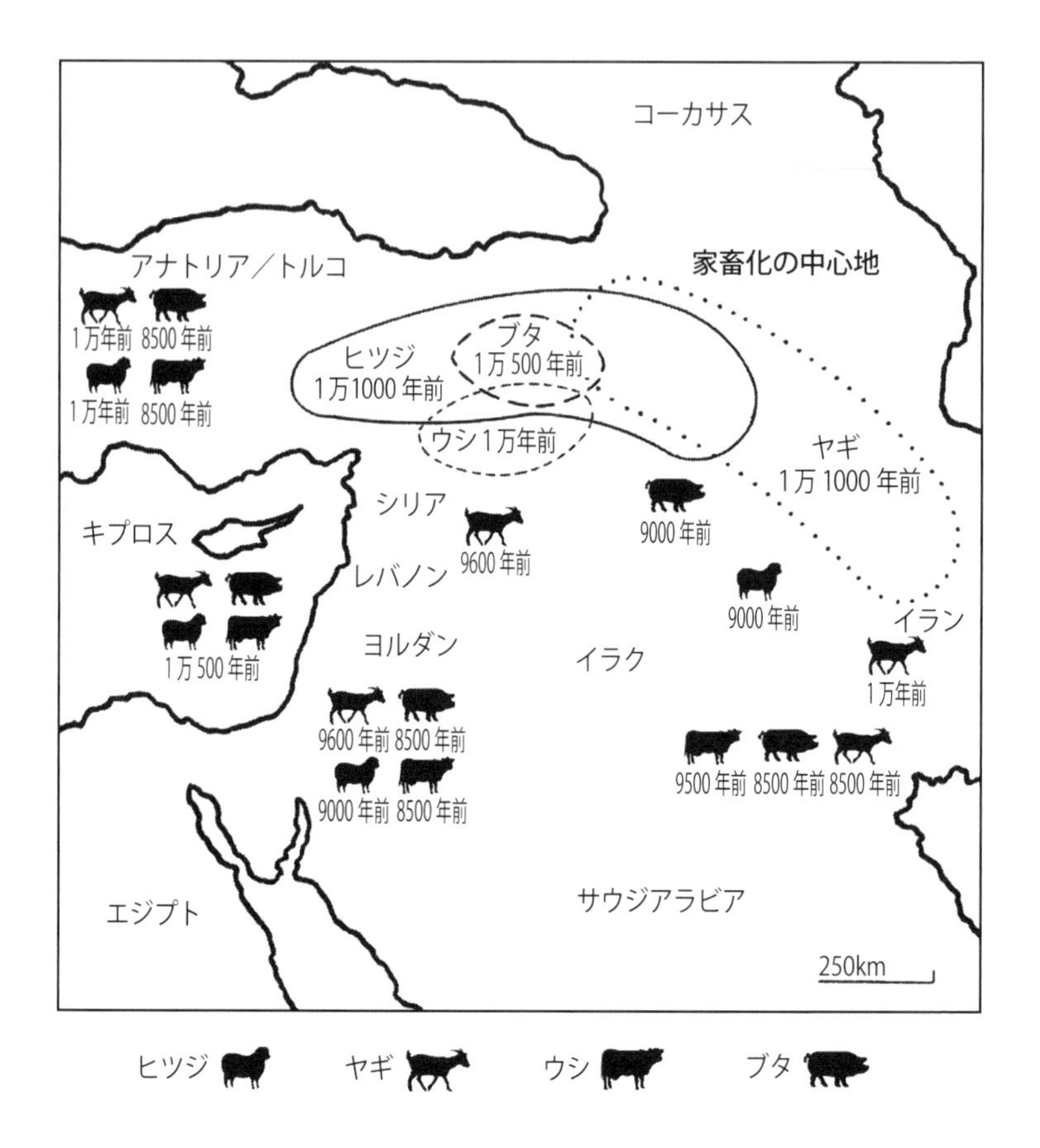

地図6　肥沃な三日月地帯における農場の動物の家畜化とその広がり

バビルサなどの野生のブタがいまでも見られる。ブタの仲間全体の中で生息地を広げたのがスス・スクロファで、西へ拡散し、アフリカにいた私たち人類よりも何百万年も前にユーラシア大陸にたどり着いた。その後、ヒトとブタが出会ったどんな場所でも、絆が生まれた。ブタと人間は、イヌと人間と同じくらい密接な関係を持つことが——たしかに世界共通ではないかもしれないが——可能なのだ。イヌもブタも残飯をあさる動物で、おそらくそれが人類との関係の基盤となり、家畜化されたのだろう。この相性がブタの進化史を形作り、ブタの家畜化はヒツジのように1度ではなく、ウシのように3度でもなく、少なくとも6度か7度は起こっている。

西ヨーロッパでは、この地域の家畜化されたウシが南西アジア原産だったのとは対照的に、ブタは土着種のヨーロッパイノシシを家畜化したものだ。同じように、地中海のサルディニア島とコルシカ島でもこれとは別に地元のイノシシからブタが家畜化され、中国で少なくとも2度、さらにビルマとマレーシアでも家畜化が起こっている。ニューギニアのイノシシはおそらく、ポリネシア人のカヌーで運ばれてきた家畜のブタが野性に返ったものだろう。ポリネシア人はハワイなどの太平洋の絶海の孤島へブタを連れて行ったが、このブタはどうやらベトナム原産だったらしい。

不思議なことに、地元のイノシシの遺伝子が現代の家畜のブタの中に現れていない唯一の場所が南西アジアで、実に多くのほかの家畜や栽培植物の原産地なのだ。ブタが新石器時代に南西アジアで狩られたのちに家畜化されたことは考古学的記録からわかっているのだから、これは二重に奇妙な話なのだが、どういうわけか、現代の家畜のブタの遺伝子にはこの地域とのつながりがまったく見られない。そのわけとは、歴史的かつ文化的な理由なのかもしれない。現在の南西アジアの住民の大半はイスラム教徒とユダヤ教徒で、どちらもブタは不浄の動物として食物規定で禁じている。この宗教上のタブーは古代エジプトから受け継がれたのかもしれない。古代エジプトでは、ブタとの間に断続的な愛憎関係があったのだ。最初は崇拝される動物だったのだが、紀元前1000年までには太陽神ホルスの敵でブタの顔をした悪神セトと結び付けられるようになっていた。ホルスは黒いブタに目を奪われたのだ。セトの姿は記念碑から抹消され、豚飼いは忌み嫌われて、どこの神殿にも入ることが許されなかった。この文化的および宗教的環境の中では、地元種のブタが絶滅してもそれほど意外ではないように思える。

ブタ、ヒツジ、ウシなどの従順な動物は社会的行動のおかげで家畜化されやすかったわけだが、社会的行動のせいで家畜化されにくかった動物もいる。シカやレイヨウのようになわばり習性を持つ動物はこれまで家畜化されたことがなく、だからマウンテンガゼルは新石器時代の狩りの獲物として一番人気があったのに、農家の庭で飼われることは1度もなかったのだ。同様に、アカシカはヨーロッパで5万年前から狩られているのに、一般的な家畜として飼育されたことが1度もないのは、なわばり習性を持っていることと、さかりのついた雄が雌を巡って争うために管理が難しいことが理由だ。トナカイは例外だが、なわばり習性のない唯一のシカの仲間だからで、2度にわたって家畜化されている。ラップランドのサーミ族と、ロシアのシベリアのネネツ族だ。サーミ族もネネツ族も遊牧民族で、餌を探してツンドラを歩き回るトナカイの群れについて行く。これは人間とイヌのような片利共生関係に近いけれども、逆の関係だ。人間はトナカイの群れを追い、イヌは人間を追うのだから。

家畜化症候群

『家畜および栽培植物の変異』の中でダーウィンは、家畜と推定上の野生原種との違いについて広範囲にわたる調査をおこない、驚くべきパターンを明らかにしたが、それに納得のいく説明をつけることは、つい最近まで誰もできなかった。ダーウィンの観察によると、あらゆる種類のまったく無関係な家畜——イヌ、ブタ、ウシ、ウサギ、テンジクネズミ、ウマなど——が共通した一連の形質を持つ傾向にあるという。ダーウィンの指摘では、野生動物に比べて家畜は繁殖のパターンが季節と関係なく、全身のあちこちで毛色が欠けてぶち模様になっている場合が多く、垂れ耳で、鼻面が短く、歯が小さく、脳が小さく、尾が巻き上がっていて、行動が幼くて従順だ。このように一連の形質が収束することは、いまでは家畜化症候群として知られており、家畜化によって一見種々雑多な進化的変化がこのように繰り返される理由について、妥当と思われる説明が出て来るまでに、1世紀半近い年月ががかかった。

進化的変化は選択のせいで生じることが多いので、無関係な動物の間で収束する結果がもたらされるとき、一番単純な説明は、選択の原因が同じだったに違いないということだ。この説明は家畜化症候群に含まれる一部の形質については妥当と思われるが、全部の説明にはならない。従順さはどの家畜にも明らかに望ましい形質で、大半の育種家は故意か偶然かこの特徴を選択するので、家畜化症候群に含まれるのはまったく当然だ。ダグラス・アダムスは小説『宇宙の果てのレストラン』（安原和見訳、河出文庫）の中で、題名となったレストランでウェイターが「本日のディッシュにお会いになりますか？」と質問するシーンを生み出している。

大きな反芻（はんすう）動物がゼイフォード・ビーブルブロックス（元・銀河帝国大統領）のテーブルに近づいてきた。丸々と太った大きなウシ型の四足生物で、大きなうるんだ目、小さな角、口もとを見ると愛想笑いを浮かべているように見える。「いらっしゃいませ」動物は、どっこらしょと尻を床に落として座った。「わたしが本日のメインディッシュです。わたしの各部位の肉についてご説明いたしたいのですが」

同席していた故郷を遠く離れた地球人アーサー・デントはぎょっとしてひるみ、グリーンサラダを注文するが、「本日のディッシュ」はうんざりした顔になる。「ぼくにグリーンサラダを食べるなって言うのか」とアーサーが言うと、動物は次のように答える。
「『その点についていては、いろんな野菜がはっきり意見を言っておりますからねえ。だからこそ、ややこしい問題をすっきり解決しようというので品種改良が始まったんです。人に食べてほしいと心から思い、自分でそれをちゃんと言える動物をつくろうというわけですよ。それでわたしがここにいるというわけでして』動物は苦労して小さくお辞儀をした」

これはフィクションだが、十分に根拠はある。家畜は言うことを聞くように作られているからだ。もっとも、自分でそれを言うことはまだできないが。でも、垂れ耳や巻き上がった尾まで持つようになるのはなぜだろう？　家畜化症候群にぶち模様が含まれていて、ウシやイヌやテンジクネズミやコイにまではっきり見られるのはどうしてなのか？　これほど共通点のない動物たちと形質に並行して直接選択が働くことはありそうにないので、ほかの説明があるはずだ。これらすべての形質を結び付けるような共通の遺伝的原因が潜んでいて、従順さなどの形質の人為選択がどういうわけか、被毛の色など家畜化症候群の形質すべてに影響を及ぼすということはあり得るのだろうか？　共通の遺伝的原因などこじつけのようにも思えるが、それが「あり得る」という実験的証拠が示されている。

1950年代、ドミトリー・ベリャーエフというロシアの育種家が、ギンギツネ――当時まで飼い慣らされたことはなかった――を従順さだけに基づいて選択的に交配させた場合に家畜化症候群の形質がすべて現れるかどうかを確かめるための実験を始めた。実験の開始時には、実験者が餌をやるために近づくと、ほぼすべてのキツネが攻撃性または恐怖を示した。恐怖や攻撃性の表れが最も少なかったごく少数のキツネを使って新たな世代が作られ、その後このプロセスが何十年にもわたって繰り返された。わずか3世代後には、どの子ギツネも餌を与えられたときに攻撃的な行動を見せなくなり、飼い犬のように尾を振り始めるものまでいた。従順さを目的とした選択が8世代～10世代も続くと、模様のある被毛、垂れ耳、巻き上がった尾を持つ子ギツネが現れ始めた。50年後、30世代以上が経ったころには、ギンギツネの実験グループ全体がイヌのように人間になつき、さらに家畜化症候群の解剖学的形質と生理学的形質を示すようになった。この実験から、従順な行動を求めて選択するだけで家畜化症候群がまるごとたしかに生じることは証明されたが、どういう仕組みなのだろう？

ベリャーエフの始めた研究をいまも継続しているロシアの科学者たちは、家畜化症候群のすべての形質は1つのネットワークでつながった遺伝的スイッチによって制御されているに違いないと述べている。これは、躁病的な馬車の御者が1ダースの野生のウマの手綱を取っているようなもので、家畜化の形質すべてを調和するように操縦し、同じ方向に進めるという離れ業だ。もしそのような制御のメカニズムがあるのなら、まだ誰も見つけられていないことになる。その代わりに、3人の科学者――料理に関する仮説を考え出したリチャード・ランガム（第2章）を含む――が最近、別の説明を思いついた。

その仮説とは、家畜化症候群のすべての形質は遺伝のマスタースイッチによってつながっているのではなく、胚の発生における共通段階でつながっているというものだ。脊椎動物の胚の発生において、家畜化症候群のすべての形質は、直接的または間接的に、神経堤という1カ所の細胞発生源からの供給に依存している。神経堤は発生中の胚の脊椎に沿って頭から尾まで伸びていて、幹細胞を含んでおり、この幹細胞は脳や、皮膚の色素を作る細胞や、攻撃的な行動に影響する副腎や、家畜化症候群に関係するその他の細胞や器官の組み立て（または組み立ての制御）の原材料となる。

神経堤の仮説では、副腎が攻撃性を制御するという事実から、家畜化において選択される攻撃性の低い動物は、小さめの副腎を作る遺伝子を持つごく少数のグループに属していると提案している。副腎の大きさ、つまり攻撃性を制御する遺伝子は、神経堤の細胞の数に及ぼす影響を通じて間接的に制御しているにすぎない。したがって、この仮説によれば、より多くの従順な動物が選択されるときに実際に起こっているのは、神経堤の細胞の数について遺伝的欠陥のある動物を選択していることだという。神経堤の細胞への依存が家畜化症候群のすべての形質を結び付けて、形質グループとして進化させているのだ。

神経堤細胞の数は多数の遺伝子によって制御されていると考えられており、それぞれの影響は小さいので、家畜化症候群を制御する1個のマスター遺伝子が見つからないのはおそらくそのせいだろう。1個だけではないのだ。もし神経堤仮説が正しいとすれば、家畜化において観察される変化の大部分——巻き上がった尾やぶち模様の被毛や垂れ耳など——はメインイベント、つまり従順な行動のための選択に付随する副産物だということだ。この考えが正しいか正しくないかを断定するのはまだ時期尚早だが、1868年にダーウィンが初めて家畜化について書いて以来、症候群の存在をこれほど巧みに説明する仮説はほかには現れていない。

私たちが食べる肉に味わうべき進化がこれほどたくさんあったなんて、誰が知っていただろう？ここで要約して、話を締めくくろう。私たちの肉食の歴史は、ヒトという種の歴史より、さらにヒト属の歴史よりも古い。それについてはサナダムシが証拠で、化石も裏付けている。だが、オハロII遺跡の植物の遺存体は、最終氷期極大期に生きていた古代の狩猟採集民が肉だけを食べて生きていたわけではないことをはっきり証明している。さらに言えば、現在そのころと同じように暮らしている狩猟採集民も同様だ。それでも、人口の増加と、もしかすると気候変化の影響もあって野生の肉が枯渇してしまったことが、南西アジアや中国などの人々に作物の栽培と動物の家畜化を始めるよう駆り立てたのではないかと思われる。

現在では、農場は世界中の家畜が集められた動物園のようだ。私たちは家畜を動かし、乳を搾り、根本的に作り変えたので、家畜化症候群が現れて、ブタとイヌのように全然違う動物がぶち模様の被毛と垂れ耳という画一的なユニフォームをまとうようになり、人間によって改造された印がみんなに付けられた。だが、家畜化症候群の画一性にもかかわらず、農園や庭で栽培されている植物のものすごい多様性を付け加えて考えれば、人間の食事を表すスローガンが「多種多様」だというのは疑いようがない。このことをなによりも証明してくれるのが、私たちの食べている数多くの野菜なのだ。

第8章 野菜●多様性と進化の戦い

野生のキャベツやトマトから

私たち人類の祖先は草食動物だったが、いまの私たちはどの祖先よりもはるかに多種多様な植物を食べている。4000種以上のさまざまな植物を、食べ物または風味付けの材料として口にしているのだ。その大部分は、食べられないように有毒な化学物質による防御手段を進化させてきたというのに。「甲の薬は乙の毒」ということわざは、「甲の野菜は乙の毒」と読み替えてもいいだろう。新鮮な肉が誰かにとって毒になることはめったにないが、野菜の場合、少なくとも野生のままだと、ほぼ例外なく毒になる。ゴリラやチンパンジーのような大容量の消化管は私たちにはないが、2つのテクノロジーのおかげで驚くほど多種多様な植物を食べることができている。そのテクノロジーとは、料理と、植物の栽培化だ。

料理は硬い食べ物を軟らかくするだけでなく、毒物を無害にしてくれる。たとえば、インゲンマメは有毒なレクチンを含んでいて、自然界で昆虫や真菌の攻撃を防いでいる。インゲンマメを茹でればレクチンは破壊されるのだが、料理する温度が低すぎると――クロックポットなどの電気鍋で沸点に達しない温度で煮る場合――豆は軟らかくなってもレクチンの活性が失われず、有害になってしまう。インゲンマメの栽培化は白インゲンマメ、斑点のあるぶちインゲンマメ、黒と緑のフラジョレマメなどのいろいろな品種を生み出しており、その中にはもう有害な量のレクチンを含んでいないものもある。

野生植物は特有の環境や要求に適応した特徴を備えているのだが、私たちは自分の目的のために栽培化を通じてその特徴を失わせている。たとえば、野生のジャガイモの作る塊茎はプラムやエンドウと同じくらい小さくて、1メートル以上もある匍匐茎（地上近くを這って伸びる茎）によって周囲にばらまかれている。野生のジャガイモでは大きく広がる植物が自然選択において有利になるのは明らかで、だから大きな塊茎よりも長い匍匐茎を作ることにエネルギーが注がれる。私たちは自分の目的に合わせるために人為選択を通じてこれを逆にしたので、いま栽培されている品種は短い匍匐茎に大きな塊茎を作るようになっていて、簡単に掘り出すことができるのだ。

生命の驚くべき豊かさを生み出した自然選択と同じように、人為選択は遺伝可能な多様性という原材料だけで奇跡を起こすことができる。植物の育種家たちが野生のキャベツを元にしてどんなことをやってのけたか、考えてみよう。野生のキャベツはヨーロッパ北部の沿岸地方で見られる食べられそうにない雑草で、こんな望み薄の状況から、遺伝学も進化もまったく知らない無名の園芸家たちが何世紀も選択交配をおこなった結果、カリフラワー（マーク・トウェインによれば「大学教育を受けたキャベツにすぎない」らしい）、ブロッコリー、芽キャベツ、コールラビ、ケール、そしてもちろん、結球した大きなキャベツが誕生した。さらに、フランスのブルターニュの海岸近くにあるチャネル諸島で作り出された珍しいキャベツは、立派な杖になるくらい長くて頑丈な茎が生えていて、まさに杖にするために栽培されていたという。

自然選択も人為選択も効果は徐々に現れるが、人為選択のほうがはるかに速く変化を成し遂げることができる。栽培種のトマトの野生原種は鳥にばらまいてもらえる小さな実をつけるが、ビーフステーキトマトのような最大種の実はその１００倍の大きさだ。トマトの大きさと品質が飛躍的進歩を遂げたのはボルティモア州のアマチュア栽培家であるハンド医師の功績で、１８５０年ごろに交配と選択のプログラムに取りかかってからわずか20年あまりで、トロフィーという名の巨大で多肉質で素晴らしい風味を持つトマトを作り出した。19世紀の育種家には見当もつかなかった遺伝学のおかげで、いまではトロフィーなどの伝統的な品種がどうやって作られたのかについて、少なくとも原理としてはわかっている。

トマトの栽培化と改良のための原材料を提供してくれた遺伝的多様性は、人類に利用されるずっと前から野生のトマトの中に存在していた。最初の栽培化とその後あちこちへ輸送されたことにより、トマトは少なくとも3度の遺伝的ボトルネック（集団の個体数が激減した後、再び子孫が繁殖することにより遺伝的多様性の低い集団が生まれること）を通過し、そのたびにごく少数のトマトだけが生き残った。最初にメキシコで栽培化されたトマトは、野生のトマトに存在する遺伝的多様性のほんの一部分だけを含んでいた。次に、16世紀にトマトがメキシコからヨーロッパへ運ばれたとき、そのほんの一部分のさらにほんの一部分が海を渡り、そしてヨーロッパの品種がまたアメリカ大陸に帰ってきたとき、多様性は再び薄まった。この3度のボトルネックで栽培種に存在する遺伝的多様性は野生種の5パーセント足らずまで減ってしまったが、そうであっても、このごくわずかな中に、人為選択によって驚くべき変化をもたらす原材料として十分な多様性が含まれていたのだ。

トマトのゲノム分析からすると、ハンド医師に成果をもたらした遺伝子はごく少数だったらしい。その成果は既存の遺伝的多様性を並べ換えることで達成できたわけで、当時のある人の言葉を借りれば、ハンド医師は大きくて不格好なトマトの大部分を小さなトマトのなめらかで丸い皮の中にどうにか入れて、「それから、慎重な選択によって、毎年毎年その大きさと中身の充実を増していった」。栽培化は多くの場合、ほかの遺伝子の仕事を調節する1個の遺伝子に働きかける選択を通じて、作物に大きな変化をもたらしてきた。調節遺伝子はオーケストラの指揮者のような存在で、大勢の演奏者の行動のペースやタイミングを決めている。人為選択にとっては、指揮者を通じて遺伝子オーケストラ全体に影響を及ぼすほうが、それぞれの演奏者を1人ずつ微調整するよりも簡単なのだ。

トロフィー種のトマトは1870年に登場して大人気となり、ひと袋20粒の種子が5ドルで売れたほどで、現在の価値にするとひと袋100ドル、つまり種子1粒が5ドルもしたことになる。この種子を売っていたカーネル・ウェアリングという名の苗木屋は、しばらく大儲けした。彼は2.5ポンド（約1.1キロ）以上のトロフィー種のトマトを送ってきた人全員に5ドルの賞金を出し、一番大きくて上質のトロフィー種の送り主には賞金100ドルを出すことにした。その後、優勝者の作物を全部買い取り、種子として再び売り出したのだ。こうした抜け目のないマーケティングと、要するにクラウドソーシングで優勝者から最高の種子を入手したことで、トロフィー種はまたたく間に広がった。けれども、進化が動きを止めることはめったになく、熱心に栽培されている最中はとくにそうなので、トロフィー種の選択と交配が繰り返されると、20年も経たないうちに、元の品種の本物の種子はもう見つからないと供給業者が泣き言を漏らすようになった。トロフィー種の遺伝的な遺産は、それが生み出した何百種もの新しい品種の中に残っている。

現代の商業的な品種改良が始まる前に生産されていた品種はエアルームと呼ばれ、その多様性は、おもに局所適応とハンド医師のようなトマト栽培者の個人的な嗜好による。野生のトマトは十数種あるが、いままで栽培化されたのは栽培種のトマト（ソラヌム・リュコペルシクム）の原種だけで、栽培化は1度しか起きていないらしい。この野生原種はアンデス山脈原産だが、そこに住んでいた先住民は植物の栽培化を得意としていたのに、トマトのことは無視していたようだ。その代わりに野生のトマトは、もしかすると雑草として北へ入り込み、メキシコのマヤ族によって栽培化された。サクランボ大の実をつける野生のトマトは、いまもなおメキシコで人気のある雑草だ。計画的に植えたりはしないが、野原にひとりでに生えてくると、とても小さくて風味豊かな果実を目当てに農民が保護する。この慣習が栽培化のきっかけだったのかもしれない。トマトが栽培化された時期はわかっていないが、16世紀までには、スペイン人宣教師ベルナルディーノ・デ・サアグンがテノチティトラン（メキシコ・シティ）にあるアステカ族の市場で非常にさまざまなトマトル（ナワトル語のこの単語が現在の「トマト」の語源だ）を目撃している。「……大きなトマト、小さなトマト、葉のついたトマト、甘いトマト、大きなヘビのようなトマト、乳首のような形のトマト」、そして、鮮やかな赤から濃い黄色まで、ありとあらゆる色のトマト。アステカ族はスペイン人侵略者たちのことを、トマトとトウガラシの料理にぶち込んでやると言ってあざけった。

南米大陸の園芸

野菜の多様さは、地理のおかげだ。栽培場所に適応して栽培者の好みに合うものが選択されるたびに、新しい在来種が進化する。このような品種の個性は名前を見れば明らかなことが多く、栽培者の人物像やその好みとか、最初に植えられた場所が思い浮かぶようになっている。「ジニーおばさんの紫トマト」は大きなピンク色の実をつけるドイツ原産のトマトで、販売しているウェブサイトの説明によると、インディアナポリスのある家では25年間も栽培に成功しているという。「ガーティーおばさんとルビーおばさんのトマト」も同じエアルーム品種の販売サイトに載っていて、そのほかに「エセル・ワトキンの最高のトマト」、「ジョン・ロッサーソの低酸度ルビー種」、「リヴィングストンの黄金のボール」、「ミドル・テネシーの低酸度トマト」、「ミズーリのピンク色した愛のリンゴ」もある。一般的な果物や野菜はみんな、これと同じように詩的な名前の付いた品種ぞろいで、人間の創意工夫と植物の多様性と場所が合体したことを祝う名前なのだ。

野生のトマトの原産地であるアンデス山脈と、トマトが栽培化されたメキシコは、どちらも数多くの作物が進化した重要な地域だ。アンデスは世界で2番目に高い山脈で、平均標高は3000メートル以上ある。ペルーでは、アンデス山脈の東側面は高山の気象条件から雲霧林を通ってアマゾン川流域の低地雨林へ下りていき、もう一方の西側面は海岸沿いの砂漠へ下りていく。高い標高、険しい山斜面、極端な気温と降水量という環境では、人間の居住にも作物の栽培化にも不都合なように思えるだろうが、自然の植物の多様性に人為選択を働かせれば、逆境は乗り越えられる。1535年にスペインがペルーを征服したときには少なくとも70種の作物が栽培されていて、これは肥沃な三日月地帯よりも、アジアの栽培化の中心地のどこよりも、かなり多かった。

人類がアフリカから世界中に離散したとき（第3章）、北米大陸に最初に入り込んだ人々はおそらくアジアからベーリング陸橋を海岸沿いに通ったはずで、1万7000年前～1万6000年前ごろに海岸線の氷が消えた直後だろう。陸橋が開通してから2000年以内に、旅行者たちは太平洋岸ルートを通ってはるばる南米大陸までたどり着いた。彼らがたどった海岸線の大部分はその後、最終氷期が終わって生じた海面上昇で水没したが、沿岸地帯の内陸部寄りの集落の遺跡は数多く発見されている。

その中で最古の集落は、チリ中南部のモンテ・ベルデにあった。1万4600年前の居住地で——最初に発見されたときは、考古学者の間から信じられないという声が上がった。北米大陸の定住が始まったのは1万1000年前という当時の定説に反するものだったからだ。モンテ・ベルデの遺跡から、そこに住んでいた人々は食べ物を求めて海岸から山の斜面まであちこち歩き回り、ゴンフォテリウム（ゾウに似た哺乳類ですでに絶滅している）や同じくいまは絶滅したパレオラマを狩っていたことがわかっている。住民は現在のこの地域の人々と同じように、食べ物や薬にするために海藻を採集し、さらに約50種にのぼる植物を集めていて、その中には穴に貯蔵されているのが見つかった野生のジャガイモ（ソラヌム・マグリア）も含まれている。野生のジャガイモはモンテ・ベルデよりもはるかに高い標高で育つので、遠くから持ってきたか、取引されたに違いない。

南米大陸に到着してから2000年の間に、太平洋沿岸に暮らす人々のライフスタイルは徐々に変化して、モンテ・ベルデに証拠が残されている狩猟採集民の暮らしから、より定住度の高い生活様式に変わり、園芸への依存がますます増していった。この変化は、沿岸部の平野とペルー北部のアンデス山脈西側の丘陵地帯で発掘された600カ所近い遺跡の考古学的記録を通じて綿密に追跡されている。

ある遺跡で回収されたカボチャ（ククルビタ・モスカータ）の種子から、これがこの地域で初めて（約1万500年前）栽培された野菜だったことが示されている。野生のカボチャの種子だったのかもしれないが、野生のカボチャの果肉はとても苦くて食べられないので、栽培化されたカボチャの種子だった可能性のほうが高い。アンデス山脈における食事を示す最古の直接的証拠は、それから2500年後の歯石の中に見つかったデンプン粒だ。いまから8000年前、ペルーのアンデス山脈の西側の麓にあるニャンチョク渓谷に住んでいた人々は、いくつもの小さな集落で暮らし、ピーナッツ、カボチャ、豆類、マニオクの根（キャッサバ）を食べていた。カボチャはそのときにはもう栽培化されていたと考えるとして、それ以外の植物はすべてこの地域には自生していなかったのだから、同じく栽培化されていたに違いない。けれども、ピーナッツは小さくて野生種と似たものだったので、栽培化されたばかりだったようだ。一般に、ピーナッツ、トウモロコシ、ヒマワリ、エンドウ、豆類などの栽培植物の種子は、人為選択をおこなうと時が経つにつれてどんどん大きくなる。

渓谷の集落遺跡で見つかった植物のほかに、アンデス山脈の高地で栽培化された重要な穀物キヌアと、エクアドルとペルー北西部の海岸平野原産のワタも、栽培されていた作物のリストに加えよう。大昔の歯科記録によると、ニャンチョク渓谷のメニューには栽培植物だけでなく採集された野生植物、とくにパカイ（インガ・フェウイルレイ）も追加されていた。パカイは大きな食用の莢をつける木で、莢の中には甘くて白い果肉が詰まっている。木になる果実はデンプンを含んでいるとは限らないし、デンプンを含む果実でも、デンプン粒が種の判断に役立つほど特徴的ではないものもあるので、歯石だけでは食事に使われた植物すべての包括的なリストは作れない。確実に食べられていたことが歯石から明らかな植物の一覧に、その後に栽培されていたことがわかっていて、おそらくニャンチョク渓谷でも栽培されて食べられていたはずのほかの植物も加えることができる。この中には、トゲバンレイシ、バンレイシ、グアバ、ナランヒージャ、ルーピンマメといった、栽培化された木になる果実が含まれる。

祖先の口の中が不衛生で、台所周りがだらしなかったことを、考古学者たちはきっと喜んでいるに違いない！　歯石と、古代の住居の床に踏みつぶされた植物の切れ端がなかったら、８０００年前にニャンチョク渓谷の農民が変化に富んでバランスのよい食事をとり、南米大陸の各地からやって来た植物を栽培していたことなどわからなかっただろう。ピーナッツは熱帯の南部から、ワタは乾燥地帯の北西部から、マニオクはアマゾン川流域（アマゾニア）から、キヌアはアンデスの高地から。それに、この汎アメリカ主義的な食事に潜む驚くべき意味も明らかにならなかっただろう。これらの作物すべてがこの渓谷に集まったということは、そのしばらく前に、まったくばらばらの原産地で栽培化されていたに違いない。そしてこれは、肥沃な三日月地帯で農業が確立されたのと同じころ、南米大陸では園芸が広く行き渡っていたということなのだ。

インカ帝国の反乱鎮圧政策

ニャンチョク渓谷のメニューにないために、かえって目立っている植物がある。ペルー以外のどの国でもおなじみのペルー原産の野菜――つまり、ジャガイモだ。ニャンチョク渓谷で栽培されていなかった理由はきっと、この植物が一番よく育つのはアンデス山脈のもっと標高の高い涼しい気候の場所だからに違いない。実のところ、涼しくて雨の多い気候に適していたからこそ、ジャガイモはヨーロッパ北部に持ち込まれてから目覚ましい成功を収めることができたのだ。いまやジャガイモは、穀物のトウモロコシとコムギとイネに次いで、世界で4番目に重要な主要産物となっている。

世界中で栽培されているジャガイモはすべてソラヌム・トゥベロスムという学名の栽培種に属し、その祖先はソラヌム・カンドルレアヌムというアンデス山脈の野生種ただ1種で、ペルーとボリビアの国境にまたがるチチカカ湖周辺のアンデス高地で栽培化された。ところが、アンデス山脈そのもののでは、100種以上のさまざまな野生種のジャガイモが山や谷に自生している。このような自生種の多様性は山岳地帯にはよくある。というのも、複雑に入り組んださまざまな環境に局所適応した進化を示しているからだ。それぞれの谷には、標高や方位の違いによって生み出される小気候〔狭い地域の気候〕がたくさん含まれている。土壌の水分量は乾燥から水浸しまでさまざまで、これらの違いすべてが組み合わさっておびただしい数の独特な場所が生まれ、そこで自然選択によって種が適応することで、場所ごとの個体群の区別がつくようになる。非常に高い尾根に挟まれた深い谷の植物群は、授粉する昆虫が簡単によそへ渡れないためそれぞれ孤立するので、何百万年も邪魔が入らないままでいると別の種に分かれる。

アンデス山脈の先住民が栽培化した野生のジャガイモは107種のうちの1種だけではなくて、少なくとも4種あり、現在の南米大陸の農民はいまだに3000種以上の在来種のジャガイモを栽培していると推定されている。栽培化された4種のうちの1つはソラヌム・ヒュドロテルミクムという学名で、ほかのジャガイモがほとんど育たないような乾燥気候の原産だ。世界中のほかの乾燥した地域でも、利益が上がるように栽培することができるだろう。対照的に、ソラヌム・アヤンフイリは、チチカカ湖周辺の標高3800メートル〜4100メートルの酷寒で強風吹きすさぶ環境で栽培されていて、ソラヌム・トゥベロスムが不作の年でも頼もしい収穫高を上げてくれる。

野生のジャガイモは、栽培種の数多くの天敵に対する耐性を与える遺伝子の供給源として役に立つ。アンデス山脈の暑くて乾燥した地域の野生種はハムシに強い傾向があり、一方で涼しい地域や雨の多い地域の野生種はアブラムシに強い。ソラヌム・ベルトハウルティイという野生種の葉は、虫がその上を歩くと葉に生えた毛が折れて樹脂のような糊を放出するので、ハエ取り紙のようにべとべとになる。ジャガイモ疫病に対する耐性をもたらす遺伝子を持つ野生のジャガイモもある。ジャガイモ疫病はピュトプトラ・インフェスタンスという真菌に似た病原体によって引き起こされる病気で、この病原体が貧困と人口過剰のせいで凶悪化した結果、1840年代にアイルランドのジャガイモ飢饉が起こり、100万人が死んで、さらに100万人がアイルランドから逃げ出した。ピュトプトラ・インフェスタンスは近代以降に使われてきた殺カビ剤に対する耐性を進化させたため、ジャガイモ疫病は世界中でジャガイモの生産を脅かし続けており、さらにトマトなどほかのナス属の植物も被害を受けている。

大半の野菜の原種と同じように、野生のジャガイモには毒があるので、栽培化には毒性を弱めるための選択と食用にするための加工法の考案が必要だった。通常の毒の無いジャガイモが光にさらすと有毒になるのは、グリコアルカロイドという苦味のある毒物の生成を引き起こすからだ。幸い、光にさらされたジャガイモの皮は葉緑素で緑に変色して警告してくれるので、そういうジャガイモは簡単に避けられるし、皮をむいて有毒な外側の層を取り除くこともできる。

ペルーの標高4000メートル以上の場所では苦いジャガイモしか育たないので、伝統的な加工を施して、凍結乾燥された苦味のないチューニョという食品にする。毒を抜くために、苦いジャガイモはまず数日間にわたって夜間の氷点下の外気にさらし、次に水をためた穴か川床に1カ月浸してグリコアルカロイドを除去する。その後、ひと晩凍結乾燥してから、足で踏みつぶして水を絞り出し、最後に一面に広げて10日〜15日にわたって天日で干す。この加工が終われば、乾いたチューニョは必要になるまでいつまでも保存できるようになる。

インカ族は全住民に供給するのに十分な量のチューニョと干した塩漬け肉を、1度に3年〜7年分も倉庫に保管していたので、気候が非常に変わりやすくて天災が避けられなくても、帝国と軍の食料安全保障はしっかり確保されていた。不作になると、ペルーの高地に住む人々はいまもチューニョに頼っている。インカ帝国はアンデス山脈に沿って延びていて、コロンビア南部からチリのサンティアゴまで4000キロにもわたっていた。1400年ごろ権力の座に就いたインカ族は、アンデス山脈のさまざまな民族が何千年も園芸に取り組んで成し遂げた功績をわが物にして帝国を築き上げたのだ。

インカ族は、食べ物とは力でその根源は太陽にあるということを明らかに理解していた。インカ帝国の初代皇帝マンコ・カパックは、自分の父親は太陽で母親は月だと明言していた。アンデス山脈の農業から供給された余剰農産物を使って大勢の石工を養ったマンコ・カパックは、首都クスコに太陽の神殿を建てるよう命じた。スペイン人がこの地にたどり着いたとき、大きな石を組み合わせて作られた巨大な門を目にしており、門の外側は純金の帯状装飾で飾られ、入口も金で覆われていたという。門の内側には聖堂の間に太陽に捧げられた庭園が広がり、銀でできた実物大のトウモロコシの茎に金でできた穂軸がなっていた。地面の上には、ジャガイモの大きさと形をした金塊がちらばっていた。

インカ族は行政の才能と皇帝の権力を使い、目的を持って農業技術を広めて、帝国のいたるところで植物の栽培化をおこなった。帝国の支配に対する反乱が地方で起こると、何千人もの人々を地元の作物の供給者と一緒に強制移住させて、住民が忠誠な地区へ引っ越させた。作物に固有の生態的地位があることは理解されていたので、新たな居住地は、立ち退かされた人々が前の居住地と似た環境でなじみの作物を栽培できるように選ばれていた。

インカ帝国のこのような反乱鎮圧政策の影響で、作物は帝国のあちこちに広がった。多種多様な野菜が栽培されることにより、食料供給にもインカ帝国そのものにも柔軟性がもたらされた。その柔軟性が、ジャガイモ頼みだった19世紀のアイルランドにはまるっきり欠けていたのだ。アンデス山脈で栽培されていたジャガイモの栽培種4種に加えて、20種近くのほかの根菜作物が栽培化され、ペルー以外では知られていないが、その多くはいまでも現地の農民によって育てられている。オカ（オクサリス・トゥベロサ）は並外れて寒さに強い植物で、しわが寄ってずんぐりした塊茎は、ペルーとボリビアの標高3000メートル以上の地域で暮らす農民の主要産物だ。この塊茎には赤、ピンク、黄色、紫といった鮮やかな色がついている。ほかのペルー産の野菜のいくつかと同じように、苦い品種も甘い品種もある。甘い塊茎は生でも加熱しても食べられるし、干せばイチジクに似た味がする。大昔は甘味料として使われていたが、ペルーがスペインに征服された直後に、ニューギニア原産の栽培植物であるサトウキビが持ち込まれた。苦いオカは凍結乾燥されて、チューニョと同じように保存して食べることができる。

さらにもう1種、寒さに強い根菜作物でアンデス山脈の市場で見かけるのがウルコ（ウルクス・トゥベロスス）で、この塊茎は色とりどりの光沢のある皮に包まれていて、キャンディのような白地に赤の縞模様の品種まである。また、温帯気候の園芸家におなじみの花2種が、原産地のペルーでは根菜として栽培されている。現地語でアチラと呼ばれるカンナ（カンナ・エドゥリス）と、現地語でマシュアと呼ばれるナスタチウム（トロパエオルム・トゥベロスム）だ。害虫を防ぐ目的で、マシュアはウルコ、オカ、苦いジャガイモと一緒に栽培されている。

シアン配糖体、「カラシ油」

南米産の別の根菜の進化は、栽培化されても毒性を保ったままの品種がある理由を教えてくれる。マニオク（マニホット・エスクレンタ）は干ばつに耐性のある作物で、アマゾン川流域の南端の、周期的に乾燥する気候で低地熱帯雨林がサバンナに取って代わられるあたりで栽培化された。トウダイグサ科の低木で、大きくてデンプンの多い塊茎状の根を生やす。マニオクは熱帯気候で栽培しやすく、ほかの作物では苦労するような養分の乏しい酸性土壌でもよく育つ。原産地はアマゾン熱帯雨林の端だが、コロンブス以前の時代にはアマゾン川流域の森に住む人々の庭で広く栽培されていた。

生の塊茎は掘り出すと数日以内に劣化してしまうが、地中に残しておけば、頼れる食料源として2年間は利用できる。もしあなたがマニオクの根を店で買うと、保存のためのワックスで覆われているだろう。マニオクが地中でこんなに長持ちするおもな理由は、塊茎のデンプンにシアン配糖体が混ざっているからだ。シアン配糖体の分子がグリコシダーゼという酵素で分解されると、きわめて有毒なシアン化物が遊離する。この酵素は、植物細胞が噛み砕かれたり押しつぶされたりして傷ついたときに放出される。だから、あらゆる種類の植物毒に典型的に見られることだが、必要になるまで化学兵器は放たれないというわけだ。シアン配糖体は決してマニオクだけの兵器ではなく、２５００種以上のほかの植物にも含まれていて、ワラビやシロツメクサなどのありふれた植物にも見つかる。ビターアーモンド〔アーモンドの苦味種〕のにおいは実はシアン化物のにおいなのだが、含有量は許容範囲で、ごくわずかなら風味付けに使えるほどだ。けれども、マニオクは主要な食用植物としては唯一、致死量のシアン化物を与えかねない。

毒性があるにもかかわらず、マニオクは8億人以上の人々の主要な食べ物となっている。アフリカではキャッサバという名前で知られており、４００年前に南米から持ち込まれて、サハラ砂漠以南の全人口の半分近くの食を支えている。マニオクの根を食べられるようにするためには、シアン化物を取り除く加工をしなければならない。焼いたり茹でたりしてもこの野菜の毒を除去することはできず、それどころか危険度が増してしまう。熱を加えるとグリコシダーゼは破壊されるが、シアン配糖体は無傷のままだからだ。もしこの状態のマニオクを食べると、腸に届いたときに腸内細菌が産生したグリコシダーゼに反応して、シアン配糖体がシアン化物を放出する。アマゾン川流域の先住民によるマニオクの毒抜きのやり方は、皮をむいた塊茎をすり下ろして、シアン化物が水分の中に溶け出すようにしてから、ティピティと呼ばれる絞り籠に入れて水分を絞り出す。その後に鉄板の上で焼いて、残ったシアン化物を蒸発させる。

マニオクについて不思議なのは、「苦い」毒のある品種だけでなく「甘い」毒のない品種もあって、8000年以上前にその両方が同じ野生種の子孫として栽培化されたということだ。毒のないマニオクがあって、苦い品種は加工が必要なので手間がかかるのに、一体どうして毒のあるマニオクを栽培するのだろう？　農民たちはこの質問をされると、さまざまな側面から見た食料安全保障にかかわる理由を口にする。苦味種のほうが生産性が高く、塊茎が害虫にやられにくく、動物にも人間にも盗まれにくい。苦味種と甘味種を両方とも栽培するとしても、甘味種は泥棒が近寄らないように家の周りの庭に植えられるのに対して、苦味種はもっと遠い場所に植えられても自分でうまくやっていけるので大丈夫だ。甘味種は主要産物としてマニオクを当てにしていない共同体でも栽培されているが、不作や盗難の場合にはほかの作物で代用できる補助的な野菜でしかない。

野生における植物と天敵の進化的関係は、まるで軍拡競争だ。植物は防御を改良するために絶えず選択され、一方の敵陣営では、昆虫や真菌など植物を消費する者たちが食べる目的で植物の防御を乗り越えるために自然選択される。この絶え間ない争いは古代に起源がある。イリノイ州の石炭層で見つかった化石から、3億年前に湿地林を牛耳っていた木生シダが攻撃を受けていたことがわかっている。昆虫は葉に噛みつき、穴を開けて汁をすすり、生きている茎や根を掘り抜き、まさに現代の昆虫と同じことをしていた。「虫こぶ」を作る昆虫さえ、当時からいたのだ。この昆虫は皮下注射器のような産卵器を使い、植物の組織の中に卵を産みつける。この振る舞い、または卵の存在が、周囲の植物細胞を化学的に刺激して増殖させた結果、かたまり、つまり虫こぶが出来上がって、内側にいる幼虫の餌となり、外部の攻撃から守ってくれる。

　進化史の中で、自然選択が重要な新機軸を偶然見つけて、それによって与えられた有利さが適応度〔どれだけ多くの子孫を次世代に残せるかの尺度〕に劇的な影響を及ぼすことがある。こういう出来事はめったにないが、結果として画期的なものとなる。なぜなら、すべて同じ有利な新機軸を備えた新種が、爆発的に生み出されるからだ。もしもケイパー、ラディッシュ、ブロッコリー、キャベツ、クレソン、ルッコラのどれかがメニューに載っているか、香辛料としてカラシ、ワサビ、ホースラディッシュのどれかがテーブルに置かれていたら、あなたの食事は植物と天敵の化学戦争における重要な新機軸から利益を得ていることになる。それはグルコシノレートの進化で、グルコシノレートを作るのはアブラナ目というグループの植物にほぼ限られ、いま挙げた食用植物はすべてこれに属しているのだ。

　グルコシノレートはシアン配糖体と同様に、2つの成分による化学的防御の実例だ。実は、グルコシノレートを生成する生化学的経路はシアン配糖体を生成する経路に似ているので、おそらくそれから進化したのだろう。植物の中では、グルコシノレート分子とミロシナーゼという酵素が別々の場所にしまわれている。細胞が壊されると、この2つの化合物が混ざり合い、酵素がグルコシノレート分子に反応してイソチオシアネート、別名「カラシ油」を放出する。この化合物は多くの昆虫、線虫、真菌、細菌にとって有毒なのだが、哺乳類では腫瘍抑制作用が働くので、人間の健康にとっては有益だ。

　アブラナ目は9000万年前〜8500万年前の間に進化したので、それからしばらくは敵に関心を向けられずに済んでいたに違いない。だが、グルコシノレートが出現してから1000万年以内には生化学的な解毒メカニズムがシロチョウ科のチョウの間で進化して、幼虫が害を受けずにアブラナ目を餌にすることができるようになった。この草食陣営における重要な新機軸により、チョウの新種が1000種以上も進化した。これまで攻撃を免れていた植物を餌にできるようにする遺伝子を持った虫があちこちに広がって、アブラナ目のどんな植物の上でも暮らすようになったからだ。

この新しいチョウのグループがシロチョウ亜科となり、その中で最も悪名高いのがモンシロチョウ（ピエリス・ラパエ）で、野菜を栽培している人たちの大敵だ。モンシロチョウのイモムシはシアン化物にも耐性がある。これはおそらく、シロチョウ亜科の祖先がアブラナ目の前にシアン化物を生成する植物を餌にしていたころの名残だろう。このように植物と天敵の化学戦争の戦況は、植物が古い防御から新しい防御を進化させると、チョウもそれに続いて新しい解毒メカニズムを進化させて、それぞれ有利になったり不利になったりの繰り返しだった。

グルコシノレートは化学的に万能なタイプの防御化合物で、とくにアブラナ科で進化し続けてきた。アブラナ科はアブラナ目の中では明らかに一番数が多く、3700種もある。シロイヌナズナはこの科に属する短命の野生植物で、遺伝的性質が徹底的に研究されている。シロイヌナズナの地理的分布調査によると、グルコシノレートの化学構造を変える遺伝子には対立遺伝子が2個あり、その相対頻度はヨーロッパの南部と北部で異なる。これはアブラナ科だけを攻撃する2種のアブラムシの頻度の地理的な変動と似ているので、グルコシノレートの種類の変化は自然選択によってシロイヌナズナが地域内で最も多い種のアブラムシに対する耐性を持つように化学的防御を適応させた結果なのかどうかを検証する調査がおこなわれた。

この調査のために、グルコシノレートの2つの遺伝子の変動体（変異体とも）を50対50の割合で含むシロイヌナズナの実験用個体群が作られ、どちらか一方の種のアブラムシに5世代にわたってさらされた。実験の終了時には、グルコシノレートの種類の頻度はアブラムシの種類によって分かれていた。ヨーロッパ北部で一般的な種のアブラムシの5世代にわたる選択にさらされた個体群には、北部で一般的な種類のグルコシノレートが高い頻度で現れ、南部で一般的なアブラムシにさらされた個体群のほうには、南部で一般的な種類のグルコシノレートが高い頻度で現れた。この実験結果は、グルコシノレートの地理による変動は、優勢な天敵に対する局所適応を反映するという仮説を強く裏付けている。

生物と天敵の間に絶えず繰り返される進化の戦いは、ルイス・キャロルの『鏡の国のアリス』（新潮文庫など）に登場する「赤の女王」の状況にたとえられてきた。物語の中でアリスは、力の限り速く走っても鏡の国ではどこへもたどり着くことができないのに気づいた。すると、赤の女王はアリスに次のように説明する。「いいかい、ここでは、同じ場所にとどまるには、全力で走り続ける必要があるんだよ」。進化生物学における「赤の女王仮説」とは、生物と天敵の間では進化的軍拡競争が繰り広げられるので、絶滅を避けるために両者とも継続的に進化しなければならないという考えのことだ。

継続的な進化は、遺伝的多様性が即座に供給され、それをもとに自然選択が新しい武器や新しい防御を作り上げることができる場合にしか起こらない。何世代にもわたって塊茎を植え替えて栽培されるジャガイモのように、完全な無性生殖で繁殖する植物は遺伝的に均一になるので、天敵によって一掃されてしまうのは時間の問題でしかない。マニオクも、茎の断片を根付かせることによって無性生殖で栽培され、植え替えられている。この進化の袋小路から抜け出す方法は、有性生殖だ。セックスすると新たな遺伝子の組み合わせが生まれるので、子供はお互いに異なるし、親とも違う。

野菜の栽培は無性生殖によって繁殖させられるが、ジャガイモは有性生殖でも繁殖するし、そういう野放しの和合によってぽつんと生じる苗は、計画的な品種改良が始まる前は新たな品種の源だった。同じことはマニオクにも当てはまり、自然と生えてきた苗の中で一番大きいものを選ぶ農民は無意識に一番大きな遺伝的多様性を含む植物を選択しているということがわかっている。それが一番よく育つものでもあるからだ。

禹の三角形

有性生殖は遺伝的多様性を維持してそれによって作物の病気が蔓延するリスクを減らすだけでなく、異なる種の交雑を可能にしてくれる。多くの作物は雑種が起源で、パンコムギ（第4章）やたくさんの野菜もその中に含まれる。アブラナ属の野菜は6種あるが、いささか奇妙なことに染色体の数は全部異なっていて、わずか16本のクロガラシ（ブラッシカ・ニグラ）から38本もあるセイヨウアブラナ（ブラッシカ・ナプス）までさまざまだ。このような多様性はたいてい、異なる染色体数の植物の間で雑種を作った結果として生じる。雑種の親の組み合わせを見つけ出すのは、日本生まれのパズル

「数独」を解くようなものだ。そう考えると、１９３５年に「アブラナ属の数独」を解いたのが日本生まれの植物学者だったのは、決して偶然ではないのかもしれない。

この植物学者は禹長春（ウ・ジャンチュン）〔通名：須永長春。亡命した朝鮮人の父と日本人の母の間に生まれた〕で、「禹の三角形」と呼ばれる関係を発見した。これはアブラナ属のキャベツ、クロガラシ、カブのように、染色体数の少ない3種を三角形の頂点にした図を描いたとき、それらが交雑した3種はすべて頂点の間にきちんとおさまるということだ。たとえば、キャベツ（染色体数18本）とカブ（染色体数20本）の交雑によってセイヨウアブラナ（染色体数は18＋20＝38本）が生まれた。クロガラシ（染色体数16本）とキャベツを交雑させるとアビシニアガラシ（染色体数は16＋18＝34本）が生まれ、クロガラシとカブの交雑からカラシナ（染色体数は16＋20＝36本）が生まれた。

現代のゲノム分析から、「禹の三角形」に含まれる種が生じた年代はすでに推定されていて、地図上の位置を突き止めたものもある。アブラナ属すべてに共通する祖先は、約２４００万年前に北米大陸で進化した。その後、三角形の頂点の3種が別々の場所で進化した。クロガラシは１８００万年前に北米大陸の西部で進化して、そこから南西アジアへ広がってから、７９０万年前に野生のキャベツとカブの共通の祖先を生じさせた。この共通の祖先が２５４万年前に２つに分かれ、地中海地域の分布域の西部では野生のキャベツに進化して、その一方ではるか東で野生のカブに進化して、２００万年前ごろに中央アジアにたどり着いた。

禹の三角形のアブラナ属の雑種3種が生じたのはそれぞれの親が接触したときで、農業の直接的または間接的な結果としてだった。たとえば、アビシニアガラシは野生種のクロガラシと同じ場所で栽培されていたキャベツとの間の雑種だと考えられている。野生種のキャベツ（ブラッシカ・オレラケア）の人為選択と栽培化から多くの野菜が生まれたことはすでに述べたが、それに加えて、野生種のカブ（ブラッシカ・ラパ）はカブとハクサイを作り、セイヨウアブラナ（ブラッシカ・ナプス）は油の原料となる種子作物のキャノーラとルタバガ（スウェーデンカブ）を作り出した。

これほど素晴らしく多種多様であっても、私たちが野菜を食べる最も重要な理由はただ1つ、その栄養特性で――とくに、野菜が供給してくれる炭水化物にある。野菜を食べられるようにするために、私たちは人為選択や料理および加工によって植物の自然防御を弱めてきた。だから、料理中にほかの植物をその防御化合物が生みだす香り目当てで鍋に加えたくなるというのは、皮肉な話かもしれない。ポテトサラダはチャイブを入れたほうがずっと美味しくなるし、トマトはバジル様々だし、エンドウの風味はミントによって高められるし、ニンニクの料理における使い道は多すぎて挙げられない。そして、アブラナ属の有毒なグルコシノレートのにおいを夕食の香りに感じるシロチョウと同じように、私たち人類は香辛料植物を求めて地球を横断した過去を持ち、その化学兵器によってテーブルへ誘われているのだ。

第9章 ハーブとスパイス● 毒になるのに美味しいわけ

熱帯の料理とスパイスの関係

トウモロコシ、キャベツ、ウシ、カリフラワーはどれも、人類が栽培化または家畜化をおこなうことで進化の力を利用して自然を形作ってきたことを示す証拠だ。過去1万年間にわたって、私たちはゲノムを混ぜ直し再編成して数を増やし、遺伝子を配列し直して、動物を太らせて、市場のあらゆる農作物をより大きく美味しく変えてきた。これは科学の功績であるのと同じくらい、技術の功績でもある。なぜなら、選択の遺伝学を理解してその知識を利用できるようになったのは、ほんの100年前のことだからだ。技術を通じてだろうと、科学を通じてだろうと、私たちが台所の窓から見える景色を描き直して作り直したのは間違いない。アマゾンの熱帯雨林の奥地でさえ、先住民の家庭菜園に並んでいるマニオク、トウモロコシ、豆類、サツマイモ、果物は、現地における栽培化の産物だ。だから、食べられる自然は人間の管理下にある。いや、本当にそうなのか？　そうじゃない、私たちの食欲のせいで形勢は逆転していると主張したいなら、スパイスの誘惑を根拠とすれば、うまくいくかもしれない。

ハーブは香りのよい葉を持つ手近な植物で、自分で育てて、摘みたてをひとつかみずつ使うことができる。スパイスは刺激的な味やにおいのする種子、樹脂、樹皮などの植物の部位で、近代までは珍しくてエキゾチックな品だった。大勢の人の手を経由して地球上を東から西へと運ばれたので、その出どころは未知の国で、なにも知らずに想像で地図に書き込まれていた。クローブ、ショウガ、コショウ、シナモン、メース、ナツメグの魅力的な香りは、神秘性によって高められていたのだ。ギリシャの歴史家ヘロドトスは、次のように記している。

アラビア人の話では、シナモンと呼ばれるその乾燥した枝（スティック）は大きな鳥が巣作りのために運んでくるもので、粘土と混ぜて、人間には登れない険しい山に巣を作るのだという。この困難を乗り越えるために、彼らは次のような策略を思いついた。雄ウシなど荷物を運ぶ獣の死体の四肢を大きく切り分けて、巣のそばに置き、遠くへ離れる。すると鳥が空から下りてきて、その肉片を巣へと運ぶのだが、巣は肉の重みに耐えられるほど頑丈ではないので地面に落ちる。そこへ人が近づいてシナモンを拾い集めるというわけで、このようにしてシナモンは外国へ届けられるのだ。

『アラビアン・ナイト』の物語と同じくらいよくできた作り話だが、ひょっとするとこの始まりは中国人の内緒話で、シナモンがアジアからスパイス・ルートを通って手から手へと渡される間に耳から耳へと伝えられ、わずかな真実に尾ひれを付けられて、話がごっちゃになったのではないだろうか。食用の鳥の巣は、ボルネオ島の洞窟の壁面から採集されて何世紀も前から東洋の料理で使われているが、これはアナツバメ属の2種の鳥の乾いた唾液で作られた巣で、シナモンスティックでできているわけではない。シナモンスティックは、スリランカ原産の木の樹皮が原料だ。

スパイスは料理だけでなく、医療でも使われていた。とても珍しくて商品価値が高かったので、その産地探しは、黄金を求める欲望と同様に、クリストファー・コロンブスやフェルディナンド・マゼランが未知への航海に乗り出す動機となった。コロンブスによるアメリカ大陸の「発見」も、マゼランによる史上初の世界一周も、スパイス探しのついでに達成されたのだ。アステカ帝国を征服したエルナン・コルテスは、航海のスポンサーとなってくれたスペイン国王に対し、東洋のスパイスの島を発見できなければ「私のことを嘘つきとして罰してくださってかまいません」と約束した。西向きのルートで西インド諸島にたどり着いたのは、スパイスに関しては失敗だった。メキシコの典型的なスパイスで、ヨーロッパではそれまで知られていなかったトウガラシは、東洋のスパイスのような高値では決して取引されず、アメリカ大陸で産出される金銀に釣り合う価値はなかったのだ。

東から西へのスパイスの取引が始まったのは、ヨーロッパの商人たちが産地を探して市場を支配しようと決心するよりも3000年以上前のことだった。紀元前1213年ごろに埋葬された古代エジプト王ラムセス2世のミイラは、腹と鼻腔にコショウの黒い実を詰めることで防腐処置を施されていた。つる植物のコショウは南インドの多雨林に固有の品種で、おそらく狩猟採集民に採集されて西海岸へ売られていき、そこには熱心な買い手が小舟で到着していて、インド洋の向こう側へ運ぶ用意ができていたのだろう。インドの東海岸の森林から大陸を横断して西海岸の港に至る陸路のコショウ・ルートが古代ローマ時代までに確立していたのは確かで、そのことはローマの硬貨の出土跡によって証明されている。インドから海を渡るルートは、ニワトリがアフリカに到着したルートの1つでもある（第7章）。シナモンは旧約聖書に記述のあるスパイスなので、同じようにしてレバント地方へ定期的に運ばれていたに違いない。紀元前1100年までにはシナモンは十分に供給されるようになっていて、フェニキア人は小さな瓶に詰めて封をしたシナモンエキスを地中海沿岸で売っていた。

それ以外の東洋の伝統的なスパイスでは、ショウガはおそらくインド北東部か中国南部に起源があるようだが、野生種がまだ突き止められていないので、正確な原産地はわかっていない。クローブ、ナツメグ、メースはとくに希少で最も珍重されていたスパイスで、辺境の地が原産だった。クローブは、インドネシアの北マルク諸島のいくつかの島々だけに生える小さな木の花のつぼみを乾燥させたものだ。ナツメグとメースもインドネシア原産で、当初はバンダ諸島のわずかな島々にしか見られなかった。ナツメグの木にはモモのような実がなり、熟すと実が割れて種子（いわゆるナツメグ）が現れるのだが、種子は真っ赤な仮種皮（かしゅひ）にくるまれている。はぎ取って乾燥させた仮種皮は黄褐色に変わり、これがメースと呼ばれるようになるのだ。

スパイスとハーブはどれも抗菌性を備えているので、肉がすぐに腐りやすい暑い国々で大量に利用されているのはそれが理由かもしれないという意見もある。さらに、最もスパイスの利いた料理が熱帯と亜熱帯で見られるのも、肉を安全で口に合うようにするためにスパイスが欠かせない地域だからではないかというのだ。たとえば、ルイジアナ州やニューメキシコ州の辛い料理を、シアトルやボストンの伝統的にまろやかな味付けと比べてみよう。インド北部よりも南部のほうが辛いレシピを使っていて、同じパターンは中国でも見られる。中華料理店では、宮保鶏丁（クンパオチキン）（鶏肉とナッツのピリ辛炒め）のようなメニューで一番辛い品は中国南西部の四川省の料理だ。だが、スパイスは悪い肉を口に合うようにするために使われているという説にとっては残念なことに、実はこの目的にはあまり役に立たず、強烈な味のせいでますます食べにくくなってしまう。その上、塩漬け、乾燥、燻製、発酵はどれも食品を保存する方法としてずっと効果的で、すべて幅広く使われている。気候とスパイスの使用量の相関関係については、マーク・トウェインがかつて口にした有名な言葉のように、「科学にはなにか魅力的なところがある。ほんの少しの事実を投資するだけで、憶測という利益が山ほど得られるのだから」ということだ。この相関関係は単純に、スパイスの地理的な入手可能性で説明がつくかもしれない。スパイスの多くは熱帯原産なのだから。

ニンニクとタマネギは非常に強い抗菌性を持つ2つの食材だが、食品保存の目的では使われないし、熱帯原産でもない。この素晴らしい2つの植物とリーキやチャイブなど10種類以上の仲間はすべてネギ属で、約500種が含まれている。それらはすべて、硫黄を含む化合物によって化学的に防御されており、タマネギの喜びと苦しみはどちらもこの化合物から生まれている。無傷のタマネギの鱗茎やニンニクの小鱗茎は無臭だが、それはアブラナ属のグルコシノレートやマニオクのシアン化物と同じようなしくみだ。つまり、タマネギとニンニクの化学兵器庫には2つの成分がしまってあり、これらが混ざって反応し合うまで有毒にはならないのだ。ネギ属の植物を切るかつぶすと2つの成分、つまり前駆体と酵素が、細胞内の別々の場所から放出される。ニンニクをつぶすとアリインという前駆体からアリシンという分子への変換が始まるのだが、このアリシンがニンニクの有効成分なのだ。タマネギに含まれる同じような前駆体は、まずニンニクと同じ酵素に反応するが、次に別の酵素による2番目の反応が起こり、そこで作り出される分子のせいで料理人が涙を流すことになる。

ミントの香りを変えるたった1つの遺伝子

植物は、天敵からの防御だけが唯一の――またはおもな――役割だと思われる化合物を、何万種類も作り出している。これらの化合物は、キニーネやアスピリンなどの薬や、アヘンや大麻などの麻薬や、毎日欠かせないコーヒーや紅茶と同じように、ハーブやスパイスにおける有効成分なのだ。いつも気前よく贈り物をくれるけれども懐具合は常に寂しいのが「進化」というものなので、限られた成分を手を替え品を替えして使うことにより、植物のこのような化学的多様性を生み出してきた。さまざまな分子を植物細胞の内部で作っているのは少数の基本的な生化学的経路で、それが分岐して数多くの行き先へと続いている。それぞれの経路は、一定の数の炭素原子で構成単位を作ることから始まる。たとえば、多くのスパイスやハーブの芳香族化合物を作っているテルペノイド経路は、炭素原子

5個を基本的な構成単位として始まる。レゴを組み立てるのと同じように、炭素5個の構成単位をつなぎ合わせて、さまざまな大きさや配置のより大きな鎖、つまり骨格構造を作り上げる。炭素10個の骨格構造を持つテルペノイドはモノテルペンと呼ばれ、シソ科の植物（バジル、タイム、オレガノ、ローズマリーなど）に特徴的な芳香を与えている。一方、天然ゴムは炭素5個の構成単位が10万個もつながった巨大な炭素骨格構造を持つテルペノイドで、合計50万個もの炭素原子からできていることになる。

組み立ての第2段階では、構成単位が多数つながった炭素骨格構造を付加や再配列によって仕立てていく。この2段階の組み立て——第1段階でさまざまな炭素骨格構造を作り、第2段階でそれをいろいろなやり方で装飾する——で、膨大な数の異なる分子を作ることができるのだ。テルペノイド経路で生成される化合物だけで、4万種類以上あることがわかっている。植物は常に1種類だけでなく何種類もの芳香族分子を作るので、個体内でも植物全体でも化学的多様性を作り出している。だから、在庫のまあまあ豊富な園芸用品店ならどこでも、レモン、リンゴ、ゼラニウム、ショウガ、ペパーミント、スペアミントなどのにおいのするシソ科の品種を売っているだろう。これらの香りはそれぞれ、モノテルペンの混合物の違いによるものなのだが、生化学的経路の分岐のおかげで、小さな遺伝的変化から植物ごとにまったく違う混合物や芳香を作り出すことができる。ある酵素に影響するたった1個の遺伝子がペパーミントとスペアミントの香りが違う原因なのだが、その効果は鉄道線路のポイントを切り替えるレバーを引くのに似ている。片方の対立遺伝子はペパーミントのモノテルペン混合物のほうへ、もう片方はスペアミントのほうへ、それぞれ導いていくわけだ。

なぜシソ科植物などのハーブは、こんなにさまざまな防御化合物を作り出しているのだろう？　自然選択は、この上なく致命的なモノテルペン1種類だけの生成を促進すべきなのでは？　その理由は、自然選択は既存のメカニズムをいじくり回すことによって、少しずつ改善を加えていくものだからだ。天敵のほうも植物の化学防御の小さな変化を絶えず乗り越えなければならないので、強い自然選択を受けている。このように進化は徐々に進むので、植物が敵の息の根を止める一撃を発達させることはできない。実際、グルコシノレートのような新しい種類の毒物を進化させても、アブラナ目の植物は一時的に天敵から逃れることしかできなかった（第8章）。

化学的多様性のもう1つの理由は、進化しつつあるたくさんの天敵に直面するときには、防御手段一式を揃えることでもたらされるような柔軟な戦略がおおいに有利だからだ。その例として、スペアミントとペパーミントの遺伝子の違いが発見された経緯が挙げられる。発見者はアメリカ国内のスペアミントの商業生産に影響を及ぼしていた真菌病に強い品種を探していた科学者たちで、病気に対する耐性が高いことがわかったのは、ペパーミントに似たにおいのする品種だったのだ。スペアミントのにおいの品種とペパーミントのにおいの品種のモノテルペンの違いが、病気に対する耐性の原因だった。化学的防御の多様性は、相手が進化する天敵1匹でも大勢の敵の一群でも有利なのだ。

タイムのにおいが消える場所

化学的防御が多様なのは、環境が違うと局所適応が必要になるからという理由もある。南フランスの地中海性気候では野生のタイムが6種類あって、それぞれ主要なモノテルペンが異なることで特徴付けられている。その6種類――ケモタイプと呼ばれる――の遺伝学的分析をおこなったところ、化学的な違いがあるのは5個の遺伝子のせいだとわかった。5個の遺伝子のそれぞれが、最終的にチモールというモノテルペンの生成につながる生化学的経路のある段階を制御していて、このチモールがタイムの特徴的な香りの正体だ。経路の第1段階を制御する遺伝子座にある顕性対立遺伝子〔形質が現れやすいほうの遺伝子〕が経路をその地点で切り詰めると、レモンの香りを持つゲラニオールというモノテルペンが生成される。経路のさらに先では、第3段階を制御する遺伝子によって、生成されるモノテルペンがフェノール類の化学構造を持つか持たないかが決まる。この経路を通るケモタイプだけがフェノール系のモノテルペンを生成し、タイムの香りを持つことになるのだ。

南フランスの野生のタイムを調査した科学者たちは、モンペリエの近くにあるサン・マルタン＝ド＝ロンドルという村の周辺では非常に独特なパターンでケモタイプが分布していることを発見した。サン・マルタン＝ド＝ロンドルは山に囲まれた盆地に位置していて、この村の近くに生えていたタイムはどれも、実はタイムの特徴的なにおいがしなかった。それどころか、標高250メートル未満の場所に生えているタイムのケモタイプは、すべて非フェノール系だったのだ。それとは対照的に、標高250メートルの等高線よりも上に生えているタイムのケモタイプはすべてフェノール系で、タイムのにおいがした。

この奇妙な分布の理由は、村の近くの盆地の底とその周囲の山腹との冬場の気温差のせいだった。

寒い冬には気温の逆転が生じて、冷気がサン・マルタン＝ド＝ロンドル周辺の盆地に閉じ込められる。冷たい空気のほうが暖かい空気よりも密度が大きいので、下にもぐり込むからだ。標高250メートル以上の山腹でフェノール系のケモタイプが生えている場所は暖かい空気層の中で、厳しい寒さをうまく避けている。標高250メートルの上下でケモタイプを植え替える実験をおこなったところ、フェノール系のケモタイプは初冬の寒さで枯れてしまうことがわかった。初冬でも、年によってはマイナス15度をはるかに下回るのだ。対照的に、冬でも暖かい場所では、フェノール系のケモタイプは日照り続きでも生き延び、天敵の昆虫にも負けず、非フェノール系のものよりもよく育つ。

この話には意外な展開があり、寒い冬に対する局所適応の重要性を裏付けている。サン・マルタン＝ド＝ロンドル周辺のケモタイプが最初に記録されたのは1970年代で、当時の冬は非常に寒いのが当たり前だったのだが、その後に気候の温暖化があったので1988年以降はどの年の冬もそれ以前ほど寒くはなかった。2010年にケモタイプの分布を再調査してみると、フェノール系のタイムが、1970年代にはまったく生えていなかった盆地内にコロニーを作り始めていたのだ。

地中海沿岸地域はシソ科植物が豊富で、一般的にフェノール系のモノテルペンを含むエッセンシャルオイルの生産量が一番多いのは最も暑い場所だ。モノテルペンの混合も、地理によってさまざまだ。ローズマリーにはおもに4種類か5種類のモノテルペンが含まれているのだが、フランスとスペインではローズマリーのエッセンシャルオイルの主成分はカンファーで、ギリシャではオイカリプトールが最も多く、コルシカ島のオイルにはほとんどベルベノンしか含まれていない。このような地域差がある理由はわかっていない。

トウガラシが「熱い」のは？

さて、ここまで考察してきたのは、ハーブとスパイスの進化の物語の半分にすぎない――つまり植物側の事情のほうの半分だが、もちろん、そもそも私たちがこういった植物に興味を持つ理由は、感覚に影響を及ぼされているからだ。進化の観点から見ると、大部分の動物が躊躇する有毒な植物由来の化学物質が、私たちには正反対の影響を及ぼすのは、たしかにわけがわからない。これらの魅力的な摂食阻害物質が感知される仕組みを見ても、矛盾はさらに深まるばかりだ。ハーブとスパイスの芳香は嗅覚受容体を刺激して、嗅覚受容体は互いに協力して働き、脳が快と不快を区別するのを助ける（第6章）。その上、数種類のハーブと大部分のスパイスは、神経細胞の痛みの感覚器である侵害受容器も刺激する。侵害受容器は、痛みを感じる体のすべての部位に見られる。顔、目、鼻、口の侵害受容器は、三叉神経の分岐を経由して脳へ信号を送っている。侵害受容器にはTRP（トリップ）と呼ばれるさまざまな受容体が備わっており、外部刺激に対して神経インパルスを発生させる。TRPは種類ごとに、熱さ、冷たさ、圧力、ある種の化学物質などのいろいろな刺激によって活性化する。

TRPが化学物質だけでなく熱さや冷たさのような物理的刺激にも反応するからこそ、私たちはスパイスを「熱い」と感じたり「冷たい」と感じたりするのだ。トウガラシを食べると口の中に火が付いたような気がするのは、トウガラシの有効成分はカプサイシンという分子で、それが刺激するTR

ＰＶ１という受容体は熱さも感知するからだ。同じように、ミントが生成するモノテルペンのメントールがひんやりとした感覚を作り出すのは、冷たさを感知するＴＲＰＭ８という受容体の反応を引き起こすからだ。

ほかのハーブやスパイスもさまざまなＴＲＰ受容体を活性化し、ＴＲＰ受容体が嗅覚受容体と協力することで、それぞれに特徴的な風味を与えている。トウガラシと同じように、コショウとカホクザンショウ（華北山椒、四川山椒とも）もＴＲＰＶ１を刺激するが、カホクザンショウはそのほかにＴＲＰＡ１とＫＣＮＫという２つの受容体も活性化する。これは両方ともぴりぴりする感覚を生み出し、四川料理の大きな特徴となっている。私がロンドンのチャイナタウンで初めて食べたとき、カホクザンショウがあまりにも大量に使われていたので、口が完全に麻痺してしまった。このことは自然界からの警告として受け止めるべきだったようで、その後に勘定書きで法外な値段をふっかけられ、とどめを刺された次第だ。

カラシ、ワサビ、ホースラディッシュの辛味成分は、ニンニクやショウガの別の成分と同様に、ＴＲＰＡ１を強く刺激して、ＴＲＰＶ１を弱く刺激する。タイムとオレガノのモノテルペンはＴＲＰＶ３を強く刺激し、ＴＲＰＡ１を弱く刺激する。シナモンが刺激するのはＴＲＰＡ１だけだが、レモングラスはＴＲＰＭ８、ＴＲＰＶ１、ＴＲＰＡ１、ＴＲＰＶ３の４つの受容体を、この強さの順で攻撃する。このように、ハーブやスパイスの風味の感覚は、鼻の嗅覚受容体と舌および口の侵害受容器から送られる信号のさまざまな組み合わせによって、脳の中で作り出されるのだ。

トウガラシを触った直後に体の敏感な部位に触れたことがある人なら、ＴＲＰＶ1受容体が侵害受容器に備え付けられているのは口の中だけではないのがわかるだろう。さらにこれは、トウガラシ入りの激辛料理が体内に入るときだけでなく体外へ出るときにもひりひりする理由でもある。攻撃者に痛みを与えるためにＴＲＰ受容体を標的にしているのは、植物だけではない。タランチュラの毒に見られる毒素も、ＴＲＰＶ1を標的にしているのだ。

ＴＲＰ受容体は進化史の中で古くからあるシステムで、本質的には脊椎動物だけでなく昆虫や線虫や酵母さえ、私たちと同じシステムだ。だから、植物が草食動物の痛みを感じる回路に侵入するために標的にする受容体で、私たち人間の感覚にも作用するものがこんなにたくさんあるというわけだ。それにしても、痛覚受容体を活性化させてほかの動物の嫌悪を引き起こす物質に対して、なぜ私たちは好意的に反応するのだろう？　その答えは、混じり気のないトウガラシなどのＴＲＰを活性化するスパイスやハーブとの初めての出会いでは、実のところ、嫌悪を示すのが通常の反応なのだ。私たちは侵害受容器を活性化させる物質に対して、それまで味わったことがない場合なら、予想どおりの反応を示す。このような物質に対する好みは――もちろん、誰もが好むわけではないが――あとから身につけるものなのだ。これは、苦い味の食べ物についても当てはまる（第5章）。

嫌悪すべき化学物質を好むようになるのはなぜなのか？　毒かもしれない物質を警告してくれる受容体は、損害に対する最初の防御線にすぎないのだ。その化学物質が結局は毒ではないとわかれば、刺激を避けるよりも楽しむことができるようになる。これは有利なことなので、自然選択によって選ばれる。なぜなら、植物には栄養がたくさん含まれているのに、もし「僕は毒だよ——食べないで！」と合図されたときに私たちがそれを信じてしまったら、必要もないのに食べるのを控えることになるからだ。基本的には、摂取量で説明がつく。有毒な植物に大きくかぶりつく小さな昆虫は、同じ植物を私たちのような大きな動物が小さくかじるのに比べると、体重当たりの摂取量がはるかに大きい。したがって、タイムの葉を食べる昆虫にとって有害な成分も、私たちの食べ物に少量加えられたときには豊かな風味に感じられるわけだ。けれども、私たちが過剰摂取しかねないスパイスもある——ナツメグが中毒を起こすことは、よく知られている。

鳥は激辛を感じない

ＴＲＰ受容体の起源はとても古いが——第５章で取り上げた味覚受容体と同じくらい古い——それからたくさんの進化的変化が起きた結果、種の間の感受性の違いが生じた。あるＴＲＰ遺伝子が一部の種では失われ、ほかの種では機能が変わった。たとえば、冷たさを感じる受容体ＴＲＰＭ８は、ある種の魚では失われている。ＴＲＰＶ１受容体は私たちのような哺乳類ではカプサイシンにとても敏感なのに、鳥類ではこの化学物質に無反応で、ウンともスンともピーとも言わない。

トウガラシは、哺乳類と鳥類のカプサイシンに対する感受性の違いを都合よく利用している。アリゾナ州南部の野生のトウガラシで実験をおこなったところ、鳥類は熟した実を食べて、発芽できる状態の種子を排泄するのだが、齧歯類はその実に触れようともしないことがわかった。辛いトウガラシに遭遇したことのない齧歯類は、カプサイシンを作る能力のない種の実を食べるのだが、糞の中の種子はばらばらに砕けていて、発芽できなかった。したがって、カプサイシンは選択的に働く抑止手段として、齧歯類にトウガラシを食べられて種子を壊されるのを防ぐ一方で、実を取り去って種子を無事にばらまいてくれる鳥類は追い払わないのだ。

カプサイシンはトウガラシの含まれるカプシクム属だけに含まれる物質だが、すべての種が辛いわけではないし、同じ種の中でも辛さには非常にばらつきがある。たとえばカプシクム・アンヌウムの栽培種は、まったく無害のピーマンから火を噴くほど辛いトウガラシまでさまざまだ。カプサイシンの有無はＰｕｎ１という名の１個の遺伝子で決まるのだが、カプサイシンを作ることのできる個体が実際にどれだけ辛くなるかは、ほかの遺伝子と生育条件が影響する。

タイムの野生集団においてフェノール系のモノテルペンを作る個体の頻度がさまざまなのとちょうど同じように、トウガラシの野生集団もカプサイシンを作る個体の頻度がさまざまなことがある。そして、タイムの場合と同様に、この多様性は局地的な条件に対する適応による。おそらくトウガラシが最初に進化したボリビアのトウガラシの野生種カプシクム・チャコエンセを調査したところ、その野生集団は多型だとわかった——つまり、辛い個体と辛くない個体があったのだ。辛い個体の種子に含まれるカプサイシンは、フサリウムという真菌の１種から身を守っていた。この真菌は雨の多い環境で最もよく見かけられたが、そこに棲む虫がトウガラシの実に穴を開けて、真菌の入り口を作っていたのだ。このような環境ではカプサイシンを作る個体が有利なため、過半数を占めていた。もっと雨の少ない場所で、トウガラシは生えるけれども虫がいないため真菌の感染が少ないところでは、辛くない個体が過半数を占めていた。

カプサイシンは真菌の感染に加えて齧歯類の捕食からも種子を守ってくれるのだから、辛い個体は真菌感染の危険のある場所だけでなく、齧歯類のいるどの環境でも有利なはずだと考えられそうだ。では、雨の少ない場所に生えていた個体が辛くなかったのはなぜなのか？　その答えは、この種の辛い個体は日照りの条件では、辛くない個体ほどよく育たないからだった。それどころか、水分が不足しているときに辛い個体が作る種子の数は辛くない個体の半分だったが、この違いは水分をもっと利用できるときには見られなかった。この調査から、植物が自分を守るために作る化学物質には代価がつきもので、今回の場合は種子がその代価として支払われたということがわかった。進化は代価と利益のバランスをとっていて、この代価と利益は非常にたくさんの生態学的要因によって形作られる。たとえばここで挙げた例では、果実に対する虫の攻撃と、種子に対する真菌や齧歯類の攻撃があるわけで、さらに土壌の水分が利用可能かどうかもかかわってくる。

ハーブとスパイスは、進化というものの複雑さ、予測のつかなさ、そして皮肉さまで示している。これらの植物はランチ扱いされそうな動物を避けるために自然選択によって武装しているわけだが、私たち人間はその武器である毒を美味しく味わい、自分たちのディナーにたっぷり加えている。スパイスが暗示しているのは、私たちはときどき五感の奴隷になりかねないということだとしたら、デザートこそが最もありふれた弱点で、一番安上がりな贅沢だろう。

第10章 デザート●甘い罠

純粋なエネルギー源

甘いワインをとくとくと注ぐように音楽を生み出していた天才モーツァルトは――現代に生きるルネサンス人で、オペラ監督兼美食家のフレッド・プロトキンによると――ウィーンのケーキとペストリーがエネルギー源だった。ウィーンはパティスリーの都で、デザートを楽しむすべての人々にとっての究極の目的地に違いない。アプフェルシュトゥルーデル――シナモン風味のリンゴの甘いフィリングをとびきり薄い膜のようなパイ生地でくるくる巻いて焼いてから、バターを刷毛で塗って粉砂糖を振りかけた、美味しいペストリー――の発祥地はこの町だ。ウィーン伝統の素晴らしいチョコレートケーキ、ザッハトルテの元祖を名乗る権利を巡って、2つの企業が7年も法廷闘争を繰り広げた町がここなのだ。

デザートにはたくさんの料理法と想像力が注ぎ込まれているが、風味付けにさまざまな材料が使われていて、それを揃えるのに苦労するとはいえ、デザートの基本的な材料はたった3つ、すなわち炭水化物（糖とデンプン）、脂肪、創意工夫だ。たとえば、ベイクト・アラスカを見てみよう。これはアイスクリームを断熱材代わりのメレンゲで包んで焼いたデザートで、オーブンの熱さとアイスの冷たさを、驚くべきことにひと皿で味わえる。ベイクト・アラスカとは逆の構造の、さらに創意工夫が施されたフローズン・フロリダというデザートもあり、これを発明したニコラス・クルティ（1908〜1998）は低温物理学者で、「分子美食学」の創始者の1人だ。フローズン・フロリダのレシピは凍った水がマイクロ波を通すという事実を利用したもので、電子レンジを使えば凍ったアイスクリームに包まれたゼリーを温めることができるのだ。このようなデザートの発明は創意工夫の賜物とはいえ、ベイクト・アラスカは基本的には糖に包まれた脂肪で、フローズン・フロリダは脂肪に包まれた糖だ。これはもちろん、レシピや料理本でデザートを説明するやり方としてはきわめて不適当で役立たずだが、デザートの本質に関する進化的な核心を突いているのはたしかだ——つまり、デザートとはカロリーなのだ。

私たちが炭水化物と脂肪をこんなに愛している理由は、衝動の進化をあまり深く掘り下げなくても理解できるだろう。なにしろ、この2つは純粋なエネルギー源で、そのための味覚受容体まであるのだから（第5章）。味蕾の甘味受容体は甘い物の糖を感知して、さらに、唾液中の酵素α‐アミラーゼがデンプン質の食べ物を分解して生成するブドウ糖も感知する。化学的には、ブドウ糖やショ糖などの糖は単純糖質といい、デンプンはブドウ糖の重合体なので複合糖質という。単純糖質と複合糖質の区別は栄養学的に重要なのだが、それについてはあとで見ていこう。唾液には脂肪を分解するリパーゼという酵素も含まれていて、そのとき生成される脂肪酸が刺激する受容体も味蕾に備わっている。したがって、私たちは大好きな高エネルギーの食べ物を2種類とも感知することができるように、十分な装備を進化からもたらされているのだ。

ブドウ糖は生物学的な万能燃料で、あらゆる生き物の動力源となっている。植物も昆虫も酵母も人間も、みんなこの生物学的燃料を交換したりくすねたりしている。水に溶けた状態で動物の血管内を運ばれ、植物では光合成によって作られるショ糖として茎を通して運ばれる。ショ糖はブドウ糖と果糖が結合して1個の分子になったもので、カナダの農民が春にサトウカエデの樹液が上がると集める甘い液体の正体がこれだ。この樹液には糖分が約2パーセントしか含まれていないので、メープルシロップにするためには煮詰めて糖分と風味を凝縮させなければならない。それとは対照的に、熱帯のイネ科植物であるサトウキビの液には、糖分が20パーセントも含まれている。この植物はニューギニアで栽培化されていて、それはもしかすると8000年前の出来事かもしれないが、いまでは熱帯地方全域で育てられている。サトウキビの液はとても甘く、昔ながらの利用法は、茎の皮をむいて中の髄を噛み砕くだけだ。

花の蜜に含まれる糖は、ミツバチなどの授粉昆虫を花に引き寄せるための、おもなご褒美だ。花蜜を餌にする昆虫は、植物が太陽エネルギーで作った糖を何千メートルも輸送して、私たち人類を含む多くの動物をこのカロリーの源泉につないでいる。ミツバチは、花蜜の水分含有量を減らして糖分濃度を80パーセント以上に増やすことで蜂蜜に変える。80パーセント以上になると、酵母——糖を横取りする悪者——が発酵できなくなる。高濃度の糖には保存力がある。だから、蜂蜜だけでなくジャムや砂糖漬けの果物も、冷蔵せずに安全に貯蔵することができるのだ。

ブドウ糖は燃料として使われるだけでなく、とくに植物では炭素原子の供給源として利用され、セルロースなどの構造化合物が作られる。化学的には、糸状にした砂糖である綿菓子と、純粋なセルロースである脱脂綿の間にほとんど違いはない——どちらもブドウ糖から作られた重合体だ。私たちにとっては、前者は食べ物で後者は消化できない代物だが、この2つの形態の糖との関係が正反対の生物もいる。植物だけを食べて生きているウシなどの動物ならセルロースを消化できるのだろうとあなたは思うかもしれないが、実はそんな消化酵素を持った動物は皆無で、みんな消化管内の微生物に消化してもらっているのだ。この微生物にとっては、セルロースは前菜であり、主菜であり、デザートでもある。

最古のデザート

蜂蜜は間違いなく、最も古くから食べられていたデザートだ。オランウータンとチンパンジーはハチの巣を木の枝で探って蜂蜜を取り出し、ハチの幼虫も食べるので、付け合わせにタンパク質まで添えている。私たちのいとこの大型類人猿が蜂蜜を食べているのだから、500万年以上前に私たちの祖先とチンパンジーの祖先が別々の道を歩み始めるよりも前から、蜂蜜はヒト族の食事の一部だったのかもしれない。もちろん、これはただの憶測で、蜂蜜を食べる習慣があったことを示す直接的証拠があるのは旧石器時代になってからだ。2万5000年前、かの有名なスペインのアルタミラ洞窟に大型の獣の群れがマンモス・ステップを走り抜けていく壁画を描いた作者は、ミツバチやハチの巣や蜂蜜採集用のはしごの絵も小さな脇の洞窟に描いている。メイン料理の野生のオーロックスに添えられた、ささやかなデザートのようだ。

同じような蜂蜜採集の絵は世界各地の旧石器時代の洞窟壁画に見られるが、最も多いのはアフリカで、そこに住む現代の狩猟採集民の食事を見ると、この生活形態にとって蜂蜜がどれだけ重要かということがわかる。コンゴ民主共和国のイトゥリの森に住むエフェ族は、雨季の中の2カ月間、ほとんど蜂蜜とハチの幼虫と花粉だけしか食べず、1人当たり平均的な大きさの蜂蜜瓶3個程度に相当する量を1日で消費する。そこまで極端ではなく、年間を通して蜂蜜を消費しているタンザニアのハッツァ族のほうが、狩猟採集民としてはおそらく一般的だろう。彼らの住んでいるサバンナ気候の草原にはバオバブの木があちこちに生えていて、その幹や大枝にミツバチが巣を作れるうろがある。ハッツァ族は、食事のカロリーの15パーセントを蜂蜜から摂取している。ハッツァ族などのアフリカの狩猟採集民はミツバチの巣を見つける際に、ミツオシエという鳥との驚くべき共生関係に助けられている。ミツオシエの学名はわかりやすく説明的で、「インディカトル・インディカトル（*Indicator indicator*）」――つまり「指示者（インジケーター）」という意味なのだ。

ミツオシエの餌は昆虫で、ハチの幼虫を捕らえたり、ミツロウも食べる。蜂蜜は食べないが、ハチの巣を探す姿は目撃されていて、朝の涼しい時間でミツバチがまだ動けなくて刺せないときには、ミツオシエがハチの巣の入口に頭を突っ込んでいることもあり、どうやらハチの活動をチェックしているらしい。ミツオシエは自分でミツバチの巣の内部に入り込むことはできないが、その代わりに人間の助けを借りる。ハッツァ族の野営地に飛び込み、特徴的な鳴き声を発すると、人々はそれがついてこいという誘いだとわかるのだ。さらにハッツァ族は、自分から合図の声を出してミツオシエを呼ぶこともあり、1キロ先からでも呼び寄せられる。

ミツオシエと人間の関係が最初に記録されたのは17世紀で、当時の逸話はその後しばらくは突飛な作り話とみなされていた。ところが、科学的な調査によってわかったのは、まさにアフリカの狩猟採集民自身が主張していたように、ミツオシエと人間は蜂蜜を求めて実際にコミュニケーションをとって協力しているということだった。ミツバチの巣がバオバブの木の中に見つかると、ハッツァ族の1人の男性が斧を使って杭の先を尖らせてから、幹の下のほうの枝のない部分に杭を打ち込んではしごを作り、それに登ってハチの巣にたどり着く。そこで燃え木を使い、養蜂家がするように煙でハチをおとなしくさせてから、斧で巣を幹からくり抜く。ミツオシエと人間の関係は、お互いにとって有益だ。ミツオシエについて行くことで、ハッツァ族の蜂蜜ハンターは、そうでないときに比べると5分の1未満の時間でミツバチの巣を見つけることができる。その上、ミツオシエの見つけるハチの巣は、蜂蜜ハンターが自分で探して見つける巣よりもはるかに大きく、蜂蜜もたくさん詰まっている。ミツオシエのほうとしては、ほかのやり方では手に入らない食料資源を利用することができるようになる。

ミツオシエと人間の関係は、どうやって進化したのだろう？　1つの考えは、ミツオシエは別の動物、たとえばミツアナグマ——さまざまな餌を食べる肉食動物で、ときどきハチの巣を襲う——と協力して案内行動を進化させていて、この行動がやがて人間に伝わったというものだ。この仮説はもっともらしく聞こえるかもしれないが、ミツオシエを観察している研究者たちは、この鳥が人間以外の動物を案内するところを実際には1度も見ていない。したがって、この共生の歴史は非常に古く、もしかするとホモ・サピエンス自体よりも古いのかもしれないという考えは、少なくともあり得るし、その可能性が高いとさえ言えそうだ。

ミツバチをおとなしくさせるために煙を使うので、この鳥と人の関係がうまくいくには火を操る能力が不可欠だから、共生が進化したのは、料理に火を使っていたと考えられているホモ・エレクトゥスの時代だったのかもしれない。さらに、もしホモ・エレクトゥス以前のヒト族が、いま世界各地の人間社会でおこなわれているように、ハーブの防虫性と防御性を利用してハチをおとなしくさせたりハチに刺された痛みを和らげたりしていたなら、ミツオシエと人間の関係はもっと古くから始まっていたのではという意見さえある。私たちが甘い物欲しさから痛みや命の危険をものともせずハチに立ち向かう気になったのがどんなに大昔だろうと、そもそもミツバチの毒針の進化を駆り立てたのが動物による蜂蜜泥棒だったはずなのは間違いないだろう。毒針を持たない種もたくさんいるが、そういうハチの巣は小さくて、たくわえられている蜂蜜も少ないか、まったくないのだ。

みんなが欲しがる高カロリー源をミツバチが守っているのと同じように、植物も授粉を手伝うことなくご褒美だけ盗もうとする泥棒から花蜜を守っている。そういうわけで、多くの花では自然選択によって蜜腺が花の奥に隠されていて、十分に長い吻（ふん）を進化させた忠実な授粉者だけが蜜を吸えるようになっている。そのほかに、花蜜に毒が混ぜられている場合もある。そういう花蜜に含まれている毒素がどうやって泥棒から蜜を守るのか、あるいは果たして守っているのかどうかも定かではないのだが、毒の効き目は選択的なので、どうやら守ってくれそうな効き方なのだ。ミツバチが有毒な花蜜によって阻止されることはないが、それから作られた蜂蜜を人間が食べると重病になる。だから、有毒な花蜜が、授粉昆虫の訪問を邪魔することなく、哺乳類に花を食われるのを防いでいるという可能性はある。有毒な花蜜を作るのは、ロドデンドロン・ポンティクムを含むツツジ属のいくつかの種と、セイヨウキョウチクトウ（ネリウム・オレアンデル）やアメリカシャクナゲ（カルミア・ラティフォリア）だ。

古代ギリシャの地理学者ストラボンは現在のトルコに当たる黒海沿岸の地域ポントスの出身で、有毒なロドデンドロン・ポンティクムはこの地名にちなんで名付けられた。彼の話によると、ポントスの人々はこの花が咲いているときに地元の蜂蜜に毒が含まれる可能性があることをよく知っていて、ローマの将軍ポンペイウス率いる軍に襲撃されたとき、軍隊の通り道に毒のあるハチの巣をばらまくことで撃退したのだという。甘い餌に食いついたせいで騎兵大隊3個が動けなくなり、1人残らず殺害されたのだ。

蜂蜜には健康によいイメージがあり、その甘さは純粋な喜びを感じさせてくれるので、毒を持つことがあるかもしれないという考え自体が、現代では信じられないと思われてきた。１９２９年版の『ブリタニカ百科事典』のある項目の筆者は、古代ローマの著述家の大プリニウスが著書『博物誌』で書いた黒海沿岸地方の「狂気の蜂蜜」の話をあざ笑っている。大プリニウスは狂気の蜂蜜の神経毒作用がシャクナゲ、ツツジ、キョウチクトウという、葉に毒のあることが知られていた植物の花蜜のせいだということを正しく突き止めていたのだが、『ブリタニカ百科事典』の筆者は「このような古代の文筆家たちが記述した症状は十中八九、食べ過ぎによるものだ」と思い込むことにしたらしい。狂気の蜂蜜による中毒の症例はいまもトルコでときどき発生しており、一番多いのは中年男性で、衰え気味の性的能力をよみがえらせたいというはかない望みを抱いて、わざわざ摂取するのだ。

壊れたフィードバックループ

もしも自然界が市場だとして、糖を含んだ樹液が文字どおり「流動性のある通貨」として運ばれたり、盗まれたり、たくわえられたり、使われたりするものならば、脂肪は銀行預金で、必要なときに備えて、皮膚の内側などに保管されている。同じ重量なら、バターの脂肪には砂糖の2倍以上のカロリーが含まれている。脂肪は大部分の料理に材料として登場する。美味しいデザートのレシピで脂肪が一切入っていないものはめったにない。その理由は脂肪そのものが美味しいからだけではなく、風味の分子の大部分は脂肪に溶けるのでそれを嗅覚受容体まで運ぶのに脂肪が必要だからでもある。

脂肪はさまざまな姿形で現れ、植物では種子に供給するための貯蔵エネルギーにもなる。チョコレートの口の中でとろける美味しさは、テオブロマ・カカオの種子の中に体温で溶けるたっぷりの脂肪と興奮剤として働くアルカロイドのテオブロミンがともに含まれているという幸運のおかげだ。この組み合わせに糖を加えたら、中毒になりかねない食品が生まれてしまうのも当然では？　デザートだけがカロリーの過剰摂取の原因ではないとはいえ、カロリー爆弾と化したケーキは、過体重や肥満がどうして現代の公衆衛生の大きな問題なのかを示すよい例だ。

生きるために必須のエネルギー、糖、脂肪が一気に得られる供給源が魅力的なのは進化上なんの不思議もないが、なぜそれを摂取することが私たちの体にこれほど悪いのだろう？　炭水化物と脂肪の豊富な食事や飲み物が、摂取したエネルギーのごくわずかしか利用しない座りがちなライフスタイルと相まって、肥満の世界的な広がりのおもな要因となっているのだ。アメリカでは、成人の3分の1が肥満、つまりボディ・マス指数（ＢＭＩ）が30以上だ。ＢＭＩはキログラム単位の体重をメートル単位の身長の2乗で割って算出される。さらに3分の1は過体重、つまりＢＭＩが25以上30未満なので、人口のまる3分の2は消費できる量以上のカロリーを摂取しており、そのため余分なカロリーが脂肪として体にたくわえられている。

ほかの多くの先進国も似たような状況だ。イギリス人男性の3分の2は過体重または肥満で、西ヨーロッパ全体の平均では61パーセントに及ぶ。北米と西ヨーロッパでは、女性の過体重の割合は男性よりもわずかに低く、肥満の割合は男性よりもわずかに高い。アジアでは、ここまでひどい状況にはなっていない。日本人男性の25パーセント以上と日本人女性の18パーセントが過体重だが、肥満の割合は西洋諸国に比べれば非常に低く、3〜5パーセントだ。

発展途上国の状況には大きなばらつきがあるが、過体重は多くの国々で問題になっている。エジプトでは、男性の71パーセントと女性の80パーセントが過体重または肥満だ。メキシコの数値は、男性が67パーセントで女性が71パーセント。ほかの発展途上国ではその割合はもっと低いが、発展途上国の総人口は多いので、世界の肥満人口の62パーセントは発展途上国に住んでいる。飢餓問題が解消されたわけではないが、これらの統計データは、かつて発展途上国と結び付けられていた貧困や栄養不足のおなじみのイメージとはあまりにも対照的だ。現在のインドは、2種類の栄養不良に苦しんでいる。一部の人々は飢えているが、食べ過ぎている人々もいて、その割合がどんどん増えているのだ。

過体重は、メタボリック・シンドロームのおもな危険因子だ。メタボリック・シンドロームとは不吉の鳥のように肥満に群がる一連の病気で、高血圧、心臓血管疾患、2型糖尿病、血液中のトリグリセリド（脂肪）および悪玉コレステロールの過多を指す。2型糖尿病は、体が燃料供給——つまり血糖値を調節するために使っているシステムの障害だ。通常は炭水化物を摂取すると、血液中のブドウ糖濃度が急上昇し、膵臓はそれに反応してインスリンというホルモンを血液中に放出し、その結果として全身の細胞がブドウ糖を取り込み、最終的には余分なブドウ糖を脂肪に変える。このプロセスがフィードバックループを形成して、血糖値が下がることによってインスリンの産生が減り、体は空腹時の状態に戻るのだ。2型糖尿病は慢性疾患で、長年の間に体内の細胞がインスリンに反応しなくなってしまう。病気が進行するにつれて、血液中のインスリンとブドウ糖の濃度が上がっていく。通常であればそれを調節するはずのフィードバックループが、壊れてしまっているからだ。

倹約遺伝子型

2型糖尿病の増加は、進化的な側面を持つ健康問題だ。というのも、この病気のかかりやすさは遺伝するからで、この点が謎を生んでいる。この病気にかかると男女ともに生殖能力が損なわれ、寿命も約11年短くなるのだから、かかりやすさをもたらす遺伝的多様体は自然選択によって大昔に集団から排除されるべきだった。しかし、実際にはそうならなかったことは発症率の高さが証明している。この理由として考えられる説明は2つある。1つは、つい最近までこの病気に関係する遺伝子は有害ではなかった、なぜなら害になるのは過体重の人だけなのだからというものだ。肥満がいまのように問題になる前は、この遺伝子の持ち主で発症するほど肥満の人はほとんどいなかった。この仮説によると、過体重と2型糖尿病にかかりやすい遺伝子の組み合わせが問題で、遺伝子だけなら問題はないという。

もう1つの仮説は、2型糖尿病のかかりやすさをもたらす遺伝子は現在、かつては実は有利だった体質の名残を示しているというものだ。この考えは1962年にミシガン大学の医学者ジェイムズ・ニールが最初に提唱したもので、彼は糖尿病が遺伝する理由を明らかにしようとしていた。その説によると、あるひと組の遺伝子（遺伝子型と呼ばれる）を受け継いだ人々は、同じ食事をとってもほかの人々より多くのエネルギーを脂肪としてたくわえるように仕向けられる。この遺伝子型は、食べ物が断続的にしか手に入らなかった旧石器時代には有利だったはずだというのだ。彼はこれを「倹約遺伝子型」と名付けて、金を倹約することの利点との類似性を指摘した。倹約はまさかのときに備えた貯蓄をもたらし、倹約遺伝子型は空腹時に備えて脂肪をたくわえるのだ。ニールの倹約遺伝子型の仮説では、かつて食べ物が定期的に不足していた時代に進化において有利だった遺伝子が、食べ物が豊富な現代の環境では有害なのだという。こうした現代の状況では、この遺伝子型を持つ人々は脂肪をたくさんたくわえすぎてしまい、それが病気につながるというわけだ。

提唱されてから60年近くが過ぎたいまも、倹約遺伝子型仮説は現代の糖尿病の広がりに対する説明としてよく使われている。1962年以来、関連するどの科学分野も大幅に進歩しているので、いまでは証拠と照らし合わせたときにこの説がどこまで有効かを問うことができる。まず検討すべきなのはジェイムズ・ニールの仮説の前提で、私たちの生理機能は旧石器時代のもので、ごちそうと飢饉に交互に見舞われることが特徴だったはずの狩猟採集民の生活の変動に適応しているという。この主張は2つに分けることができ、1つは旧石器時代には飢饉がよく起こっていたという想定で、もう1つは飢饉の年に太っていることの有利性はそれ以外の年に太っていることの危険性を上回っていただろうというものだ。どちらの考えも疑問視されている。

証拠は2種類あり、アフリカ南部のサン族（ブッシュマン）のように、旧石器時代の祖先とほぼ同じように暮らしていると推測される現代の狩猟採集社会のライフスタイルから得た証拠と、肥満の遺伝学から得た証拠だ。さまざまな生活様式の社会における飢饉の頻度を比較した最近の調査によると、実のところ狩猟採集社会は同じような環境で暮らす農耕民よりも飢饉に見舞われにくいことがわかった。農業はハイリスク・ハイリターンの生活様式で、なぜなら豊作の年には人口が非常に増えて、その後に不作になるとひどい食料不足に見舞われるからだ。狩猟採集民のほうが飢饉に遭いにくいのは、人口が少なく、食べ物の種類が幅広いせいだ。さらに、現存する狩猟採集民のBMIを推定してみると、例外なく標準の範囲内で一番やせているグループ（BMI20前後）で、現代的なライフスタイルと食事を採り入れるまでは、不作の時期を切り抜けられるような脂肪を身につける傾向は見られない。

したがって、原始人（パレオ）ダイエット（第1章）の場合と同じように、私たちが自分に言い聞かせてきた石器時代の祖先の生活ぶりは、事実よりもTVアニメの『原始家族フリントストーン』に近いものだった。もっとも、倹約遺伝子型仮説はこれで完全終了かというと、修正を加えてもいいことにするなら、必ずしもそうとは限らない。農業が飢饉を人類にもたらしたのであれば、倹約遺伝子型の有利さは農業社会の中でわかるはずのもので、それ以前ではないと主張できるかもしれない。ニールの仮説をそのように修正すれば、倹約遺伝子型が農業の到来以降に進化した可能性はあるのでは？　農業社会のほうが飢饉に遭いやすい生活形態なのだから。

このニールの考えの修正版だと、より急速な進化と倹約遺伝子型の広がりが必要になる。農業の始まった新石器時代は、せいぜい1万2000年前の話でしかないからだ。たしかに、その時間枠でもほかの変化は起きている。ヒトゲノムの大規模な調査から、過去1万2000年の間にいくつもの遺伝子変化が生じたことが突き止められているのだ。にもかかわらず、2型糖尿病にかかりやすくなる遺伝子型の広がりは示されていない。それどころか、話はまったく逆で——新石器時代以降の自然選択が、一部の集団において2型糖尿病のリスクを上げるのではなく下げる対立遺伝子（遺伝的多様体）に有利に働いてきた遺伝学的な証拠があるのだ。

もしかすると、倹約遺伝子型の広がりが見つかるはずだと思うべきではないのかもしれない。ジェイムズ・ニールが1962年に明らかにしようとした2型糖尿病のかかりやすさは周辺的な話にすぎなかったが、いまでは世界的な流行病と化しているのだから。1962年にはこの病気にかかりやすい家系があるのはなぜかと問うのは意味を成すことだったが、いまでは全人口のかなりの割合が過体重を通じて発病のリスクにさらされているので、その質問はほとんど意味を成さない。実のところ、2型糖尿病にかかりやすくなる遺伝子はもう探すべきではなくて、一部の幸運な人々をこの病気から防いでいる遺伝子のほうを探すべきだと言えるかもしれない。

姿を隠すマントをかぶった「果糖」

倹約遺伝子型仮説がおしまいならば、進化生物学では糖尿病の大流行の原因を解明できないということになるのだろうか？　いや、そんなことはない。とはいえ、それによる解明の本質が照らし出すのは、問題の別の側面なのだが。ここで関連してくるのは、一部の人々がこの病気にかかりやすいのはなぜかではなく、ヒトの生理機能がどのように進化したせいで大部分の人々がかかりやすくなってしまったのかという疑問だ。この疑問から当然導かれるのは、世界的なかかりやすさがこのようにわずか数十年間であらわになったのは食事のどういう変化が原因なのかというさらなる疑問だ。カリフォルニア大学サンフランシスコ校の内分泌学者ロバート・ラスティグ博士によると、この2つの疑問のどちらに対する答えも、たった1つの単語で要約できるという。それは「果糖」だ。

果糖はブドウ糖よりも甘くてはるかに危険な糖で、果糖とブドウ糖が結合して1個のショ糖分子になる。同じ重量なら、果糖はブドウ糖の2倍も甘く、多くの植物はこの糖を果実に加えることで、私たち人間を含む動物を強力に引きつけている。果実は熟すにつれて、より甘く、さらにかぐわしくなるので、引き寄せられた動物がそれを持ち去る。そのおかげで、植物の種子はちょうどいい場所へ運ばれて、生長を刺激する糞に埋もれた形で地面に置かれる。だから、果実とは植物の遺伝子という貴重な積み荷のための、使い捨てできる包み紙なのだ。果実の栄養分はタクシー代で、そのタクシー代を受け取る鳥やコウモリや霊長類は輸送手段で、植物の視点から見れば、目的地は将来の世代のための安全な場所ということになる。

食品メーカーや飲料メーカーも果実と同じ手を使っていて、酵素を利用してコーンシロップに含まれるブドウ糖の一部を果糖に変え、高果糖コーンシロップ（ＨＦＣＳ）を作り出している。ＨＦＣＳはとても安くて、とても甘くて、とんでもなく美味しいので、多くの加工食品と大半の清涼飲料に使われている。果糖の消費量は過去30年間で倍増し、肥満とメタボリック・シンドロームの原因において中心的な役割を果たしているという証拠がますます増えている。

食事と体重の増減に関する世間一般の認識は、体はカロリーを出し入れする銀行口座のようなものという考え方だ。チャールズ・ディケンズの小説『デイヴィッド・コパフィールド』（岩波文庫など）では、ミコーバー氏がデイヴィッドに次のように忠告する。「年間の収入が20ポンドで支出が19ポンド19シリング6ペンスなら、結果は幸福。年間の収入が20ポンドで支出が20ポンド6ペンスなら、結果は悲惨」。「悲惨」を「飢餓」に、「幸福」を「肥満」に読み替えれば、金とカロリーはほとんどそっくりなように思える。だが実は、このたとえもそのモデルも、同じくらいもっともらしく、同じくらい広く信じられていて、しかも、同じくらい間違っているのだ。

この2つは間違っている理由も似ている。金はただ単に経済内の仕切りを出たり入ったりしているわけではなくて、その入手可能性を中央銀行が調節していて、金をたくわえたり、印刷したり（平価切り下げ）、貸したりすることができる。このようにして国家経済は動かされているのだ。同じように、体もカロリーの摂取量と消費量の収支に対して受け身で反応しているわけではなく、カロリーを摂取し、たくわえ、消費するペースを含む全体的なプロセスを調節している。食べ物の摂取は複雑な科学的プロセスで、その詳細はいろいろな要因に影響される。たとえば、レストランで私たちが影響を及ぼされていることを心理学者が発見した要因としては、メニューとナイフやフォークのデザイン、料理の名前、皿の色、グラスの形、BGM、室内の雰囲気などがある。しかもそれは、実際の食べ物を味わうどころか、においさえ嗅ぐ前の話なのだ！

そういった微妙なニュアンスはさておき、私たちがどれだけの分量を食べて、その中に含まれるカロリーになにが起こるのかを調節している3種類の重要なホルモンがある。グレリンは胃が空っぽなときに信号を送るホルモンで、膵臓から分泌されるインスリンは血糖値を下げる必要があるときに信号を送り、脂肪細胞で作られるレプチンは脂肪のたくわえが満杯になったという信号を送る。この3つのホルモンの信号をすべて受け取っているのが脳の視床下部で、さまざまなバランスをとって体内のエネルギーの経済性を調節している。果糖の問題点は、ブドウ糖と同じカロリーにもかかわらず、体が糖のように認識してくれないので、エネルギーの摂取と蓄積を制限する調節ホルモンが誘発されないことだ。

通常のグラス1杯分のオレンジジュースに含まれる12グラムの糖の行方を追って、ブドウ糖と果糖の代謝の違いを見てみよう。胃の中で、ジュースのショ糖は成分である果糖とブドウ糖に50対50の割合で分解される。胃の中のブドウ糖は食物として感知され、空腹ホルモンのグレリンを抑制し始めるのだが、果糖にはその作用がないので「ストップ！　もう満腹だ」というフィードバックは引き起こされず、カロリーがフリーパスの状態になる。次に、糖は血液中に入り込み、体内を循環する。ブドウ糖はすべての器官で燃料として使われるが、果糖を代謝することができるのは肝臓だけだ。したがって、ブドウ糖はすべての器官で分け合うのに、果糖はほぼ全量が――つまり、ジュースで摂取したカロリーの半分が――肝臓にたどり着く。肝臓はブドウ糖の約20パーセントも取り込むので、果糖と合計すると、この酷使されている臓器1個で、通常サイズのジュースに含まれるカロリーの60パーセントを代謝しなければならないことになる。

しかし、果糖の与えるダメージは、コーヒースプーンで量れる規模にはとどまらない。スプーン1

杯分の果糖の生理作用は、同じ分量のブドウ糖よりもはるかに大きいのだ。果糖は胃の中の満腹センサーに気づかれないだけでなく、燃料の経済性を管理するほかのメカニズムにとっても見えない存在だ。血液中のブドウ糖は膵臓によるインスリンの産生を刺激して、体内の器官がブドウ糖を利用するか脂肪内にたくわえるように仕向ける。脂肪細胞はレプチンを産生するので、余分なカロリーをたくわえた結果としてレプチンが増加すると、昼飯はもうやめろと視床下部が命令する。けれども、果糖はインスリン分泌の引き金にはならないので、そのカロリーがレプチン増加の連鎖反応を引き起こすことはなく、視床下部が信号を受け取って食べるのをやめろと命令することもない。したがって、私たちは食べ続ける。

果糖は食べ過ぎ監視役の目をすり抜けるマントをかぶっているわけだが、体に及ぼす一番の悪影響はこの点ではない。太るだけだとしてもひどい話なのに、それよりさらに知らぬ間に及ぶ悪影響があるのだ。メタボリック・シンドロームの肥満症患者の研究では、食事の果糖を同じカロリーのデンプン質の食べ物に置き換えると体重が減り、わずか9日間で代謝状態が改善し始めた。このことから、果糖がメタボリック・シンドロームに及ぼしている影響はカロリーの高さだけでは説明がつかないことがわかる。ほかにもなにかが起きているのだ。ロバート・ラスティグは、果糖を毒素の1つとみなしている。

毒素とは重要な代謝プロセスを阻害して生命にかかわる影響を及ぼす物質のことだ。すべての毒素に共通する特徴は作用が用量に依存して起こるという点で、これは果糖の有害な作用にも当てはまる。少量の果糖が血液中にゆっくりと放出されたとき――たとえば、加工されていない果物を食べたとき――は、肝臓で処理できる。だが、定期的に大量に摂取されると、肝臓に危険な脂肪が蓄積して、メタボリック・シンドロームのさまざまな疾患や2型糖尿病を引き起こす。残念ながら、ジューサーやスムージーメーカーを通した果物は、胃の中で糖分の多い飲み物と同じように振る舞い、未加工の果物のように振る舞ってくれない。未加工の果物には果糖の吸収を遅くする食物繊維が含まれているのだが、機械的にずたずたにされると、その働きをしなくなるからだ。

この話は進化とどんな関係があるのだろう、とあなたはいま不思議に思っているかもしれない。よくぞ訊いてくれた。要するに、現代の私たちの状態を説明しようとするときには、進化生物学者のマーリーン・ズックが言う「パレオファンタジー（原始時代への幻想）」に頼らないように気をつける必要があるということだ。もちろん、私たちは進化史によって制限されているわけで、果糖が人間にとって有害な一方でハチドリの生存に不可欠な理由は、ある面ではそれで説明がつくはずだ。倹約遺伝子型の仮説に話を戻すと、現時点で果糖とメタボリック・シンドロームについてわかっていることから考えて、ニールが一部の糖尿病患者から見いだしたのは糖尿病のかかりやすさのパターンの極端な例にすぎず、そのかかりやすさにいまではほぼすべての人々がさらされている。進化は運命ではなく、可能性だ。多くの食べ物がまさにこの特性を明らかに示していて、その最も顕著な例がチーズなのだ。

第11章 チーズ●最も人工的な食べ物

乳とチーズの起源

ミルクは、私たちに消費されるためにわざわざ進化したと言っても嘘にならない、唯一の食物だ。この進化の賜物を別の生物と共有した成果がチーズで、その生物はほんの少しのエネルギーと引き換えに、無尽蔵の豊かな風味を私たちに味わわせてくれる。乳腺と、そこからときどきあふれ出る乳汁は、すべての幼い哺乳類の滋養と生存にとても重要なので、哺乳類の祖先は母乳なしでどうしてやっていけたのだろうと不思議に思う人もいるかもしれない。この手の質問は、どの適応についても尋ねることが可能だ。チャールズ・ダーウィンは『種の起源』の中で、自然選択による進化は漸進的なプロセスだと主張し、自然は一足跳びに動くのではなくて小さな歩みを重ねるもので、その積み重ねが非常に長い時間をかけて大きな変化をもたらすのだと述べた。それどころか、彼は漸進性こそが自然選択による進化には欠くことのできないものだと考えて、それを自説の試金石として次のように書いた。「わずかずつの修正が数多く連続しただけではとうてい作り出せないほど複雑な器官が存在することが証明されたなら、私の学説は完全に崩れるだろう」

動物学者のセント・ジョージ・マイヴァート（1827～1900）は――竜を退治した伝説で有名なイングランドの守護聖人と同名だけに、冒瀆的な理論を退治せねばと感じたのか――この方針でダーウィンの学説を粘り強く攻撃し、哺乳類の大昔の祖先が乳腺の発端を持っていたとしても未発達すぎて子供の役に立たなかったはずだと主張した。「いずれかの動物の子供が、母親の偶然に肥大した皮膚腺から分泌されたほとんど滋養分のない一滴の液体を偶然すすったことで死を免れたなどということがあり得るだろうか？」。まさしく誘導尋問だ。

若きマイヴァートは当初ダーウィンの学説を支持していたのだが、その後は名ばかりの進化論者であり続けながらも、自然選択の普遍性や、進化論に神の設計または指示が完全に欠如している点に対して、宗教的信念から疑いを持つようになった。ダーウィンが1872年に『種の起源』の最終版となる第6版を書くころには、マイヴァートのさまざまな批判に反論するために新たな1章の大半を費やす必要があることがわかった。その章でダーウィンは次のように書いている。「乳腺は哺乳類全体に共通し、その生存に欠くことができないのだから、きわめて遠い昔に発生したに違いない……」。だが、ダーウィンはそれに続けて、マイヴァートが子供にとっての未発達の乳腺の価値を疑問視しているのは正当ではない、なぜならそういう器官をカモノハシが持っていることはすでに知られているからだ、と述べた。カモノハシの子は、母親の皮膚の乳腺からにじみ出る乳を吸う。その皮膚には乳首がないので、幼いカモノハシはマイヴァートに言わせればまったくありそうもないことをやっているというわけだ。

カモノハシは、卵を産む奇妙な哺乳類が属する単孔類というグループのメンバーで、単孔類は初期の哺乳類に似ていると考えられている。カモノハシはオーストラリアの荒野でしか見つからない夜行性動物で、日中は深い穴の中に隠れている。1872年当時、カモノハシが卵を産むという考えは、確証のない噂にすぎなかった。もしダーウィンが、カモノハシは未発達の乳腺を持っているだけでなく卵も産むということをはっきりと知っていたら、この動物が残存種で、哺乳類の卵生の祖先が乳首の備わった乳房を完成させるまでの過渡期を示しているのだと、よりいっそう強く主張できたのは確実だろう。

ダーウィンが想像したように、乳汁を産生する腺は解剖学上は毛の根元の皮膚に見られる汗腺と同じようなもので、汗腺の特殊バージョンとして進化したのはほぼ間違いない。さらに、乳汁分泌の起源は非常に古いという点もダーウィンの思ったとおりで、いまでは遺伝学的および生化学的証拠から、最初の哺乳類が出現した約2億年前よりもはるか昔にまでさかのぼることが示唆されている。この証拠とは、カモノハシを含むすべての哺乳類が産生する乳汁は、同じ遺伝子が作り出す同じ基本成分を含んでいるということだ。これは、すべての哺乳類に共通する祖先が乳汁分泌キットを最初から完備していた場合にしか起こり得ない。この複雑なキット自体が進化するまでに時間がかかったはずなので、乳汁の分泌は2億年前よりもずっと昔から始まっていたに違いない。逆説的な話だが、鳥の卵が鳥類以前から存在していたのと同じように、哺乳類の乳汁は哺乳類以前から存在していたのだ。

哺乳類の乳汁は独特な分泌液で、互いに依存する２つの機能を持っている。子供に栄養を与えることと、子供を保護することだ。栄養は、乳汁に含まれるタンパク質、脂肪、糖（乳糖）、カルシウムなどの無機物から得られる。保護は、さまざまな抗体や抗菌作用を持つ酵素によってもたらされる。こういった物質がとくに豊富なのが初乳、つまり哺乳類の新生児が初めて受け取る母乳で、母親の免疫細胞も入っている。

珍しい乳糖

乳汁に含まれる炭水化物のほぼすべてが珍しい糖である乳糖で、あらゆる細胞が使える万能の糖のブドウ糖ではないという点は、奇妙とは言えないまでも注目すべきことだ。どうして哺乳類は、消化してからでないと使えない炭水化物を子供に与えるのだろう？　高エネルギーのブドウ糖飲料のたちまち元気を回復させる効能が乳汁に備わっていたら、そのほうがきっと赤ん坊のためになるはずでは？　それに対する答えは、乳糖の独自性そのものがブドウ糖に対する有利な点だからなのかもしれない。世の中にはブドウ糖に飢えている細菌や酵母がうようよしているが、乳糖を利用することのできる細菌はわずか数種類しかない。乳腺に細菌または酵母が感染したら母と子がどんなひどい目に遭うか、想像してみよう。実のところビール醸造業者は、酵母が乳糖を発酵させられない点を利用して、乳糖を加えることで甘くしたミルクスタウトというビールを作っている。もしもその代わりにブドウ糖かショ糖が使われたら、酵母はそれをアルコールに変えてしまう。

赤ん坊に珍しい糖を与えることの問題は、その糖を分解して使える形にするために珍しい酵素が必要だという点だ。哺乳類の赤ん坊の胃には、まさにその働きをするラクターゼという酵素が備わっている。赤ん坊が成長して乳離れするにつれて、ラクターゼの産生は減少していき、やがて不要になるので完全に停止する。乳糖は成熟した動物の食べ物の中には存在しない。したがって成熟した哺乳類は、通常は乳糖を消化することができない――母乳に含まれる乳糖で育てられているのに。乳糖を消化する能力がないのは、人間の大人においても通常の状態だ。もしあなたが乳糖に耐性がない（乳糖不耐症）場合、未発酵の新鮮な牛乳を飲むと下痢になり、胃の激痛に襲われる。消化管内の細菌が乳糖をむさぼり食い、消化管がガスで膨れてしまうからだ。もし乳糖に耐性があるならば、ラクターゼの産生を大人になっても持続させる対立遺伝子の持ち主なわけで、そのような変異が起こって広がった経緯は、あなたの家族歴の一部ということになる。

1万1000年前ごろに世界で初めてウシやヒツジを家畜化した南西アジアの農民は（第7章）、おそらく家畜の肉を利用するだけでなく、乳も搾っていただろう。だが、大人はその乳を飲まなかったはずだ。なぜなら、最初の農民たちは、現在の南西アジアに住むその末裔と同じように、乳糖不耐症だったはずだから。その代わりに、同じ地域の住民がいまもしているように、乳を使ってヨーグルトを作っていたのだろう。ヨーグルトは種菌（たねきん）の乳酸菌を乳に混ぜることで作られる。乳酸菌は珍しい能力を持っていて――それは大半の細菌も持っていないし、私たち自身の細胞にも欠けている能力で

――乳糖をエネルギー源として使えるのだ。乳酸菌は乳糖を餌にして増殖し、老廃物として乳酸を生成する。乳を発酵させてヨーグルトにする乳酸桿菌（かんきん）は乳糖を使い果たすので、出来上がったヨーグルトは乳糖不耐症の人が食べても安全なのだ。

ヨーグルトの製造は、赤ん坊の食物として働くように進化した乳汁の特性を利用する。乳汁のタンパク質は2種類あって、1つはカゼインで、乳が酸性化すると沈殿してカード（凝乳）と呼ばれる凝固物になり、もう1つは乳清タンパク質で、こちらは溶液の中に取り残される。カゼインの分子は微細な繊維で、それが集まると丸いナノサイズの毛玉のようになり、ミセルと呼ばれる。カゼインミセルが乳の中に浮かんでいる間は光を散乱させるので白く見えるが、それが取り除かれると乳清が残り、透明になる。

乳が酸性化したときにカゼインが浮遊物から凝固物に変化するという仕組みは、母親と赤ん坊の両方にとって、環境への適応を助ける働きがある。この変化のおかげで、乳が乳腺に詰まることなく流れ出て赤ん坊に与えられ、そして赤ん坊の胃の中という、より酸性の環境でカゼインが凝固し沈殿する。こうすることが必要なのは、カゼインは浮遊物のままでは消化されるのに何時間もかかり、消化しそこなってしまうかもしれないからだ。それとは対照的に、溶液中に取り残された乳清タンパク質は、簡単に素早く消化される。

チーズ作りにも乳酸菌が種菌として使われるので、熟成したチーズには乳糖は含まれていない。チーズ作りには子ウシの胃から採ったレンネットという酵素も使われており、これがカゼインミセルを溶解しにくくし、沈殿を助ける。レンネットはアザミなど一部の植物からも作られるので、そちらを酵素の供給源にすることもある。

ラクターゼ活性持続症の進化

遺跡で発見された陶器の破片に乳の残留物が付いていたことから、7000年前までには南西アジア全域、とくに牧牛がおこなわれていた地域で乳製品が利用されていたことが明らかになっている。この最古の陶器に保存されていた乳製品が正確にはなんだったのかはわかっていないが、おそらくチーズというよりはヨーグルトで、チーズのほうが発明は遅かったと思われる。チーズ作りの器具は、最古の乳製品用の陶器の年代から約1000年後まで見つかっていないのだ。そして、いまからおよそ6000年前に登場した新しい種類の壺に、小さな穴がたくさん開いていた。この壺の破片には乳脂肪の残留物が付着しているので、脂肪の豊富なカードを、乳糖を含む乳清から分離してカッテージチーズを作るための水切り器として使われていたのだろう。

南西アジアで酪農業を発明した人々と同じように、ヨーロッパの新石器時代の最古の農民たちも、大人は乳糖不耐症だった。ところが、約7500年前に中央ヨーロッパのコーカサス山脈で、ラクターゼ活性持続症（離乳後も乳糖をラクターゼで消化でき、牛乳などを飲んでも問題ない状態）を引き起こす変異が発生した。この変異は大人に乳糖の耐性を持たせるもので、北ヨーロッパ全域にたちまち広がって、ヨーロッパ系の人々の進化的遺産として受け継がれるようになり、現在どこに住んでいようとそれは変わらない。たとえば、アメリカのユタ州では、成人人口の90パーセント以上が乳糖に耐性がある。

ラクターゼ活性持続症の変異はどうしてヨーロッパでそんなに急速に広がり、それなのに酪農発祥の地では進化することも広がることもなかったのだろう？　この質問の後半は、前半よりも簡単に答えられる。南西アジアでカッテージチーズとヨーグルトの製造技術が考案されて乳糖が取り除かれたおかげで、乳糖不耐症の人々も有害な影響なしに酪農の恩恵を受けることができるようになったからだ。したがって、そういう方法で乳を利用している人々の間にラクターゼ活性持続症を引き起こす遺伝子変異がもし現れたとしても、その個人は進化上で有利にはならないので、広がることはなかっただろう。ラクターゼ活性持続症の対立遺伝子が現在、酪農が始まった南西アジアでも酪農の伝統が皆無な極東と同じくらい珍しいのは、そのせいに違いない。だが、ヨーロッパでは酪農技術がラクターゼ活性持続症の進化を妨げなかったのはなぜかという疑問は、依然として残る。

ラクターゼ活性持続症が中央ヨーロッパから北へ急速に広がったことは、人類における正の自然選択として知られている最も顕著な例の1つだ。ラクターゼ活性持続症の対立遺伝子が広がったペースから推定して、正常な対立遺伝子に比べて最大で15パーセントの有利性をもたらしたはずだと考えられている。どういうわけで広がったのかはこれで説明できるが、その根本的な理由の説明にはならない。ラクターゼ活性持続症のほうが進化においてこれほど有利だった証拠があるにもかかわらず、新鮮な乳を飲むことの栄養学的な利点を正確に突き止めるのは驚くほど難しい。いままではたとえば、必須栄養素のビタミンDまたはカルシウムを供給してくれるとか、おそらく北ヨーロッパで頻繁にあった不作の年に飢饉時の食料となるといった意見が出されてきた。

数多くの進化的事象——生命の起源そのものを含む——を理解する上で問題になるのは1回しか起こらないという点で、そのため原因があるのか偶然の一致なのか、区別がつきにくい。だがラクターゼ活性持続症の場合は、数回にわたって進化が起こっているのでそういう問題はない。ラクターゼ活性持続症はサウジアラビアでも見つかっており、それはヨーロッパのものとは異なる変異によるのだが、どちらも同じ遺伝子の変異だ。サウジアラビアには乳牛はいないが、遊牧民のベドウィン族はラクダの乳を飲むので、乳の栄養価だけでなく水分含有量も、アラビアの砂漠という乾燥した環境でラクターゼ活性持続症が進化する上では重要だったのだろう。水分供給源としての乳は、東アフリカにおけるラクターゼ活性持続症への自然選択でも役割を果たしたのかもしれない。この地域には、タンザニア、ケニア、スーダンの牧畜民が牛乳を飲めるようにした3つの対立遺伝子がある。この東アフリカにおける3つの変異は互いに無関係で、ヨーロッパとサウジアラビアの変異とも関係ないので、ラクターゼ活性持続症の進化の実例は少なくとも5つあることになる。地球全体では、全人口のおよそ3分の1が乳糖に耐性を持っている。残りの人たちにとっては、お気の毒様(ハード・チーズ)というわけだ〔hard cheese は「口先だけの同情」を意味する英語の慣用句〕。

チーズはマイクロバイオーム

哺乳類にとって最も自然な食物が乳だとしたら、対照的にチーズはおそらく、最も人工的な食物だろう。ほかの食べ物はすべて、どれだけ高度な品種改良を施されていようと、自然界に近縁種が存在する。チーズがそれらと違うのは、1つ、いや2つの生物種の産物ですらなくて、何十種類もの細菌や真菌で作られた微小生態系だからだ。生物学的に言えば、チーズはマイクロバイオーム——つまり、微生物の群集だ。自然界でこれに一番近いマイクロバイオームは土壌の中にあり、そこにも真菌や細菌などの微生物がぎっしり詰め込まれて、生命のない物質のほかにお互いも餌にして生きている。

迅速で安価なDNA配列決定法が開発されたおかげで、マイクロバイオームの中のさまざまな細菌や真菌の正体を確認することがはるかに簡単になった。その結果、チーズのマイクロバイオームを調べている科学者たちは現在、ヴィクトリア朝の博物学者が12口径の銃と捕虫網を手にアマゾンの熱帯雨林に初めて足を踏み入れたとき以降は見られなかったペースで、次々と新たな発見をしている。たとえば、アイルランドのチーズの小規模の調査1度だけで、以前のチーズには見られなかった5つの属の細菌が見つかった。これは生物多様性の点から見ると、あなたがディナーの席に着いたときに、ヒト属の仲間だけでなくアウストラロピテクスとチンパンジーとゴリラも同じチーズの盛り合わせをつまんでいるというのと同じような状況だ。

チーズに含まれる微生物の中には、ソフトチーズに生えるカビのペニキリウム・カメンベルティのように、ほかのどこでも見つかったことのない新種で、土壌や糞やチーズ製造者の皮膚に棲んでいた祖先からこの特殊な生息環境で進化したものもある。また、進化上の起源がそれよりさらに奇妙なものもあり、たとえば多くのウォッシュチーズの皮の中には、海洋環境の細菌が棲んでいるのが見つかっている。この細菌は、チーズを加工する際に使われた海塩の中に潜んで、海から乳製品へと飛び移ってきたのかもしれない。

商業的に重要な乳酸菌で、モッツァレラチーズとヨーグルトを作るのに使われているのが、ストレプトコックス・テルモフィルスだ。この無害な細菌の祖先は病原菌で、レンサ球菌性咽頭炎や肺炎を引き起こすストレプトコックス属の厄介な菌と共通の祖先から進化した。モッツァレラチーズやヨーグルトを食べても安全なのは、乳の中に棲むための適応プロセスで、菌を有害にする遺伝子が変異によって無力化されているからだ。

チーズに生えるスコプラリオプシス・ブレウィカウリスという名のカビは、乳製品作りの仕事をしていないとき、皮膚の上や、土の中や、麦わらの中や、カンガルーネズミが頬袋にため込んだ種子の中でぶらぶら過ごしているのを発見されている。対照的に、近縁種のスコプラリオプシス・カンディダはチーズの環境により密接に結び付いているようだが、本のページの上でも見つかっている。フィクションとノンフィクションのどちらが好みなのか、研究記録に記載はない。

チーズにしか見つからないカビのペニキリウム・カメンベルティとは対照的に、ロックフォールチーズの青い静脈模様の原因であるペニキリウム・ロケフォルティは、いたるところに顔を出す浮浪者だ。この真菌はサイレージ（サイロの中で発酵した牧草）、ブリオッシュ、とろ火で煮込んだ果物、材木、イチゴのソルベの中で発見され、冷蔵庫の内壁の表面にも棲みついている。ブルーチーズはいろいろな国々で製造されているが、すべてペニキリウム・ロケフォルティの菌株で作られている。フランスのロックフォールとブルー・ドーヴェルニュ、イタリアのゴルゴンゾーラ、デンマークのデニッシュ・ブルー、イングランドのスティルトンから採取したサンプルでこのカビの遺伝的特徴を比較したところ、それぞれの菌株は明らかに異なっていたので、各地域で野生株から独自に栽培化されたらしい。ディナーの席でチーズを食べながらお客になぞなぞを出したかったら、ブルーチーズとブタの共通点はなにかと訊いてみよう。どちらも脂肪分が豊富で美味しいことはさておき、ペニキリウム・ロケフォルティとブタは（第7章）、両方とも栽培化または家畜化が何度もおこなわれているのだ。

風味をもたらす相利共生

チーズ作りの第1段階は、いわゆるスターター乳酸菌（ＳＬＡＢ）が乳に含まれる乳糖を乳酸に変えて、幼い哺乳類の胃酸の作用を真似ることでカードを沈殿させたときに始まる。伝統的な製法でチーズを作る際に一般的に使われる生乳には、ＳＬＡＢを含む何百種もの細菌が入っていて、それによってチーズ作りのプロセスが自然と始まる。大量生産のチーズ作りに使われる低温殺菌牛乳の場合は、ＳＬＡＢを添加しなければならない。次になにが起こるかは、乳の中に存在する細菌と真菌と、この微生物の群集がどのように発達するかによって決まる。

チーズ製造者には、チーズのマイクロバイオームの発達を制御するために自由に使えるおもな手段が4つあり、それによって製品の風味を決めることができる。つまり、ペニキリウム・ロケフォルティやペニキリウム・カメンベルティのようなある種の微生物を直接添加すること、チーズの周囲の温度を制御すること、有効水分量を制御すること〔塩を加えることが多い〕、貯蔵時間の長さを変えることの4つだ。この基本的な環境パラメーターを設定すれば、残りの仕事は微生物がやってくれる。SLABの中でも大きな役割を果たすのはラクトコックス・ラクティスという名の細菌で、カードのカゼインタンパク質を餌にして、それを100個以上の断片に分解し、チーズの特徴的な風味や香りを作り出している。

驚いたことに、チーズ作りにおいて重大な役割を担っているにもかかわらず、ラクトコックス・ラクティスは乳の中に棲む微生物に不可欠な遺伝子を持っていない野生株から進化したらしい。祖先に当たる野生型のラクトコックス・ラクティスは植物の表面に棲んでいて、乳糖を餌にするために必要なラクターゼ遺伝子も、カゼインを分解するために必要な遺伝子も持っていなかった。私たちは進化をゆっくりとしたプロセスとして考えることに慣れているが、選択圧が高く、世代時間が短いときは、変化がたちまち起こることもある。この2つの条件が両方とも当てはまったのが、ラクトコックス・ラクティス種のニール・アームストロング〔初めて月面に降り立った人類〕となったのだろう――つまり、同種の生物の中で初めて新世界に足を踏み入れて、その後の自然界における立場を決定づけたわけだ。本物のニール・アームストロングの着陸地点は、チーズでできていると噂されていたのに、実際は違っていた〔欧米には「月はチーズでできている」という言い伝えがある〕。だが、初めて乳の中に思い切って飛び込んだ細菌のほうは――月明かりの下の出来事だったのかもしれないが――着陸地点がまさにチーズになった。最初は、どうやって乳をチーズに変えたのだろう?

微生物の進化には急速な増殖が重要だが、細菌ではごく一般的なのに多細胞生物でははるかに珍しい別のプロセス——水平遺伝子伝達も、それと同じくらい重要だ。私たちが通常の遺伝として考えるプロセスは、遺伝子が垂直に、つまり親から子へ伝達されるときに起こる。世代間の類似性は、これが原因だ。水平遺伝子伝達とは、同じ世代の個体間でDNAが伝達されるということだ。これは、乳糖不耐症の人が混雑したバスに乗り込み、乳糖に耐性のある人々に囲まれて停留所を半ダースほど通過したあとでバスを降りると、新鮮な牛乳を消化する能力が身についていて、おまけにその能力を、その後に生まれる子供に垂直遺伝によって伝えることができるというのと同じ状況だ。こんなことは、あなたがバス停を何個通過しても起こらないが、同じバスの乗客からウイルスをうつされることはあり得るわけで、これは細菌間の水平遺伝子伝達で起こることとそう違わない。

ウイルスは遺伝物質（DNAまたはRNA）を細胞内に挿入して、DNAの複製機構を乗っ取ることができるので、たくさんのウイルスが作り出される。これと同じように、プラスミド（染色体とは独立に存在する遺伝因子で自律的に増殖できる）は、そのDNA断片を細菌の細胞内に挿入することができ、新たな遺伝子と新たな能力を細菌に与える。これが、例の矛盾した生き物、つまりラクターゼ欠乏だった乳酸菌ラクトコックス・ラクティスが、乳の中で生きるのに必要な遺伝子を獲得した経緯なのだ。プラスミドを手に入れた「乗り物」はおそらくウシの消化管で、この有益な遺伝子をくれた乗客は、乳を発酵させる能力をすでに遺伝的に備えた別の種の細菌だったはずだ。おそらく、まだ乳飲み子ウシだったころに使われていた細菌だろう。

ラクトコックス・ラクティスがミルク遺伝子を手に入れるまでの物語は、ラドヤード・キップリングの『なぜなぜ物語』に似た想像上の話のように聞こえるだろうが、ああ、親愛なる皆さん、これは作り話などではない。なぜなら、このプロセスの重要な部分は、すでに実験で再現されているのだ。その実験では、豆もやしから分離したラクトコックス・ラクティスを乳に混ぜた。数時間後にその乳のサンプルを採取して、新鮮な乳の中で培養した。この手順を細菌の1000世代にわたって繰り返すのに、およそ5カ月かかった。実験の最後には、ラクトコックス・ラクティスは乳の中に棲む菌と同じように乳糖を発酵させてカゼインを分解していて、実際にそういう菌になっていたのだ。

この細菌は乳の中に棲む能力を進化させただけでなく、昔の生活に必要だった遺伝子をいくつか失っていた。植物に見られる種類の糖を発酵することはもうできないし、以前は自分で作っていたいくつかのアミノ酸を合成することもできなくなった。植物の糖は乳糖に取って代わられ、アミノ酸はまだ必要だが、いまでは乳タンパク質を分解することで手に入るようになったので、以前それを合成するために使われていた遺伝子は余分になっていた。ダーウィンはきっと、この実験結果を知りたくてたまらなかったはずだ。『種の起源』の中で、ある機能を使わなくなった影響が以前は重要だったその機能の消失にどうつながるかを論じるのに数ページを費やしたのだから。私たちがいま理解している知識は1859年の時点ではまったく白紙だったので、彼はそのような変化を引き起こす遺伝現象に、よりいっそう興味があったはずだ。

培養中のSLABが乳糖をすべて使い切ってチーズの化学的性質が変わると、それ以外の細菌や真菌がコロニーを作って増殖する。これらの微生物の活動がさらなる変化を生み出し、マイクロバイオームが発達するにつれて、風味がさらに増していく。たとえば、エメンタールなどのスイスチーズでは、乳酸菌が作り出す乳酸を餌にするプロピオン酸菌が、このタイプのチーズに特徴的なナッツのような風味をもたらしている。乳酸菌の増殖は乳酸の蓄積によって抑制されるので、要するに乳酸は老廃物ということになる。したがって、乳酸を餌にして除去してくれるプロピオン酸菌がスイスチーズの中に存在することで、乳酸菌の増殖が刺激される。乳酸菌とプロピオン酸菌の互いに有益な関係は、いわゆる相利共生だ。

相利共生は、進化生物学において理論上とても興味深い。なぜなら、自然選択は利己主義のみを好むという概念に逆らうものだからだ。利己的な遺伝子に動かされている個体が、どうすれば協力できるのか？　理論的には、この種の関係は「詐欺の進化」になりがちだ——つまり、相手の協力的な行動を悪用して、奪うだけ奪ってなにも与えないことで、相利共生を壊したり、そもそも相利共生が始まることさえ防いでしまったりするのだ。スイスチーズにおける乳酸菌とプロピオン酸菌の相利共生は、この問題の1つの解決策を示している。このケースでは、プロピオン酸菌が乳酸菌の老廃物を餌にしているので相利共生は安定していて、したがって詐欺は不可能だ。

ほかの乳酸菌の相利共生関係は、それよりも複雑だ。ストレプトコックス・テルモフィルスとラクトバキルス・ブルガリクスという2種の細菌は、ヨーグルトを発酵させるために協力する関係で、どちらも相手の増殖を刺激する物質を生成している。ストレプトコックス・テルモフィルスは乳タンパク質を分解するための遺伝子を失っているので、ラクトバキルス・ブルガリクスの放出するアミノ酸とペプチドに依存している。ラクトバキルス・ブルガリクスのほうは、ストレプトコックス・テルモフィルスだけが生成する何種類もの有機酸を利用している。乳酸菌とプロピオン酸菌の相利共生とは違い、こちらの細菌の間で交換される物質は老廃物ではないので、このような協力関係はどのようにして始まったのだろう？

細菌間の協力の進化を理解する上で鍵となるのは、この単細胞生物が中身を漏らしやすいという点で、そのためほかの細胞にとって利益になる必須資源がいくらか周囲に放出されてしまうのは避けられない。したがって、ある細菌がほかの細菌の生成した必須資源をあさり、そうすることでその資源を自分で生成するためのエネルギーを節約しているというのは、十分あり得ることだ。節約されたエネルギーは、繁殖率を高めるような別の機能に振り分けることができるので、その細菌は有利になる。

そのような状況では、たとえばタンパク質を分解するのに必要な遺伝子を無効化する変異は、無効になる機能が以前は非常に重要だったとしても、その新たな変異が生じた個体にとって利益になる。失われた必須分子はいまではほかの細菌によって補われているわけだし、変異のおかげで節約された資源はうまく活用されるのだから。さて、これと同様のプロセスが別の種の細菌にも起こって、先ほどとは異なる必須分子の生産に影響するとしたら、この2種の細菌はやがて相互依存するようになるだろう。この相互依存は、細菌の繁殖率を高める特性に影響を及ぼす自然選択のプロセスのみによって発生したわけだ。こうしたタイプの協力は、自己犠牲ではなくて相互利益から生じている。

チーズの中の細菌競争

チーズの中には、協力関係だけではなくて競争関係も存在する。ラクトコックス・ラクティスなどの乳酸菌はバクテリオシンと呼ばれる小さなタンパク質を作り出し、これはほかの細菌にとっては有毒だが、自分は免疫がある。バクテリオシンは細菌間の争いの兵器として進化したのだが、偶然にもチーズの製造において重要な機能を果たしている。腐敗菌が製品にコロニーを作るのを防いでくれるからで、これはチーズ内の群集の構成を安定させるのに役立っている。それどころか、プロセスチーズの腐敗を防ぐために使われるナイシンという食品添加物は、元は乳酸菌から分離されたバクテリオシンなのだ。

チーズ作りに使われる真菌も、チーズ内のマイクロバイオームのほかの構成員に対する化学兵器を持っている。ペニキリウム属に含まれる2種の真菌、つまりブルーチーズのペニキリウム・ロケフォルティとソフトチーズのペニキリウム・カメンベルティはまったく同じDNA鎖を持っていて、そこに含まれる遺伝子には酵母を殺す毒素を作り出すものと、抗真菌作用を持つタンパク質を作り出すものと、抗微生物作用を持っていると考えられるものがある。この遺伝子セットはチーズの中に棲んでいるペニキリウム・ロケフォルティだけに含まれているので、チーズのマイクロバイオームに属するほかの真菌からの水平遺伝子伝達を繰り返すことで獲得したように思われるが、それが事実かどうかはまだわからない。

チーズのマイクロバイオームの複雑さにもかかわらず、最初の材料さえ正しければ、チーズ製造者が4つのポイントを制御するだけで同じタイプのチーズを何度も繰り返し再現できるというのは、驚くべきことだ。チーズ製造の伝統が作り上げたマイクロバイオームは、自然界では見られないものなのに、自然界のどんなマイクロバイオームにも負けないほど安定している。チーズのマイクロバイオームの中で進化したバクテリオシン、抗生物質、相利共生がその構成を安定させることによって、これほどの再現性が実現しているのだ。

乳は私たちにとって最も自然な食物で、それなのにチーズは逆説的なことに最も人工的な食物で、これに相当するものは自然界には存在しない。「人工的」という用語が食物に使われると軽蔑的な表現になってしまうが、美味しい工夫は恐れるべきものではないことをチーズが証明している。人類と近づきになって進化する中で工夫とまったく無関係の食物は、おそらく食用に適さない。乳とチーズは、私たち自身の進化と私たちが食べる生物種の進化の相互依存を示す完璧な実例だ。ヨーロッパ、東アフリカ、サウジアラビアにおけるラクターゼ活性持続症の迅速な進化は、ウシとラクダの家畜化の結果として起こった。酪農によって新たな細菌や新たなマイクロバイオームが微生物の世界から人間界へと呼び出されるようになったのは、ほんの6000年前の出来事だ。さらに私たちは、微生物の世界のおかげで別の発酵製品も手に入れているのだが、この製品の進化のルーツはチーズよりもはるかに根深い。というわけで、コルクを抜く時間がやって来た。

第12章 ワインとビール ● 酒好きな酵母たちの物語

顕花植物の出現に始まる

人間とアルコールと酵母の相性は、酔っ払うだけでは済まない深さだ。酵母がブドウや穀物から生み出すエタノール（エチルアルコール）という名のちっぽけなアルコール分子は、精神に変化をもたらす薬物としての巨大な力を備えている。気分を高揚させたり落ち込ませたり、知力を呼び起こしたり惑わせたり、性欲に火をつけながらもいざとなると萎えさせたり、眠りだけでなく攻撃性も誘発したりする力だ。これほどひねくれて、突拍子もなく、魅力的な欲望の対象があったなら、その愛好家は心を奪われ、狂わされ、とりこにならないはずがない。

アルコールが私たちを混乱させる力は、深いところに根差している。それほど強い影響力を――悪影響だけでなく好影響も――持っている理由はエタノールが毒素だからで、私たちはそれに対する耐性を進化させてきた。アルコールはこの点で、精神に変化をもたらすほかの薬物とは異なっている。

アヘン、大麻、コカインは、神経系の天然物質を真似ることによって脳に影響を与えている。それぞれの有効成分であるオピエート、カンナビノイド、コカインを作り出す植物は、草食動物との軍拡競争の武器としてこの３種の精神活性化合物を進化させた。その物質が私たち人間に影響を及ぼすようになったのは単なる偶然で、動物界の脳の化学作用はどれも似ているからだ。ヘロイン常用者は、ケシとイモムシの戦争における巻き添え被害者というわけだ。

それに対してエタノールは毒素で、同じような機能を持つ物質はヒトの代謝の中には存在しない。これはストリキニーネやヒ素などの毒物にも当てはまるわけだが、もしエタノールが単なる毒素だったら、ワインやビールや蒸留酒は、薬局の毒物保管庫に閉じ込められた人目につかない調合薬となっていたはずだ。エタノールとほかの毒物の違いは、私たちは大昔から食べ物に含まれたエタノールにさらされてきたという点で、なぜなら大型類人猿の代表的な食事はフルーツサラダなのだ。果物はチンパンジーの主食であり、５００万年以上前に枝分かれした私たちとの共通の祖先の食事においても重要だったに違いない。熟した果物のあるところには酵母があって、酵母のあるところにはアルコールがある。私たち大型類人猿（グレイト・エイプ）は、ブドウ好き類人猿（グレイプ・エイプ）なのだ。

熟しつつあるブドウの表面に付く果粉（ブルーム）には微生物の薄い層が含まれていて、食料が山積みになった要塞の周囲に野営している軍隊のように、果実を取り囲んでいる。実が収穫されて、発酵の準備として潰されると、そのブドウ液には何百種類もの真菌や細菌が含まれる。熟成中のチーズのマイクロバイオーム（第11章）とちょうど同じように、ブドウ液が発酵するときには微生物たちの栄枯盛衰があり、多種多様な「炭水化物バイキング」を巡って争い、老廃物の毒で殺し合う。食べ物の中で一番重要なのが糖で、有毒な廃棄物の代表がエタノールだ。

ワイン醸造者による故意の添加がない場合でも、ブドウのマイクロバイオーム内の発酵でたいてい勝利を収める微生物は、糖の消費とアルコールの生成を競う参加者すべてに勝つ酵母、つまり醸造酵母（サッカロミュケス・ケレウィシアエ）だ。デッケラ、ピキア、クロエケラといった素敵な名前を持つ十数種のB級酵母たちがワイン醸造の脇役を務めるけれども、その大多数はサッカロミュケス・ケレウィシアエが生成するアルコールの濃度の上昇によって結局は打ち負かされて、この1種しか生き残れなくなる。

サッカロミュケス・ケレウィシアエが主役なのだから、発酵飲料の進化史の始まりは、ブドウや穀物が栽培化された1万年前ではないし、現生人類が出現した20万年前でもないし、大型類人猿が多様化した１０００万年前ですらなくて、１億５０００万年前〜１億２５００万年前の白亜紀初め、つまり実をつける顕花植物が現れたときだ。現代の醸造酵母の祖先が果実の糖を消費する仕事を始めて、空気の存在下で糖をエタノールに変える能力を進化させたのがこのときで、画期的な飲料ビジネスとパン屋の儲かる副業をのちに生み出す遺伝学的な基礎が築かれた。

醸造酵母が糖をエタノールに変えることに専念しているのは、奇妙な話だ。ほかの酵母のように糖をすぐに使って増殖すればいいのに、なぜエタノールを作ることにエネルギーを浪費しているのだろう？　その答えは、すでにほのめかしてあるように、エタノールはライバル種の酵母や細菌が糖を消費するのを妨げる武器だからということらしい。サッカロミュケス・ケレウィシアエは、アルコール脱水素酵素（ADH）という酵素を使ってエタノールを作り出す。この酵素を暗号化するADH遺伝子は約8000万年前に複製されて、現代のサッカロミュケス・ケレウィシアエに見られる2個のADH遺伝子が生み出された。その2個の遺伝子が作る2種類のADHは、タンパク質を構成する348個のアミノ酸のうちのわずか数十個が違うだけなのだが、おこなう仕事は正反対だ。ADH1遺伝子によって暗号化されている酵素は、最初の果実の進化とともに生まれた本来の機能、つまりエタノールを作る機能を続けている。もう1つのADH2遺伝子によって暗号化されている酵素は、エタノールをアセトアルデヒドに変える働きをしていて、そのアセトアルデヒドは酵母の代謝に使われる。

「近隣窮乏化作戦」から「生産・蓄積・消費作戦」へ

もとのADH遺伝子の複製は、進化における重要な進歩を意味していた。遺伝子が1個だった時代には、サッカロミュケス・ケレウィシアエは「近隣窮乏化作戦」と呼べそうな戦略を採っていた。エタノールを使ってライバルを飢えさせて毒殺していたからだが、自分の糖のたくわえの一部をエタノールに変えるという取り返しのつかない犠牲を払っていた。第2の遺伝子が進化して、第1の遺伝子が作ったエタノールをアセトアルデヒドに変える能力を持ったことで新たな戦略が採用され、それは「生産・蓄積・消費作戦」と呼ばれている。いまでは、エタノールは武器でもあり、備蓄食料でもある。エタノールをアセトアルデヒドに変える反応には酸素が必要なので、酵母がADH2を使ってエタノールをすべて消費して、それによってADH1の有益な仕事を帳消しにしてしまうのを防ぎたいなら、発酵容器から空気を締め出さなければならない。

ワイン造りは、果実が腐るときに起こる自然発酵を飼い慣らしたものにすぎない。偶発的に少量のアルコールを含む果実は、私たちの祖先の霊長類にとって基本的な食料だったわけで、私たちのエタノールに対する耐性と、それゆえに生まれたエタノール製造への関心は、こういう食事に端を発している。この仮説は、つい最近までは単なる憶測だったのだが、遺伝学的証拠によりいまや、まさに実を結ぼうとしている。私たちのアルコール耐性の原因は、例の昔なじみの酵素、つまりアルコール脱水素酵素（ADH）の人間の持つバージョンで、厳密にはADH4と呼ばれる。ADH4はエタノールが肝臓内で高濃度になったときに代謝をおこなう。ADH4を暗号化する遺伝子の進化を復元してみたところ、すべての酒好き霊長類のきわめて貴重な友であるこの遺伝子が現在の形に変異したのは、2100万年前〜1300万年前のどこかの時期だったことがわかった。これは、オランウータンと人類に共通する最後の祖先が生きていたころだ。オランウータン（ADH4が変異せずエタノールを分解しない）にはビールを決して勧めないように。感謝されやしないのだから。一方、オランウータンよりも私たちに近いゴリラは、私たちと同じように変異したADH4遺伝子を持っている。とはいえ、本当にゴリラと一緒に飲みに行きたいのかどうかは、しらふのときに判断したほうがいい。

ADH4遺伝子の変異は、この酵素のタンパク質のアミノ酸配列のうちわずか1個を変えただけで、それはこの本2ページ分の単語のうちわずか1語を変えたのとほぼ同じことなのだが、アルコールを分解する能力を40倍も高くする効果があった。この変化は、2つの異なる意味で有利に働いた可能性がある。まず、それが起こったのは、進化史において人類の故郷アフリカの気候が乾燥化したころで、霊長類は木が少なくなりサバンナの草原が多くなった環境に適応しつつあり、おそらく地上で過ごす時間が増えていたのだろう。地上であさった果実は木からもいだ果実よりも腐っていそうで、より多くのエタノールを含んでいるだろうから、ADH4の変異は役立つ新機軸ということになる。私たちは木立の中をうろつく代わりにバーの中をうろつくようになった、というこの考えは個人的には気に入っているのだが、樹上生活の減少がADH4の進化に重要だったという証拠は状況証拠でしかなく、検証するのは難しい。

アルコール中毒になる人、ならない人

ADH4の変異がもたらしていたかもしれない2つ目の利点は、1つ目よりもはるかに簡単に評価できる。効率のよいアルコール解毒酵素を持っていると腐りかけの果実を安全に食べられるので食料が増やせたはずだというだけでなく、アルコールそのものがエネルギーの豊富な食料なのだ。エタノールは同じ量の炭水化物の2倍近くものカロリーを供給してくれるので、流動食ランチ〔昼食代わりの酒のこと〕にまつわるあらゆる冗談には、ちゃんとした根拠があるわけだ。もちろん医学的には、この冗談には暗い側面があり、生物学者のロバート・ダドリーの主張によれば、ヒトのアルコールに対する嗜好とアルコール依存症のルーツは、果実を食べていた祖先のせいだという。ADH4の進化

史はたしかに、私たちがアルコールに耐性を持つように適応したという考えを裏付けているのだが、アルコール中毒になる人とならない人がいる理由は、それでは説明がつかない。

　アルコールの飲用と過剰摂取のなりやすさに関しては、民族間や文化間のばらつきがかなり大きい。このばらつきには遺伝学的な根拠もあり、それはＡＤＨ１Ｂという別のアルコール脱水素酵素の中に存在する。中国と日本ではＡＤＨ１Ｂを暗号化する遺伝子の変異が高い頻度で見つかっており、人口の75パーセントがＡＤＨ１Ｂ＊２という対立遺伝子を少なくとも１個は持っている。これと同じ対立遺伝子は南西アジアでも５人に１人が持っているが、ヨーロッパとアフリカでは珍しい。ＡＤＨ１Ｂ＊２を持つ人はそれ以外の人々よりも、大酒飲みやアルコール依存症になる可能性がはるかに低い。これは一見、矛盾しているように思える。この変異は、エタノールの代謝速度を１００倍にするのだから。大型類人猿の進化の初期にＡＤＨ４の活性を高める遺伝子変異があったおかげで私たちはアルコールに耐性を持ち、それによって酒を飲む量は減るというより増えやすくなったことを思い出してみよう。どちらのＡＤＨもエタノールをアセトアルデヒド〔毒性がある〕に変える酵素で、そのせいで吐き気や頭痛が起こり、二日酔いの原因となる。では、この２つの遺伝子の変異はどちらもＡＤＨの効率を高めているのに、なぜ結果がこれほど違うのだろう？

　その説明は、２つの酵素が作用するアルコール濃度の違いにある。ＡＤＨ４はエタノール濃度が高いときに働き、ＡＤＨ１Ｂは低いときに働くのだ。ＡＤＨ１Ｂはエタノール濃度が低いときに働くので、ＡＤＨ１Ｂ＊２対立遺伝子が作る効率のはるかに高い酵素のせいで、最初のひと口だけでアセトアルデヒドが急増し、強い嫌悪感が起こる。結果として、この対立遺伝子を持っている人々が酒を飲み過ぎることはめったにない。さらに、そういう人々は心臓血管疾患やある種の脳卒中にかかる可能性がかなり低い。それとは対照的に、ADH1B*2の影響を無視しているか、またはそもそもこの対立遺伝子を持っていないか、どちらかの理由で酒をたくさん飲む人々は、習慣的な飲酒によりADH4のおかげでアルコール耐性を高められるのだが、そんなことをすれば健康が犠牲になる。

肝臓のことを、アルコールを加工処理してアセトアルデヒドにするタンクとして考えてみよう。これは毒物なので、タンクの中の量は見張っておく必要がある。タンクの中で蓄積するアセトアルデヒドの量は、3つの段階で制御される。①血管からどれだけの量のアルコールが流れ込むか、②アルコールがADHによってどれだけ素早くアセトアルデヒドに変えられるか、③アセトアルデヒドがどれだけ素早く代謝されるか、以上の3つだ。この最後の段階は、肝臓内でアセトアルデヒド脱水素酵素(ALDH)と呼ばれる3つの酵素によっておこなわれる。酒量が適量だったか、酵素が速やかにアルコールとアセトアルデヒドを処理してくれたおかげで、すべてのプロセスがスムーズに進んだ場合、血中に漏れるものはなにもないので、二日酔いにならずに済むだろう——だが、誰もがそんなに幸運なわけではない。

一部の人々はALDHを暗号化する遺伝子に変異があり、アセトアルデヒドを代謝する酵素の活性が低くなる。そういう変異は2種類あることがわかっている——1つは北ヨーロッパで見られるもので、もう1つは東アジアで見られる。東アジアで見られる変異の対立遺伝子は、最大40パーセントの頻度で発生する。この遺伝子構成を持つ人々はＡＬＤＨが十分に機能しないので、アルコールを飲むとアセトアルデヒドがすぐに蓄積する。このマイナス面は、アルコールを飲むとほぼ即座に二日酔いになってしまう点だが、プラス面はその嫌悪感があまりにも強いので、この対立遺伝子が1個あるだけでもアルコール依存症になるのは非常にまれだという点だ。両親から1個ずつ受け継いで2個持っている人は、最悪の二日酔いに悩まされるため、アルコール依存症を完璧に予防することができる。

だから、もしあなたが東アジア出身なら、アルコールを飲めない体質である可能性がきわめて高い。これはＡＤＨ1Ｂの効率を上げる対立遺伝子とＡＬＤＨの効率を下げる対立遺伝子を持っている可能性が高いからで、そのためアルコールを飲むとアセトアルデヒドが素早く蓄積される。ＡＤＨ1Ｂはアセトアルデヒドが生成される速度を調節する酵素で、ＡＬＤＨはそれを分解する速度に影響を及ぼす酵素なので、もしあなたが両方の対立遺伝子を持っていたら、きっと絶対禁酒主義者だろう。これらの対立遺伝子が東アジアでそれ以外の地域よりも多く見られる理由はまだ調査されていないが、アルコールの消費とは無関係かもしれない。ＡＤＨとＡＬＤＨは、代謝のほかの側面にも関係があるからだ。

アルコールと一緒に摂取されたときに不快な作用をもたらす食べ物があり、それはアセトアルデヒドの生成または除去に影響を及ぼすからだ。ヒトヨタケ（コプリノプシス・アトラメンタリア）は、アルコールと組み合わせて食べられたときにだけ有毒になるキノコだ。このキノコに含まれているコプリンという化合物がＡＬＤＨを不活性化するため、酒を飲んでから数分以内にひどい二日酔い症状を引き起こす。アルコール脱水素酵素を含む食べ物も、アルコールと相互作用を起こす可能性がある。ラクトコックス・チュンガンゲンシスという乳酸菌で作られたソフトチーズには、ＡＤＨとＡＬＤＨがかなり大量に含まれていた。実験でこのチーズをエタノールを投与したマウスに餌として与えてみたところ、血中のアルコール濃度が低下した。ラクトコックス属のこの種はチーズ作りに通常使われる菌ではないのだが、もしその仕事にありつくことがあれば、ワインとチーズのパーティーは永久に変わってしまうかもしれない――少なくとも、マウスにとっては。

ワイン誕生の地はどこか

酵母と果実と霊長類は進化史の中で古くから知り合いだったのだから、人類が植物を栽培することを覚えたときに発酵飲料がすぐ誕生したのは間違いない。それどころか、穀物が最初に栽培されたのはパンを作るためではなく、ビールを醸造するためだったのではないかとよく言われている。ビールは栄養分があるだけでなく、水源にいるかもしれない有害な細菌をアルコール発酵が殺してくれる。発酵飲料の存在を直接に示す考古学的証拠で、これまで発見されたうちで最古のものは、中国中東部の河南省に位置する新石器時代初期の賈湖(ジアフー)遺跡にあった陶器の壺の内側に見つかった、発酵したコメ、蜂蜜、果実の残りかすだ。この９０００年前の醸造酒は、ブドウかサンザシの実のどちらかで作られていた。これがいまわかっている最古の例だとはいえ、実際には最初の例ではないはずだ――たとえ中国国内に限っても。

中国に自生している野生のブドウは何種もあるが、ヨーロッパに自生しているのはウィティス・ウィニフェラの1種だけで、これを原種とした栽培種が、何千年も前からワイン造りに使われている。野生のブドウはいまでは珍しいが、北アフリカからライン川流域にかけての地域ではまだ見られる。栽培種は野生の原種とはいくつもの重要な点で異なっている。野生種の場合、雄花と雌花が別の株に咲くので、実がなるのは半数だけで、雄株は受精と実をつけるために必要とされる。栽培種のブドウの木には両性花が咲き、そこには雄と雌の両方の生殖器官が備わっているので、すべての株が実をつける。栽培種のブドウの実は野生種よりも大きくて糖度が高く、房も大きくて実のつきもいい。

ウィティス・ウィニフェラを原料としたワイン製造の最古の考古学的証拠は、イラン北部のザグロス山脈にある新石器時代の村で発見されたもので、7000年前の壺の中にブドウと樹脂のかすが見つかっている。樹脂は酢酸菌を防ぐために伝統的に使われるワインの添加物だ。古代では没薬〔ミルラノキから得られる芳香性の樹脂〕が同じ目的で使われていて、現代のギリシャワインのレツィーナの特徴的な風味は松ヤニのせいだ。この遺跡から1000キロほど北へ行くと、アルメニアのアレニという村の近くにあるコーカサス山脈の洞窟の中で、なんと6000年前のワイン圧搾所が発見されている。これは、踏み固められた粘土でできた斜めの床が、一段低いところにある壺の口につながっている構造だ。圧搾所のまわりでは、ワインの発酵と保存に適したほかの大きな壺や、ブドウの実と皮と茎の干からびた残骸が見つかっている。その壺の1つと圧搾所の容器の中には、赤ブドウの化学的残留物があった。「赤ワイン　紀元前4000年」と書かれた古代のワインラベルは見当たらなくても、知られている限り最古のワイン圧搾醸造所があったのはアレニだということは、この証拠からこれ以上ないほど明らかに示されている。アレニではいまもワインが製造されており、ニューヨーク市で購入した製品を試飲したイアン・タッターソルとロブ・デーサルは、共著書『ワインの博物誌』の中で「鮮やかなレッドフルーツとブラックチェリーのアロマに、ちょうどよい舌触りが記憶に残り、もっと飲みたくなる」と評している。

ニコライ・ヴァヴィロフ（第4章）はブドウの木が最初に栽培化されたのはコーカサス山脈ではないかと述べていて、この地域ではいまでも野生のブドウがたくさん生えている。現代の遺伝学を使えば最初にブドウが栽培化された時期を推定して場所を突き止めることができそうに思えるが、これは難しいことがわかっている。栽培化されたあとも、野生種がその分布域全体で栽培種を受精させ続けていて、最初の栽培化を示す遺伝子上のサインが不鮮明になってしまっているからだ。プラス面で言えば、野生種から栽培種へ遺伝子が少しずつ伝わったおかげで、ブドウ栽培では接ぎ木で殖やすことで得られる均一性が好まれているにもかかわらず、ブドウの木の遺伝的多様性は保たれている。

こうした限界があるとはいえ、ブドウの栽培化が過去1万年以内にコーカサス山脈で起こり、そこから南へ広がって肥沃な三日月地帯に入り込み、５０００年前にエジプトに到達し、そこから西へ進んで地中海を回ってヨーロッパ南部に入り、約２５００年前にフランスにたどり着いたという考古学的証拠は、遺伝学によってたしかに裏付けられている。一部の研究者によると、ブドウの遺伝学というもつれた茂みの奥には、ウィティス・ウィニフェラがコーカサス山脈だけでなく地中海西部でも独自に栽培化されていたという証拠が隠れているらしいのだが、この原稿を書いている時点では結論はまだ出ていない。

ワインの神秘性と風土(テロワール)に関する排他主義はものすごいので、イタリアのサルディニア島とフランスのラングドックとスペインでブドウの二次的な栽培化があったという主張も出ているが、コーカサス山脈の砦に生えていた最初のブドウの木に対するジョージア人の正当なプライドにかなうものはない。この原種に向かって、すべてのブドウの巻きひげは、敬意を表してお辞儀しなければならない。実のところ、すべてのブドウの木は、すべての人間と同じように、歴史を通じて伝えられてきた遺伝子の産物、つまり場所に適応し、環境によって個体形成してきた遺伝子の産物なのだ。ブドウの栽培種は推定1万種にのぼるのだから、ウィティス・ウィニフェラの多様性は人類の多様性とかなりよく似ている。とはいえブドウは、私たち人類には使えない1つの進化上の策略を、非常にうまく活用している。それは、クローン増殖だ。

ジャンプする遺伝子が新種を生みだす

ローマ時代以来、ブドウは選ばれた品種の枝をしっかり根付いている台木に接ぎ木することで殖やされてきた。これはつまり、ある特定の栽培品種に属するブドウはすべて、たった1種のクローンの果実だということだ。新しい品種は、既存の品種をかけ合わせて、子孫の中から選り抜いてから、その新しいブドウを接ぎ木でクローン的に殖やすことで作り出されてきた。新しい品種の親は伝統的に、すでに地元で手に入る品種から選ばれているので、ブドウの品種は近縁種のクローン家族として群生している。たとえば、スペイン北部に生えているブドウの品種の遺伝学的分析をおこなったところ、そのすべてがお互いに近縁関係にあることがわかった。ローマ時代以後、キリスト教の拡大とともに、聖餐式で使われるワインを供給するため、ワイン造りに使うブドウがヨーロッパ中に輸送された。スペインの品種の祖先となったクローンは、フランスからピレネー山脈を越えてスペインの都市サンティアゴ・デ・コンポステーラに向かう巡礼路に沿って持ち込まれたらしい。

クローンにはときどき、同じ株のほかの部分とは違う変異を持つ若枝が自然発生することがあり、「枝変わり」と呼ばれている。ブドウの品種はこの手段によって進化しており、枝変わりを殖やすか殖やさないかを栽培者が決めることで選択される。ピノは古くからある「高貴な（ノーブル）」ブドウで、シャンパーニュやブルゴーニュで使われているが、このやり方で多くの新しい品種を進化させてきた。そのようなピノのクローンは、フランスだけで64種も認可登録されている。ブドウのクローンにおける変異の大半は、転移因子と呼ばれる型破りなゲノム上を移動するDNAによって引き起こされる。このDNA配列はゲノムの中を動き回って自己複製できるので、ありあまるほど数多く増える。転移因子はブドウのゲノムの40パーセントを構成しており、私たち人類のゲノムではほぼ半数を占めている。

転移因子は「ジャンプする（ジャンピング）遺伝子」〔トランスポゾンとも〕と呼ばれることもあるが、タンパク質を暗号化する遺伝子のように基本的な機能を担っているわけではない。それにもかかわらず進化にとって非常に重要なのは、機能している遺伝子に自身のDNA配列などを挿入・転移して、その機能を止めたり変化させたりして変異を引き起こすからだ。多くの新しいピノのクローンによく生じる種類の変異は、ピノ・ブラン（白）やピノ・グリ（灰色）のようにブドウの実の色に影響を及ぼす。ピノ・ノワール種の黒い色は、実はほかの黒ブドウや赤ブドウの品種もそうなのだが、アントシアニンという色素の存在によるものだ。ピノ・ブランやピノ・グリなどの白ブドウに色素がないのは、転移因子が引き起こした変異によって、アントシアニンの生成スイッチとなる遺伝子がオフになったせいなのだ。

転移因子は機能している遺伝子の中に飛び込むだけでなく、その中から飛び出して、逆の作用を引き起こすこともある。たとえば、ルビー・オクヤマとフレーム・マスカットという赤い皮のブドウ2種は、イタリアとマスカット・オブ・アレキサンドリアという白ブドウ2種の枝変わりにおける遺伝子機能の復活から生まれている。白いブドウの実を作り出すクローンは白の（変異型）対立遺伝子を2個持っているが、ピノ・ノワール、シラー、メルローなどの赤ブドウと黒ブドウの品種の大半も白の対立遺伝子を1個持っていることがわかっている。これはつまり、アントシアニンは1回の投与で十分で、2回だと多すぎるようだ。この説明として考えられるのは、色素の生成は植物にとって損失が大きいので、自然選択または人為選択、あるいはその両方において、アントシアニンの生成を促す遺伝子1個の機能が止められているクローンが有利だということなのかもしれない。この仮説は、いまのところ未検証だ。

フィロキセラ問題

接ぎ木はブドウの品種の遺伝的同一性（遺伝子型）を維持するために使われる手段だが、それとは別の、まったく予想外の恩恵をもたらすことになったのは、１８６０年代に南フランスでブドウの新しい病気が現れたときだった。葉が早く落ちて、実が木に付いたまましなびて、根が腐ってしまう病気だ。新しい病気が襲ってきたときによくあることだが、最初は原因を見抜くのが難しかった。枯れた木を見てもなぜ枯れたのかまったくわからず、モンペリエ大学の植物学教授ジュール・エミール・プランションが感染地域の外れでまだ健康そうな木の根を調べるという名案を思いついてようやく、犯人が明らかになった。その木の根にはアブラムシに似た虫が群がり、樹液を吸っていたのだ。

それはヨーロッパでは知られていない虫だったので、プランションがこの昆虫の複雑なライフサイクルを解読しようと10年近く努力したところ、結局18段階もあることがわかった。その一方で病気の拡大は続き、フランス全土のブドウ園を壊滅させて、スペイン、ドイツ、イタリアにも出現していた。やがて米国ミズーリ州の昆虫学者チャールズ・ライリーが、ヨーロッパのブドウ園を破壊しつつある昆虫のことを聞き、ニューヨーク州のブドウの葉を食っていると報じられた虫と同じかもしれないと考えた。１つ謎なのは、アメリカの虫はブドウの葉を食い荒らしているのに、フランスの虫はブドウの根を食っているという点だった。１８７１年にライリーがフランスを訪れて直接確かめてみたところ、アメリカとフランスの虫はまったく同じ種だということが明らかになった。この虫は現在ではダクトゥロスパイラ・ウィティフォリアエ、あるいはもっと発音しやすい「フィロキセラ」という名前で知られている。

ライリーは早くからダーウィンを信奉していたので、フィロキセラ問題を進化論的な角度から眺めた。そして、これはアメリカ原産の昆虫なのだから、アメリカのブドウの木はその虫害に耐性を持つように適応するはずだと推理した。したがって、ヨーロッパのフィロキセラ流行の解決策は、ウィティス・リパリアなど耐性のあるアメリカの品種を輸入して、それを台木にしてヨーロッパ品種のウィティス・ウィニフェラを接ぎ木することだろう。1873年にはプランションがアメリカ国内を見て回り、ヨーロッパからの移民が祖国のワインを再現しようとしてブドウ園にウィティス・ウィニフェラを植えたものの失敗に終わっているのを目にした。こうした絶望的な農園とは対照的に、テキサス州の野生のブドウに接ぎ木したヨーロッパ品種がよく育っているところも見せられた。プランションが聞いた話によると、ウィティス・ウィニフェラをアメリカ国内で育てるにはアメリカの土着種の台木に接ぎ木するしか方法がないという。当初フランスでは、問題の原因となった国が解決策の提供国にもなるかもしれないという話を信じることにためらいがあったが、結局はフィロキセラに耐性のある台木に接ぎ木することでヨーロッパのワイン産業も古くからの品種も救われた。ライリーはその貢献を認められて、かの名高いレジオン・ドヌール勲章を授けられた。

ライリーの進化論的な洞察はさらに、アメリカのコンコード種のブドウ——アメリカの原産種と虫害に弱いヨーロッパのウィティス・ウィニフェラの雑種で、接ぎ木ではない——はフィロキセラがこの種を攻撃できるように進化するのを許してしまうのではないかという警告につながった。とはいえ当時はまだ、フィロキセラの虫害はコンコード種には及んでいなかった。それから1世紀後、ライリーの予言は現実となり、いまではコンコード種だけを食うように適応したフィロキセラがアメリカ国内に存在している。

フィロキセラ危機のせいで、ヨーロッパのワイン用品種の遺伝的多様性は失われた。アメリカ産の台木に接ぎ木することですべてのクローンを救えたわけではないからだ。カルメネールという赤ブドウ品種も永遠に失われたと思われていたが、19世紀にフランス産のブドウが世界中で人気だったおかげで、中国とチリで生き残っていたことがその後わかった。この2カ国にはフィロキセラがいないのだ。

遺伝子の水平移動

アルコール飲料の材料の進化に人類が及ぼした影響は、ブドウの品種改良だけには決してとどまらない。酵母のゲノムにも、私たちの喉の渇きの証拠が残っている。サッカロミュケス・ケレウィシアエは世界中に分布しているが、地酒造りに使われる品種は、それぞれの地域で別々に野生種から栽培化されている。ヨーロッパのワインを造るために使われる酵母の品種は、地中海に共通の起源がある。とはいえ、その一部はアメリカにも現れて、現地の醸造所で同じ仕事をしている。日本酒はサッカロミュケス・ケレウィシアエの地元種で造られており、中国の紹興酒、ナイジェリアのヤシ酒、ブラジルのラム酒も同じだ。これらの酒好きな酵母たちはそれぞれ、野生のサッカロミュケス・ケレウィシアエの地域集団の中から酒造りのために別々にスカウトされたもので、どこであろうと、私たちが作り出してやった生態的地位にいかにうまく適応しているかが、繰り返し実証されている。

世界各地で使われている栽培酵母の出どころを見つける過程で、ブドウ園やワイン醸造所からサンプルを集めるだけでなく野生種のサンプルも集まり、その野生サンプルのおかげでサッカロミュケス・ケレウィシアエの自然史の意外な一面が明らかになっている。地中海の環境では果実は季節限定の資源なので、それ以外の時期を酵母がどこで過ごしているのか、そしてどうして動き回れるのかという点は、昔からちょっとした謎だった。いまでは、年間を通してオークの木の樹皮に棲みついているのが見つかっていて、おそらく樹液を餌にしているのだろう。さらに、モンスズメバチの消化管内でも見つかっている。スズメバチは熟したブドウを餌にするので、ブドウ園では収穫期に最も数が多くなり、酵母の野生集団とブドウ園の集団に生態学的なつながりをもたらしている。スズメバチと酵母の宿主関係は四季を通じて続き、成虫が幼虫に餌を与えるときに次世代へ受け継がれる。

近ごろは、選ばれた酵母の菌株を培養してワインやビールに加えているので、野生集団との遺伝子交換の機会は減っている。とはいえ、いまでも野生の酵母を使っているワイン醸造者やビール醸造者は存在する。オレゴン州ニューポートのローグ醸造所は、「醸造酵母（ブリュワーズ・イースト）〔直訳だと「醸造者の酵母」〕」という名前をまさに文字どおりの意味でとらえていて、醸造責任者の顎ひげで培養された「野生」の酵母を発酵させてビールを造っている。ひげをきれいに剃った人ばかりの醸造所でも——そんな醸造所があればの話だが——酵母は絶えず存在している。ワイン造りがブドウの収穫期に限られるのとは違い、ビール造りはオオムギの収穫期に限定されているわけではないからだ。ビールの醸造に使われるオオムギなどの穀物が保存性にとても優れていて、必要なときはいつでも栄養をもたらす準備ができているのは、自然界で種子が適応して身につけた能力がまさにそれだからで、発芽が起きたときにわが子に栄養を与えるということだ。穀物の発芽はビール醸造の最初のステップでもあり、酵母が働きかけることになる糖の放出に必要な酵素は、発芽によって活性化するのだ。

自然環境と飲料環境では異なる適応が必要なので、酵母の自然選択の対象も異なる。ワイン環境に適応する中で、サッカロミュケス・ケレウィシアエは39個の遺伝子を含む外来のDNA断片3本をほかの種の酵母から水平遺伝子伝達によって獲得している。これらの遺伝子はワインに関連する重要な役割を果たしていて、たとえば発酵中のブドウ液に含まれるさまざまな種類の糖やアミノ酸や窒素源をワイン酵母が利用できるのもそのおかげだ。この現象は微生物のゲノムがどれだけ変わりやすいかを示す実例で、有性生殖で雑種を作るには遠すぎる関係の種どうしで遺伝子の水平移動が頻繁におこなわれている。

ワイン環境への適応はさらに、フロール酵母という名の特殊な菌株すら生み出している。この菌株は多くの白ワインの熟成プロセスに含まれていて、とくに樽の中で熟成されるシェリーのようにアルコール分を強化したワインに生じる。フロール酵母は発酵の最終段階、つまりワインに含まれるブドウ糖と酸素がすべて使い切られて、エタノール濃度が最大値に達したときの増殖だけに適応している。通常の酵母はこの環境では増殖できないのだが、フロール酵母はその中で生き延びられるように適応しているのだ。ブドウ糖の濃度が低くなるとFLO11という遺伝子の発現が活性化して、フロール酵母の細胞の表面が水をはじくようになる。このため、酵母細胞がお互いにくっつき、二酸化炭素ガスの泡を閉じ込めるので、ワインの表面に浮かび上がってくる。表面では、細胞がフロールと呼ばれる生物膜（バイオフィルム）を作り出し、それが酵母の名前になったというわけだ。ワインと樽の最上部の空気の境界面に浮かんでいるフロール酵母は、両方の世界の利点に恵まれている。下のワインのエタノールも、上の空気の酸素も利用できるので、それを組み合わせることでエタノールをエネルギー源として使うことができるのだ。

カールスバーグを世界企業にした酵母

サッカロミュケス・ケレウィシアエは、低温での発酵はほかの酵母ほど得意ではないが、これほどアルコール好きな酵母はいない。低温発酵で見られる酵母は、サッカロミュケス・ケレウィシアエとサッカロミュケス属の低温でうまく働く別の種との雑種で、両方の長所をあわせもっている。こうした雑種は、ラガービールの発酵の中で数回にわたって別々に進化している。サッカロミュケス・カールスベルゲンシスという名のラガー酵母がコペンハーゲンの醸造所のタンクに棲みつくようになった詳しい経緯はまだ突き止められていないが、その醸造所がカールスバーグという名前だったので、それにちなんで「カールスベルゲンシス」と名付けられたのだ。遺伝学的関係からこれまでに解き明かされた経緯には、北欧伝説の要素が含まれている。

遺伝子を調べたところ、サッカロミュケス・カールスベルゲンシスはどこにでもいる酔っ払いのサッカロミュケス・ケレウィシアエと、そのいとこで寒さに強いサッカロミュケス・エウバヤヌスとの間の雑種だとわかったのだが、エウバヤヌスのほうの出どころについては可能性が2つある。寒さに適応したこの種は、アルゼンチンの南端にあるパタゴニア地方のナンキョクブナの樹皮に棲んでいるのが発見されており、さらにアジアのチベット高原でも見つかっている。この2カ所のサッカロミュケス・エウバヤヌスは両方とも、サッカロミュケス・カールスベルゲンシスのゲノムの中でケレウィシアエとは一致しない部分と99パーセント以上似ているので、寒さに適応した遺伝子をラガー酵母に供給したのは南米大陸の先っぽとアジアのてっぺんという2つの極寒の地のどちらなのかを決めるには、ソロモンの裁きとさらなる法医学的証拠が必要になるだろう。それがどちらであっても、そこから遺伝子がはるばるヨーロッパまでどうやってたどり着いたのかという点がさらなる謎ではあるのだが、どうにかやってのけたらしい。

1845年にカールスバーグ醸造所の創業者ヤコブ・クリスチャン・ヤコブセンは、ドイツのミュンヘンにあるシュパーテン醸造所からビール造りのための酵母を入手した。このドイツの酵母にサッカロミュケス・エウバヤヌスそのものや、それとサッカロミュケス・ケレウィシアエとの雑種が含まれていたのかどうかはわからないが、そこにはのちにサッカロミュケス・カールスベルゲンシスの原料となる遺伝物質が含まれていた。この酵母培養液が、38年間にわたってカールスバーグのビール造りに使われた。ビール用コースターの裏で計算してみると、その期間に毎週1回ずつ醸造がおこなわれていたら、約2000回の連続培養と何万世代もの酵母の選択がおこなわれていたことになる。つまり、最初の発酵の中身がなんであろうと、38年後の成果はデンマークでの醸造によって完全に栽培化された酵母集団だったということだ。そして１８８３年に、カールスバーグの研究所で働いていた微生物学者エミール・クリスチャン・ハンセンが、サッカロミュケス・カールスベルゲンシスの純粋培養に成功した。これにより製造されるビールの品質管理が可能になり、醸造の様相が変化して、その後のカールスバーグが多国籍企業に成長する基礎が築かれたのだ。

カールスバーグの酵母の物語は、実に簡単に、ハンス・クリスチャン・アンデルセン風のおとぎ話として語り直すことができる。飲んだくれのろくでなしが、はるか遠い国からやって来た流れ者のおかげで堅気になり、彼らの才能豊かで徳の高い子孫が世界中で有名になり財を成す、というストーリーだ。それと同様に、ブドウの遺伝的歴史の紆余曲折は、全26話のテレビドラマのプロットになりそうだ。人間のドラマとして語り直すには、関係者の名前だけは変える必要があるにせよ、許されぬ関係が古代の衰えた血統をよみがえらせ、性転換あり、疫病あり、長い間音信不通だった親族の帰還もありという、壮大な物語になるだろう。真の愛への道のりと同じように、進化の道筋も、決して真っ直ぐには進まないのだ。

アルコールを最高に楽しむことができるのは社交的な環境で、それは友好をはぐくみ、アイルランド人が「クラック」と呼ぶところの、機知に富んだ自由な会話を解き放ってくれるからだ。私たちはみんな、ワインを飲むと機知に富んだことが言えるようになるし、少なくともそんなふうに考えたがる。アルコールに食べ物も付け加えて、その両方をたっぷり惜しみなく提供すれば、単なる食事が祝宴に変わる。祝宴の登場で、私たちの進化と食べ物への探求は、社会の領域に踏み込むことになる。

第13章 祝宴●狩りの獲物を分け合うことから

利他行動はなぜ進化したか

食べ物を分け合うことは、祝宴の席でも飢饉のときでも、人間らしい振る舞いだ。分配しようとする推進力は人間の精神に刻み込まれているのだが、だからといって、誰もが平等に食べ物を利用できるわけではない。そのくらい単純な話だったらよかったのに。実際はそれどころか、食べ物はそれに伴うあらゆる複雑な問題と一緒に、社会的関係に巻き込まれている。このことがほかのどこよりも辛辣な例で示されているのがエチオピアの歴史で、ここは祝宴と飢饉の国であり、アウストラロピテクス・アファレンシスのルーシーの生まれ故郷であり、私たちヒト属（ホモ属）の発祥の地でもある。

1887年、エチオピア皇帝メネリク2世の3番目の妻である皇后タイトゥ・ベトゥルが、新たな首都アディスアベバに建てられたばかりの教会の献堂式の祝宴を手配した。この祝宴は、メネリク2世の軍功にふさわしい盛大な規模で計画された。メネリク2世はイタリアの植民地軍を含む近隣諸国を打ち負かすことにより、エチオピアをほぼ２０００年前に建国された古代王国にいくらか近い地位へと復活させたのだ。町を見下ろす山頂にあるエントット・マリアム教会の中庭に巨大なテントが張られ、タイトゥ皇后はそのテントの中に、歴史に残るような祝宴を作り上げた。

５日間にわたる祝宴で、５０００頭分以上の雄ウシ、雌ウシ、ヒツジ、ヤギの肉の入ったワット（煮込み料理）が食べ尽くされた。現在でもエチオピアはアフリカのほかのどの国よりも家畜の頭数が多い。祝宴では、王室のお気に入りの客には特別な料理が用意され、「香辛料を利かせたトウガラシと一緒にソテーしたウェルダンの牛挽肉……マトンのあばら肉のコショウ煮込み……レア気味の牛肉にスパイシーなソースをかけたもの……マトンのあばら肉のターメリック風味スープ……コショウ風味の肉入り豆ソース」などの品々があった。

ワットはインジェラにくるんで、手づかみで食べる。インジェラは、現地で栽培化された穀物テフの粉を発酵させて作った、スポンジ状の大きなパンケーキだ。この祝宴ではインジェラの入った籠が１０００個も客の間で回されて、５カ所の厨房から次々と補充されていた。さらに、トウガラシの粉で風味を付けたバターの入った45個の大きな粘土の壺も回され、そして同じくらいたくさんの壺で提供されたタッジ（ハチミツ酒）が客の喉の渇きをいやした。この酒は、高いところにあるタンクから重力によって12本のパイプを通って補充されていた。低い階級の客たちは、麦芽にして焙煎したオオムギで作ったスモーキーなビールを振る舞われた。

皇后が開催したマリアムの祝宴は、彼女の夫が征服したすべての領土の料理を利用したもので、料理による衝撃と畏怖で臣民と招待客を圧倒することを目的とした国政の道具だった。この祝宴の公式の記録者によれば、タッジと焼きたてのインジェラの香りが混ざり合って、頭がくらくらしたという。もっとも、この祝宴は良いことが起こる前兆ではなく、飢饉の前触れだった。その後の5年間にわたり、干ばつと牛疫〔ウシやヒツジを襲う致命的な伝染病〕の蔓延が重なったせいで、ウシの頭数が90パーセントも減少し、人口の3分の1が死亡したのだ。

エチオピアの不安定な歴史は、少なくとも紀元前250年以来ずっと、干ばつと飢饉を繰り返し差し挟んできたのだが、とりわけひどい飢饉が起きたのは最近で、干ばつ、紛争、人口圧力、環境悪化、全体主義政府が重なる最悪の事態を耐え忍んでいるときだった。1983年〜1985年までの期間にこれらの要素すべてが頂点に達し、飢饉が800万人に襲いかかって、死者数は60万〜100万にものぼった。あまりにも大規模な飢饉だったために、助け合いたいという正常な衝動まで壊れてしまうほどだった。エチオピアの全世帯の3分の1は飢えに苦しむ親戚に食べ物や金を分けていたが、過半数は家族を養うことさえ苦労していた。食べ物を分けられない、または分けたくないという不面目に直面するよりも、むしろ親戚を避けようとした。各国政府は飢えに苦しむエチオピア国民をなかなか助けに来てくれなかったが、やせ衰えた老若男女の悲惨なテレビ映像に世界中の人々から大反響があった。1984年末までに、西側諸国の個人から飢饉救済の寄付金が1億5000万ドル以上も集まった。現在の価値なら、ほぼ4億5000万ドルに相当する金額だ。

この痛ましいエピソードは、人々が食べ物またはそれを買う金を分けることができるとき、たとえ受取人がまったく血縁のない全然知らない相手でも分け与えるということを証明している。食べ物の分配は利他行動の典型的な例で、利他行動とは誰かが損失をこうむることでほかの誰かに利益を与える行動と定義される。自然選択を単純に、おそらく愚直に解釈すると、知らない人々に対する資源の分配は適応行動ではないのだから特別な進化的説明が必要だということになるだろう。私たちはなぜ分け合うのかと尋ねるのは無作法すれすれだと思う人もいるかもしれないが、人間はどうやって分け合ったり気遣ったりするように進化したのかと尋ねるのは、これらの社会的形質を軽視しているわけではなくて、人間がどうやって人間味を持つようになったのかを調べるためなのだ。

利他行動の進化を説明するのは、進化論が誕生した当初から難しいことだった。ダーウィンは著書『人間の由来』（講談社学術文庫）の中で、彼が呼ぶところの「道徳的美徳」を持つ個人について、「同族内でそういう資質に恵まれた者の数の増加につながる環境は、あまりにも複雑すぎて明確な結論にはたどり着けない」と書いている。利己的な遺伝子に支配されている世界で、利己的でない行動がどうやって進化できるのか？　いままでに提案された説明は3種類ある。第1の説明は「血縁選択」と呼ばれるもので、私たちの遺伝子は、仮説上の「利他行動のための遺伝子」も含めて、私たち自身だけでなく血縁者にもそのコピーが備わっているという考えに基づいている。たとえば、通常のきょうだいは、親から受け継いだ遺伝子の半分を共有している。

20世紀の偉大な進化生物学者で博学者のJ・B・S・ホールデンは、洞察に富んだ機知のひらめきをたびたび披露したことで有名で、その1つが「私はいとこ8人か兄弟2人のためなら命をなげうつだろう」という名言だ。いとこはきょうだいよりも遠縁で、遺伝子の8分の1しか共有していないので、血縁選択の帳尻を合わせるには8人のいとこが必要なのだ。ホールデン本人は極端な利他主義者で、第2次世界大戦中に自分を被験者にして危険な実験をおこない、攻撃された潜水艦から乗組員が安全に避難する方法を突き止めようとした。血縁関係のない人のためであっても彼が自身を犠牲にする姿は、あまりにも簡単に想像できる。

もう1人のイギリスの進化生物学者W・D・ハミルトンは、遺伝性の利他的な形質が広がるためには、受益者の利益に血縁度を掛けた値が行為者の損失を上回る必要があるということを証明して、この血縁選択という概念に明確な形を与えた。ホールデンは例の名言の中で、(行為者としての)自分の損失と(受益者としての)いとこの利益が等しくなることを暗黙のうちに前提としていた。いとこの血縁度は8分の1なので、ホールデンの自己犠牲と釣り合わせるには8人のいとこが必要というわけだ。実際には、ホールデンの例は利他行動における利益と損失を釣り合わせているだけなのに対して、ハミルトンの法則では、血縁者の受け取る利益の合計は利他行動者の損失を上回らなければならないとしている。いとこが9人なら、うまくいく。

人々が食べ物を分け合う理由は、血縁選択で説明できるのだろうか？　この質問に対する完璧な答えを出すには、食べ物の分配による利益と損失を測定してハミルトンの法則と一致するかどうか確かめる実験が必要になるわけだが、これはちっとも簡単ではない。進化の計算法では、利益と損失は適応度という単位で測定され、これは将来の世代に貢献する子供の数で表される。食事を血縁者と分け合った場合と、1人で食べた場合の適応度の結果を、その食事の参加者全員について測定することを想像してみよう！　ハミルトンの法則によるテストはこのようにうまくいきそうにないので、もっと状況的な証拠に頼るしかない。

さまざまな人間社会の比較研究では、最も一致するパターンは血縁者への優先的分配だということがわかっている。つまり、ある評論の中で皮肉っぽく述べられているように、「人類学者たちは、ほかの点についてはほとんど意見が一致しないものの、人間社会を団結させる中心的特徴の1つは血縁関係だという点だけは認めている」というわけだ。これは私たちが血縁選択から期待するパターンと一致しているが、人類学者たちは昔からずっとこのことを認めてきたわけではない。ある人類学者は、狩猟採集民は計算に強くないのだからハミルトンの法則に従って行動することなどできそうにないと反論した。ましてや動物に、いとことの血縁度が8分の1だと計算できるわけがない、と。リチャード・ドーキンスはいかにも彼らしく、次のような鋭いコメントを述べている。「カタツムリの殻は実に見事な対数らせんを描いているわけだが、カタツムリの対数表は、どこにしまってあるのだろう？」

ハミルトンの法則の場合、これは狩猟採集民のための——あるいはその遺伝子のための——架空のエチケット・ブックに書かれた指示ではなくて、他者に対してさまざまな種類の行動を示す個体間の進化競争でスコアをつけるための方法だ。血縁者に食べ物を分ける傾向が遺伝的に決定されているとしたら、ハミルトンの法則は、血縁選択によってそれが選ばれるのはどのような状況なのかを教えてくれる。血縁選択は、特殊な種類の自然選択にすぎない。それから付け加えておくと、血縁選択は身内びいきを道義的に正当化する理由にはならない――たとえ身内びいきの説明になる可能性はあるとしても。人間社会はそれよりもはるかに複雑だし、不公平な待遇はたいてい処罰される。

血縁者に対するえこひいきは、動物社会に広く行き渡っている。とはいえ、たとえ自分の子供でも、乳離れしたあとは食べ物を分けてやるとは限らない。霊長類の間では、約半数の種が子供に食べ物を分けていて、そのうちのさらに約半数は大人との間でも分けている。子供に分けない霊長類は、大人にも分けない。このことから、分配行動の進化において、子供への分配が大人（非血縁者を含む）への分配の前に存在していたと思われる。これは進化的変化の漸進性から予想できることで、分配は最も近い血縁者（まず子供）から始まって、その後にほかの大人、とりわけつがいになるかもしれない相手へと発展していく。「慈愛は家庭から始まる」ということわざどおりだ。だから、食べ物の分配が進化した根拠は血縁選択だということが状況証拠から裏付けられるが、私たちは非血縁者にも分けるのだから、それだけがすべてではないはずだ。どうしてそんなことをするのだろう？

第2の説明は、非血縁者間の分配の進化を互恵性に基づいて説明しようというものだ。それは直接的な互恵性かもしれない。つまり、私が食べ物をあなたに分けるのは、明日私が空腹になったらあなたが食べ物を分けてくれるだろうとか、あなたとセックスできるかもしれないとか期待してのことだという意味だ。間接的な互恵性もあるだろう。間接的な見返りは、友情や相互支援や名誉というような、あまり明確でない形をとるかもしれない。生物学者は返礼行為を「互恵的利他行動」と呼び習わしてきたが、この言い回しには言葉の矛盾が含まれているので使われなくなってきている。ある行為が将来の見返りを期待しておこなわれる場合、それは厳密な意味では利他的とは呼べない。私は月末に給料をもらえることを期待して働いているのだから、私も雇い主も自分が利他主義者だなどとは思っていない。だが呼び方がどうであれ、互恵性は食べ物の分配の説明になるだろうか？

なぜ友達に食べ物を分けるのかと人々に尋ねてみると、たいていの場合、利益を期待しての行為という考えは激しく否定される。けれども、質問をさらに続けて、決してお返しをしてくれない人と友達になるかどうか、または友達のままでいるかどうかと尋ねれば、その返事は「ノー」だろうと私は思う。古代ローマの雄弁家キケロ（紀元前106年～43年）は、誰が信頼できるかを知ることが生死にかかわる問題だった荒々しい時代を生きた人物で、次のように書いている。「親切に報いることほど避けられない義務はない。恩恵を忘れるような者は、誰からも信頼されない」

偶然にも、ローマの著述家の小プリニウスが、ディナーの招待をないがしろにして友情のルールを破った友人を非難した手紙がいまも残っている。そこには、祝宴を欠席した友人がどんなに損をしたかがつづられている。

親愛なるセプティキウス・クラルス君。君は約束したのに、ディナーに姿を現さなかったようだね！　すべて準備万端だったのに。レタス（1人に1個）、カタツムリ3匹、卵2個、ポリッジ……オリーヴ、ビート、ヒョウタン、鱗茎、その他、同じくらい素晴らしい品々が山ほど。喜劇役者か詩の朗読者かリラ弾奏者か、いやいや、私の大盤振る舞いで、そのすべての芸に聴き入ることもできただろう。それなのに君はほかの誰かのところへ行き、そこでなにが出されたのかな？　牡蠣、雌ブタの子宮、ウニ、そしてカディスの踊り子たち！

まるで「私の洗練されたもてなしに比べたら、なんと低俗なことか！」と言っているかのようだ。

たとえ友情が、単なる好意の交換というよりも信頼関係として定義されるとしても、それは互恵性を土台として築き上げられている。狩猟採集民の食べ物の分配に関する比較データが、そのことを実証している。ある部族では人々は返礼を期待されていて、お返しをしないと仲間はずれにされてしまうのだが、「食べ物は天下の回り物」というような、もっと間接的な基準で動いている部族もあるらしい。そういうケースでは誰もが分け合うことを期待されていて、返礼のようにきっちりと帳尻合わせがされているわけではない。これらは違うやり方で食べ物の分配と社会的関係を取り仕切っているが、どちらのやり方も直接的または間接的に互恵性に基づいている。

チンパンジーとヒトの食物分配

互恵的利他行動の仮説が１９７０年代に初めて発表されたとき、この種の行動の実例は動物社会にたくさんあると信じられていた。もっとも、動物の動機を曖昧なところなく解釈するのが難しいのは有名で、さらに詳しく調べてみると、多くのケースにおいてほかの説明が出てきている。この難しさを示すいい例は、タンザニアのゴンベ国立公園のチンパンジーがサル狩りをして獲物を分け合うやり方に見られる。この公園は、ジェーン・グドール〔世界的に著名なイギリスの霊長類学者〕がチンパンジーの研究を始めた場所として有名だ。

典型的な狩りは、雄のチンパンジーの群れが、仲間から少し離れて無防備な状態の1頭のサルを見つけたときに始まる。1頭のチンパンジーが追いかけると同時に、群れのほかのチンパンジーがそれに反応するのだが、ひとかたまりになって追うのではなく、分散してサルの逃げ道をふさいだり、待ち伏せをしたりする。このような狩りは、最初の解釈では協力的な企てとして描かれており、チンパンジーたちは最後に肉の分け前を受け取ることを全員が期待し、互いに補い合う役割を果たしているというものだった。チンパンジーの群れの雄は親戚どうしなので、このような協力関係が進化した経緯は血縁選択が説明になるかもしれない。

野外調査のデータがさらに集まると、それよりはるかに個人主義的な別の解釈が現れる。1頭のチンパンジーがサルを追っているとき、残りのチンパンジーのそれぞれにとって最善の戦略が、サルの逃げ道をふさぐか、待ち伏せして襲うことなのだ。サルを殺したチンパンジーが肉の大部分をもらえるので、それぞれのチンパンジーが自分で獲物を捕まえたいと思っている。私たち人間が狩りをするやり方に似ているので協調的なプロセスのように見えても、実際にはそれぞれのチンパンジーが自分のために利己的に振る舞った結果にすぎないのではないか。

サル狩りに対するこの個人主義的な解釈を裏付けているのが、チンパンジーが餌を捕らえたあとの振る舞い方だ。もし直接的な互恵性がかかわっているとしたら、肉を進んで分け与えるはずなのに、ゴンベではサルを殺したチンパンジーはいつも獲物を手放そうとせず、強要されてから仕方なく分け与えるのが常だった。群れから逃げ出して、誰にも邪魔されずに食事ができるように、仲間が近づきにくい木の枝に登ろうとするのだ。たいてい、ほかのチンパンジーたちがどうにかまわりに群がり、獲物の一部を横取りしようとするか、獲物を捕らえたチンパンジーの口を手でふさいで食べさせないようにする。こんな状況では、サルの死骸を持ったチンパンジーはひとりじめするのが難しいので、邪魔されないようにするために、肉をいくらか奪われるのを許した。これは、「容認される盗み」と呼ばれている。

ゴンベのチンパンジーが非血縁者に進んで肉を分けることも時にはあったのだが、多くの場合、ほかならぬその個体に分けた理由ははっきりしなかった。もしかするとそういう個体の間に、観察している人間たちにはわからない友情があったのかもしれない。ゴンベの群れの最高位の雄だけは終始一貫して、自分の捕まえた肉を雌に与えていたので、この食べ物の分配は性的関係の存在に基づいていたようだ。

チンパンジーの社会には——人間の社会とかなり同じように——文化の違いが表れていて、ほかの場所では雄と雌の両方のチンパンジーが食べ物を分け合う様子が観察されており、そういうところでは協力関係を築く上で食べ物の分配がゴンベよりもずっと大きな役割を果たしているようだ。その1つであるウガンダのソンソには、この行動が進化した経緯を示しているかもしれない驚くべき証拠がある。哺乳類ではハタネズミからヒトに至るまで、オキシトシンというホルモンが攻撃性を弱めて、母子間や性的パートナーどうしの社会的な絆を形成する役割を果たしている。ソンソの野生のチンパンジーの調査によると、食べ物を分け合ったとき、このホルモンの尿中濃度――血中濃度の目安になる――が与える側も受け取る側も上昇していた。したがって食べ物の分配は、血縁関係があってもなくても、チンパンジーどうしの社会的な絆を強めるという直接的な影響を及ぼしていたのだ。

食べ物の分配に対するオキシトシンの反応は、この行動が血縁者どうしでも非血縁者どうしでも同じように社会的な絆を強める仕組みを示しているだけでなく、オキシトシンによって愛着が形成される母子間の食べ物の分配から大人の間の食べ物の分配が進化したメカニズムも明らかにしているのかもしれない。だが、はっきりさせておくと、オキシトシンの役割は、社会的な絆を強めることが自然選択によって選ばれた理由を教えてくれるわけではない。それよりむしろ、母が子を養うときのように絆を強めることが有利な状況で、適応度を高める種類の行動へと生理機能によって導かれる仕組みが示されている。オキシトシンは遺伝子の召し使いであって、主人ではない。それとまったく同じやり方で、私たちはホルモンによって性的行動へ駆り立てられているのだ。

チンパンジーの食物分配の習性へと話が脱線して、タイトゥ皇后の大賑わいの祝宴からも小プリニウスの寂しいディナーからも遠ざかってしまったように思えるかもしれないが、チンパンジーは私たちの近縁種で祖先ではないとはいえ、私たち人間の食習慣の進化と比較するための基準をもたらしてくれる。私たちもチンパンジーも、血縁選択のあからさまな成り行きで血縁者に食べ物を与えることを選んだという点で似ている。さらにどちらも、社会的な絆を形成することが有利な場合には、食べ物の分配によって絆を作るようにホルモンに刺激される。けれども、こうした生物学的な本質以外においては、この2つの種の比較では、類似性よりもむしろ、進化的な違いが際立っている。

ゴンベのチンパンジーの間に見られるような「容認される盗み」は人間が食べ物を分け合うやり方ではないが、盗みや物乞いが存在しないわけではない。ただ単に、人間は非血縁者にも進んで食べ物を分け与えるというだけのことで、大部分のチンパンジーはしつこく迫られたときしかそうしない。人間の行動が最も本能的なのは、おそらく幼い子供のときだろう。同等の実験条件で比較してみると、人間の幼児は喜んで食べ物を分け合うのに、チンパンジーは分け合おうとはしない。この違いはどうやって進化したのだろう？　おそらく、チンパンジーと人間の食べ物の探し方の違いに原因がありそうだ。

他人の目

チンパンジーは社会的な動物だが、食べ物は個々に探し回り、単独で食べる。これは、チンパンジーの餌の大半を形成する果物は森の上部の茂った枝に分布していて、1個1個が小さすぎて分けられないからだ。1頭のチンパンジーがとても大きな果物や1頭分のサルの死骸を手に入れるというめったにない機会でなければ、ほかのチンパンジーの注意を集めて請い求められたり盗まれたりすることはない。大昔には、私たちの樹上生活をしていた祖先もそんなふうに食べ物をあさっていたのかもしれないが、アフリカの平原に住み着いてからは、それよりはるかに大きな獲物を狙うようになった。それ以来ずっと、食べきれないくせに欲張ってきたのだ。

ホモ・サピエンスがかつてマンモス・ステップでおこなっていたように、骨格の内側に住めるくらい自分よりもはるかに大きい獲物を狩るような捕食動物が、ほかにいるだろうか？　大きな動物を狩ることは、人々がお互いに協力しなければ不可能だ。旧石器時代の洞窟画家が巨大な動物の集団を描いたということだけでは、ヒトが社会的なハンターだったかどうかはまだ疑わしいというのなら、同じ洞窟の壁に残されたおびただしい数の手形のステンシルがその疑いをすぱっと払いのけてくれるに違いない。

大型の獲物を狩ることは、ヒトの社会性の進化に驚くほど大きな影響を及ぼした。大型の獲物にはハンターの協力が必要だが、協力することによってハンター全員を養えるくらい大きなご褒美が得られる。みんなに行き渡るのに十分な量以上の食べ物があるときには、獲物を独占しようとする必要はない。チンパンジーでさえ、助け合うことによる損失が非常に小さいときには助け合うだろう。このことから、仕事を協力しておこない、その報酬を分配するというヒトの傾向がどのように進化したのかについて、1つの仮説が導かれる。これは、食事をしたければ相互依存が必須だった世界で、そういう型紙に合わせて布を裁つように、自然選択が私たちの精神を裁断した結果なのだ。

1枚のピザを友達と分けたり、中華料理店でテーブルの中央にある回転台を回したりするとき、私たちが分け合っているのは農場育ちの食べ物だが、食事の進化的起源はそれよりもはるかに深い。一緒に食べるという習慣そのものも、その農場や料理店を経営するのに必要な協力関係も、共同の狩りという古代の遺産の上に築き上げられたものだ。農場や料理店は家族経営であることが多く、私たちの精神に血縁選択という糸も織り込まれていることが思い出される。その布には、返礼という文字もはっきりと記されている。

もしあなたに、レストランでウェイターの視線を捕らえようとしてうまくいかず、結局あきらめた経験があるなら――私にもある――チンパンジーにもそれ以上のことはできないと知れば、少しは慰めになるかもしれない。本来、ヒトは他人の視線に対して非常に敏感だ。もしあなたが誰かをじっと見つめたら、その誰かは、たとえあなたが視野の端にいたとしても気づくだろう。これが可能なのは、あなたの白目の中央に対照的な黒い瞳孔があるので、見ている方向が他人にはっきりとわかるからだ。チンパンジーの目には白目がないので、誰が自分を見ているのかはそれほどすぐにはわからないし、もしかするとそんなことには関心がないのかもしれない。ひょっとすると、あなたがうすうす感じていたように、あのウェイターはあなたに気づいていないわけではなくて――ただ単に、あなたを見たくないだけではないだろうか。でなければ、たぶんチンパンジーだ。

ヒトの目は進化によって、見るだけでなく、見ていることが外からわかるように設計されている。私たちは目を使って、ほかの人を見ているという合図を出しているのだ。どうしてこれが、進化上の利点になるのだろう？　実験的証拠に裏付けられた仮説によると、社会的な駆け引きが存在するときは、相手方を見つめていれば嘘をつかれずに済む。これは非常に強い影響を無意識にもたらすので、ひと組の目だけの写真でさえ行動を変化させることが可能だ。そういう写真を実験的に大学の喫茶室の自己申告式料金箱の上に貼ってみたところ、コーヒー代として集まった金額は、社会的に中立な花の写真を代わりに貼ったときに同じ箱に入っていた金額と比べて3倍にもなったという。この実験はぜひ、お宅でも試してほしい。

コーヒー代の実験――それ以外でも、ごみを散らかさないとか横断歩道で歩行者に道を譲るといった向社会的行動に関して、誰かに見られていることが同じような影響を及ぼすのを証明する実験――から、見つめていると知られることは見ている本人にとって明らかに有利だとわかる。でも、見つめられている人々は、なぜこんなふうに反応するのだろう？　たとえ人のいないところではルールを無視するつもりでも、人前では社会のルールに従っているところを見られることに、どんな利点があるのだろうか？　その答えは、他人にどう思われているかが重要だということのようだ。たとえば、シェイクスピアの戯曲の中で、嘘つきのイアゴーはオセローに向かって次のように語っている。

閣下、いい評判というものは、男にとっても女にとっても
魂のいちばん大切な宝石です。
盗まれても財布ならたかが金だ――事は事だが大した事じゃない、
私のものがそいつのものになるだけ、どうせ天下の回りものですからね――
しかし、盗まれたのがいい評判だとなると、

盗んだやつには何の得にもならないが、
盗まれたほうは大損です。
（『シェイクスピア全集13　オセロー』松岡和子訳、ちくま文庫）

世間の評判こそすべて。それは、信頼次第で成功が決まるすべての社会的関係を持つために使われる通貨にほかならない。イアゴーが言うように評判のほうが金よりも価値のある理由は、あらゆる人間関係に影響を及ぼすからだ。その中にはオセローと妻デズデモーナのような最も重要な関係も含まれていて、それこそがこの戯曲の中心テーマなのだ。生物学者がこの劇を鑑賞したら、デズデモーナの評判を汚して彼女の貞節に対する疑いの種をその夫の心に植え付けたことにより、イアゴーはこのカップルの適応度をゼロにしている、と評するかもしれない。デズデモーナはオセローの手にかかって死ぬのだが、彼女を殺したのは実はイアゴーなのだ。その後、オセローは自責の念にさいなまれ、イアゴーはおおいに満足する。評判が人間関係に及ぼす影響は、イアゴーと同じように間接的なものだが、直接的な影響と同じくらいの力がある。

評判は社会的資産で、経済的資産と同じ特性を数多く備えている。働いて得る必要もあるし、失うこともあるし、交換することも可能だ。勘定を払う人にとって宴会の価値は、自分で食べられる量よりもはるかに多く買う余裕のある食べ物を、招待客からの評判の向上と交換しているというふうにも解釈できるだろう。食欲を十分満足させることは可能だが、多くの人々にとって、地位を求める欲望を十分満足させることは不可能だ。

イノシシのトロイ風

基本的な栄養必要量がひとたび満たされると、食べ物の分配の目的はもう直接的に適応度を維持するためではなくて、適応度に間接的な影響を及ぼすかもしれない社会的報酬を勝ち取るためになる。ギルバート・アンド・サリヴァン・オペラ〔19世紀後半に発展したイギリスのコミック・オペラ〕の台本作者W・S・ギルバートも、食事について次のように述べている。「大事なのは食卓の上になにがあるかではなくて、むしろ、椅子の上に何者がいるかということだ」。もちろん、もしあなたが椅子に座っている人々を感心させたければ、実のところ食卓の上になにがあるかがかなり大事になるかもしれない。王や皇帝や富豪たちは何世紀も前からずっと、贅沢な祝宴を催そうと張り合ってきた。

紀元前63年、古代ローマでも有数の金持ちだったセルウィリウス・ルッルスが、当時ローマの執政官だったキケロのために宴会を催した。最初に出されたごちそうのひと皿があまりにも美味だったので、客たちの間から期せずして拍手喝采がわき起こった。そこへ、料理人がエチオピア人の奴隷4名を引き連れて現れ、奴隷が運んできた大きな銀皿には巨大なイノシシが載せられていて、その牙にはデーツの入った籠がぶら下がり、ペストリーで作った赤ちゃんイノシシたちに囲まれていた。この皿が食卓に置かれるまで、おそらく期待でよだれを垂らさんばかりになっていた客たちは、静まり返って見守っていた。イノシシが切り開かれると、その中には2頭目のイノシシが丸ごと入っていて、その中にはさらに3頭目のイノシシが入っていた。肉切り用ナイフが振るわれるたびに、さらに小さな動物が次々と現れて、ついにはちっぽけな小鳥が登場してフィナーレを飾った。

この「イノシシのトロイ風（ア・ラ・トロイエンヌ）」――その後フランスの食通たちがギリシャ神話のトロイの木馬にちなんで名付けた料理名――はローマで大変なセンセーションを巻き起こし、かつてはどんな種類の大型イノシシ料理だろうと出すことをためらっていた家庭でも、いまやトコトンやるのが一般的になったほどだった。この料理が一般的になるやいなや、客をもてなすローマ人たちはさらに水準を高めていき、3頭、4頭、さらには8頭、果ては20頭ものイノシシのトロイ風を1度のディナーで供していた。

それから2000年後、エンガストレーション――この調理法はいまではシェフたちにこう呼ばれている――の流行が「ターダッキン」を生み出した。ターダッキンとは、ターキー＋ダック＋チキン、つまりニワトリを詰めたアヒルを詰めたシチメンチョウのことだ。そして当然、エンガストレーションのエスカレーションが始まった。イギリス人シェフのヒュー・ファーンリー＝ウィッティングストールは、2005年に自分のテレビ番組で鳥を10羽も使ったローストを作った。重さ18ポンド（約8キロ）のシチメンチョウの中に、ガチョウ、アヒル、マガモ、ホロホロチョウ、ニワトリ、キジ、ヤマウズラ、ハト、ヤマシギを詰め込んだのだ。その2年後、イングランドのデヴォン州のある農産物店が、クリスマスの12日間〔クリスマスから1月5日までの12日間のことで、降誕節として祝う〕を象徴した料理として12羽の鳥を使ったローストを売り始めた。これは、125人分に相当する大きさだった。

贈り物競争

エンガストレーションの流行は、ひとたび食べ物が余るようになると食欲は地位欲に取って代わられるということを証明している。鳥3羽のローストは間違いなく空腹を満たしてくれるはずだが、鳥3羽でもブタ3頭でも地位欲が満たされないのは明らかで、なぜなら、そういう欲望は根本的に底無しだからだ。空腹は、それを制御する調節回路の負のフィードバックによって十二分に満たされる。空腹をかき立てるホルモンは、食べることによってスイッチが切れるのだ。それとは対照的に、ヒトの地位に対する関心——おそらくその起源は、旧石器時代の狩りの収穫がどのように分配されるかに対する注目だろう——は別の種類の回路を作り出す。これは社会的相互作用のネットワークで、正のフィードバックを起こしやすい。

正のフィードバックというのは、アンプの音量を上げすぎたときにキーンという音が鳴る原因だ。社会的ネットワークにおける正のフィードバックも、それと同じように、ネットワークの混乱を引き起こす。私が鳥3羽のローストを出すと、ディナーの招待客の間で私の地位が上がり、そして招待客は返礼しなければならないと感じる。みんなが鳥3羽のローストを出すと、私はほかのみんなと同じになってしまうので、差をつけるために1羽増やして、鳥4羽のローストを見せびらかす。鳥4羽のローストが新たな基準になると、私はさらに1羽増やさなければならない。いや、それよりいっそのこと、10羽増やしてやる！

正のフィードバックは常に、正常の範囲を超過しすぎてしまいがちだ。地位の要求が制御できなくなった実例は、北米太平洋岸北西地区のある部族の先住民の間で起こっている。この部族では伝統的に、ポトラッチと呼ばれる「贈り物競争」の祝宴を催していた。招待客全員が食べ物を持ち寄る「ポットラック・パーティー」は、この「ポトラッチ」という言葉が語源なのだが、そのもととなった祝宴は現代の持ち寄りパーティーとは大違いだった。ポトラッチの祝宴の考え方は、富と気前の良さをこれ見よがしにひけらかすことにより、ライバルの目の前で地位を勝ち取るというものだ。この部族の高い地位の人々は、ライバルをポトラッチに招待して贈り物をばらまくことで、さらなる称号や身分を獲得していた。この贈り物の中には毛布、魚、ラッコの毛皮、カヌー、そして贈るためにわざわざ作った、肖像を浮き彫りにした銅板が含まれていた。

その後のポトラッチでそれよりさらに価値のある贈り物を返さなかった招待客は、恥をかくことになった。この儀式は結局、理不尽な富の破壊にまでエスカレートして、族長は賞賛を勝ち取ってライバルの評判を落とすために、毛布やカヌーなどの貴重品をライバルのたき火の中に投げ込んだ。祝宴がおこなわれる小屋の中では、天井に彫り込まれた肖像から貴重な油が絶え間なく吐き出されることでたき火が激しく燃え続けていたりした。招待客たちは焼けつくような熱さに気づかないふりをして、面目を失わないために、皮膚を失う羽目になった。祝宴小屋がすっかり焼け落ちたとき、ポトラッチの最終的な成功が示されたのだ。

ここまでの規模の贈り物競争は馬鹿げたことのように思えるかもしれないが、ポトラッチは珍しい現象ではないし、食べ物が余分にあるときにしか起こらない。同じような習わしはニューギニアにもあり、サツマイモが持ち込まれて食べ物が余るようになってから現れた。北米太平洋岸北西地区でも食べ物が不足しているときは、ポトラッチは途絶えた。食べ物と評判は、どちらも影響力が強く、相互依存の関係にある。誰も飢えることがなく、社会的評判が権力や富やセックスと自由に交換される社会においても、評判がそこまで重要になった経緯を尋ねる価値はある。その返事は、少なくとも部分的には、狩りにおける協力と祝宴における分配を通じてなのだ。

もしそれが正しいとすれば、私たちは大型動物を狩る際の相互依存を通じて協力行動を進化させたという仮説が、テーブルマナーよりもはるかに多くのことを説明してくれる。スポーツから礼拝や戦争までのあらゆる集団活動も、共同体や国家や平等に基づくすべての高尚な政治理念も、民主主義の制度とそれを支える法律も、結局は美味しい肉を公平に分けてほしいという古代から続く欲望に由来しているのだ。

第14章　未来●持続可能な食べ物の進化とは？

人口増加と気候変動

「明日なに食べよう？」は、食事の用意を担当している誰もが毎日自身に問いかける質問だが、それよりもはるか未来へと目を向けると、なにが見えるだろう？　食べ物の未来の進化は、２つの難題によって支配されることになる。つまり、人口の増加と、地球規模の気候変動だ。人口増加は目新しい難題ではないのだが、気候変動のせいで、今後の推定人口１００億人を養うことははるかに困難になってしまいそうだ。温度の上昇、降雨パターンの変化、干ばつの頻度の増加、そして最終的には海面の上昇が起こり、食料生産システムと作物そのものを適応させない限り、そのすべてが食料安全保障を脅かすだろう。その上、現在実施されている農業は温室効果ガス排出量のかなりの部分の原因なので、気候変動をますます悪化させている。したがって私たちは、今後増える人口を養うだけでなく、持続可能なやり方でそうしなければならない。

これらの大問題はそもそも、私たちとその食べ物が進化してきた歴史の中に起源がある。新石器時代の農業の発明をきっかけに人口は急激に上昇した。一方、過去250年間の人口増加は、コムギ、ジャガイモ、トウモロコシ、キャッサバなどの主要作物の世界的な普及に支えられてきた。したがって進化は、植物および動物の品種改良という形で、私たちが直面している難題の少なくとも一因だと言えるかもしれないが、その解決に不可欠なものでもある。オーストラリアの詩人A・D・ホープ（1907～2000）は、そういった歴史の一部を詩にまとめている。それは狩りの話から始まる。

寓話の時代の狩人は
ベルトをきつく締めて空腹をまぎらわす必要がなかった。
とうてい食べきれない数の獲物が
草原に自由に放たれていたのだから。
夜ごとに肉をテーブルに並べ、
毛皮の上で子を作った。
そしてもちろん、そうしているうちに
人の数が獲物を上回る時がついに来た。

だが、心配は要らないと詩人は言う。農業が発明されたからだ。

心配するな。人の発明は
最悪の間違いからも勝利をもぎ取ることができる。
じきに牛肉や豚肉が
野生肉に取って代わるようになった

だが、その先にはひどい結末が待っている。なぜなら――

人口過剰の影響は
どこから始まっても同じ値に収束する。
インフレ経済も
チャートに同じ曲線を描く

これは、トマス・マルサス師（1766〜1834）が有名な著書『人口論』（光文社古典新訳文庫など）の中で述べている主張だ。彼が言うには、人口は等比級数的に（1、2、4、8、16……）増える可能性があるのに対して、テクノロジーに期待できるのは、せいぜい食料供給を等差級数的に（1、2、3、4、5……）増やす程度だという。この食い違いの結果、人口は絶えず食料供給を圧迫することになるので、悲惨な状況しか生まれない。すなわち、A・D・ホープの詩で言えば、次のとおりだ。

そして人間が
自然や法律や周囲の警告に妨げられずに繁殖すると、
それに釣り合うほどたくさんの食べ物があふれ出すような
豊饒の角など望めないし、
だんだん減っていく分け前を補うための
長期的で完璧な手段を新たに生み出す人間のスキルもない

人口過剰は、ホープが詩を書いていた1960年代と70年代に、人々の大きな懸念事項となっていた。当時の重要な2冊の本は、ポール・エーリックの1968年刊行の著書『人口爆弾』(河出書房新社)と、ローマ・クラブが1972年に発表した報告書『成長の限界』(ダイヤモンド社)で、どちらも差し迫った惨事を予言していた。懸念の根拠は十分に現実的なものだったのだが、予言が実証されることはなかった。1960年~1980年までに世界の人口は50パーセント増えて30億だったのが45億になったけれども、食料供給もこれに対応した。ホープの言葉を言い換えるならば、「豊饒の角」〔ギリシャ神話で幼いゼウスに乳を与えたヤギの角のことで、その角からは望むままに食べ物や飲み物などがあふれ出たとされる〕から、等比級数的な人口増に釣り合うほどの食べ物があふれ出したのだ。予想に反してそれが可能になった理由は、農業における「緑の革命〔多収量品種の開発・化学肥料などによる急激な食料増産〕」のおかげで主要穀物——コムギ、イネ、トウモロコシ——の収穫量が50パーセント以上増えたからだ。進化そのものが、動植物の育種家の指図にしっかりと従い、豊饒の角となっている。いま差し迫った疑問は、人口が100億になったとき、この豊饒の角はうまく対処できるのだろうかということだ。

緑の革命が起こる前、穀物の茎は一般的に丈が高くてひょろっとしていた。これだと刈り入れ前に倒れてしまいがちで、とりわけ収穫量を増やすために肥料が施されたときに倒れやすくなった。このような植物は種子よりも葉や茎のほうに多くのエネルギーを注ぎ込むので、収穫量も限られてしまう。丈が高くて葉の多い茎は、近くの植物の陰になるのを防げる丈の高さが自然選択において有利に働いた野生種のころの、進化的な遺産だった。農家は古い品種のコムギが作り出す長い麦わらの使い道を見つけた。1860年代～1920年代にかけて男性のかぶり物として夏に流行した麦わら帽子は、この副産物から作られたのだ。

主要穀物3種のすべてにおいて、緑の革命が成功したのは茎の長さを短くすることができたからで、茎が太くなり、重い穂先をしっかり支えられるようになった。メキシコの植物育種学研究所では、ノーマン・ボーローグがコムギの伝統品種と日本の矮性品種〔草丈などが低く小形なまま成熟する品種〕を掛け合わせて新たな半矮性品種を作り、丈夫で病気に強く、窒素肥料に効率よく反応することのできるコムギが生まれた。この品種が発展途上国に導入されたおかげで収穫量が劇的に増加し、飢饉が目前に迫っているとエーリックが予言していたインドも、コムギを自給できるようになった。同じような育種プログラムがイネとトウモロコシの緑の革命を引き起こし、同じくらい劇的な影響を食料供給に及ぼした。緑の革命は食料安全保障を改善しただけでなく、既存の農地から得られる収穫量を増やすことにより、推定1800〜2700万ヘクタールにのぼる自然生息地の農地転換を防いでくれたのだ。

第2次「緑の革命」

緑の革命の父ボーローグは1970年にノーベル平和賞を贈られたが、その受賞記念講演で次のように警告している。「緑の革命は、飢餓と貧困との戦いにおける一時的な勝利を人類にもたらしました。人類はひと息つく暇を与えられたのです。この革命を完全に実施すれば、今後30年間にわたって生命の維持に十分な食料を供給することができるでしょう。ですが、ヒトの恐るべき繁殖力を抑制する必要もあります。さもないと、緑の革命の勝利はつかの間のものにしかなりません」

緑の革命のもたらす恩恵はいまでは多くの地で完全に実現され、作物の収穫量は横ばいになり始めている。こうなると、いま栽培中の品種の生産量と、今世紀半ばに達する人口100億人の要求を満たすのに必要な1ヘクタール当たりの収穫量の間に差が生じることが予想される。ある見積もりによると、いま栽培中の分量と、2050年にすべての人々を養うために必要になる分量との差を埋めるには、作物の収穫量を少なくとも50パーセント増加させなければならない。これは、平均収穫量を世界中で現在達成可能な最高レベルまで引き上げるのと同じことだ。平均収穫量の50パーセント増は現在の傾向のままでおそらく達成可能なのだが、将来の食料需要にはそれよりはるかに高い見積もりもあって、その場合は作物の収穫量を倍増させることが必要になる。穀物の収穫量を倍増させることは、現在の傾向のままや通常のやり方では達成できない。

もちろん、穀物の収穫量を劇的に増やすことだけが、将来の食料の供給と需要のバランスをとる唯一の方法というわけではない。供給側だけに集中するやり方は、科学的かつ社会的な問題の技術的解決と呼ぶことができるだろう。それに対して、社会的な解決策は食料需要のレベルに対処するもので、産児制限によって人口増加率を下げたり、食品廃棄物を減らしたり、先進国の人々に肉を食べる量を少なくするよう促すことで家畜飼料として使われる穀物の需要を低下させたりといった方法が含まれる。これらはすべてそれ自体で望ましいことなのだが、それだけに頼ると私たちの未来を不確定な方法に賭ける羽目になってしまうので、第2次「緑の革命」が必要なのだと植物科学者たちは主張している。

第2次緑の革命における科学的難題は、最初の革命とは異なる。最初の革命における難題は、工業化された農業によりよく適応した新品種の植物を作り出すことだったと言える。そして、病気に強く、肥料を与えて灌漑したときに収穫量の増える作物を作ることに成功した。次の緑の革命に取り組んでいる植物育種家は、収穫量を増やすために前回よりもさらに複雑な一連の障壁にぶつかっている。その中にはたとえば、過去の灌漑のせいで塩分濃度が高くなった土壌でも育つように作物の耐塩性を向上させたり、干ばつや高温に対する耐性を向上させたり、絶え間なく進化する害虫や病気と闘ったりというようなことが含まれる。

第2次緑の革命における難題は最初の革命よりもはるかに大きいとはいえ、私たちが自由に使える遺伝学的ツールは、1950年代や60年代にボーローグや作物育種家たちが利用できたものよりもはるかに進歩している。いまでは少なくとも50種の作物の遺伝子配列がわかっているので、そのおかげで、たとえば緑の革命にとって非常に重要だった矮性形質の原因となる遺伝子変異を正確に突き止めることができる。コムギの祖先の1種において耐塩性を高める遺伝子が発見されたので、塩分濃度の高い土壌への適応を急速に向上できる可能性が出てきた。

なによりも野心的な企ては、光合成――植物が日光のエネルギーを利用して二酸化炭素を取り込んで炭水化物（ショ糖やデンプン）を作るプロセス――の基本的なメカニズムがいまでは十分に理解されているので、遺伝子操作による大幅な改良が実現可能だということだ。これが実現したら、十分な肥料と水分さえ供給されれば作物の収穫量を高めることができるだろう。もちろん、遺伝子操作に反対する人々もいる。たとえば、私の住んでいるスコットランドでは、2015年に政府が遺伝子組み換え生物の飼育や栽培を禁止した。ヨーロッパ北部のこの国を、「遺伝子組み換えフリー」というブランドで売り込むことができるようにすることが目的だ。

遺伝子組み換え作物の栽培は欧州連合（EU）内では厳しく規制されていて、この原稿を書いている時点ではほとんど実施されていない。ルーマニアが2007年にEUに加盟したとき、国内の農家はダイズの遺伝子組み換え品種の栽培をやめざるを得なくなり、その結果として収穫量が激減し、ダイズは儲からない作物になってしまった。以前のルーマニアはダイズの輸出国だったのに、いまでは高価な輸入品に頼るしかない。EUによる禁止の例外は遺伝子組み換えトウモロコシで、スペインで広く栽培されており、ヨーロッパのほかの国々で栽培されている従来の品種に比べると、殺虫剤を散布する頻度がわずか10分の1で済むようになった。

遺伝子組み換えのトウモロコシ、ダイズ、キャノーラはアメリカ国内では広く栽培されているが、国民の間には遺伝子組み換え生物に対する不信感が広がっており、2014年に実施された調査によれば成人の57パーセントは遺伝子組み換え食品は一般的に安全でないと考えている。つまり大多数の消費者が、よくても情報不足か、悪ければ誤解のせいで、人々の役に立つことが可能で、現に役立っているテクノロジーを恐れているらしい。20年前なら、遺伝子操作は新しいテクノロジーでまだ実地に試されていないという主張にもそれなりの理由はあったわけだが、もうそんなことはない。遺伝子組み換え作物の安全性試験はすでに何千回もおこなわれていて、遺伝子組み換え技術によって食品が生産者や消費者にとって危険になることはないという証拠はたっぷりある。この安全性を示す証拠の重みのせいなのか、以前は安全性を理由に遺伝子組み換え生物に反対していた国際環境NGOグリーンピースが、いまではその代わりに、遺伝子組み換え作物は利益をもたらさないか、ふさわしくない人々に利益をもたらすかのどちらかだと主張している。だがそれどころか、遺伝子組み換え技術が現実にもたらした利益として、作物の収穫量を増やし、農薬の使用を減らし、業界全体を病気による破滅から救ってさえいる実例があるのだ。

ハワイのパパイアを救う

パパイアは、熱帯地方のいたるところで、貧しい自給農家にとって重要な果物だ。パパイア輪点ウイルス（ＰＲＳＶ）と呼ばれるウイルスに襲われると収穫量が激減して、木が枯れてしまう。このウイルスはアブラムシによって植物から植物へと運ばれる。感染した植物の治療法はないので、パパイア農家はウイルスを運ぶアブラムシを殺す殺虫剤を散布して防ぐことしかできない。これは費用がかかるし、環境を汚染することにもなり、あまり効果的ではない。ＰＲＳＶに耐性のあるパパイアの品種を従来の手法で作り出そうとする試みはすべて失敗に終わり、熱帯地方の1つのパパイア栽培地域から別の栽培地域へとウイルスが広がっていくと、この作物の未来は真っ暗だった。ハワイ島最大のパパイア栽培地域はしばらくの間ＰＲＳＶを免れることができていたが、１９９２年にそこにもウイルスが現れた。幸い、そのころにはＰＲＳＶを防ぐまったく新しい方法がテストされていて、それは遺伝子組み換え技術に基づくものだった。ウイルスの外被タンパク質を作る遺伝子の断片をパパイアのゲノムに挿入するというやり方だ。このように遺伝子を組み換えられたパパイアは、ウイルスの予防接種を受けたようなもので、完全に免疫ができるのだ。

１９９０年代は遺伝子組み換え技術の応用が始まったばかりの時期で、すべて厳重な管理を条件として広められた。ハワイの遺伝子組み換え反対活動家たちが持ち出した1つの大きな懸念は、ウイルスのＤＮＡのせいでパパイアがアレルギー反応を誘発して食べるのが危険になるのではないかという点だった。そうならないことは試験で証明されたが、いずれにしても、ＰＲＳＶに感染したパパイアを食べた人々はウイルスのＤＮＡを大量に食べているのに悪影響は出ていないと植物科学者たちは主張した。もしＰＲＳＶのＤＮＡやウイルスタンパク質を食べてしまうのが心配なら、実は遺伝子組み換えパパイアこそが選ぶべき果物で、なぜならウイルスに感染していないからだ。もっと言うならば、どちらにしても心配する必要はない。ウイルスは胃の中で破壊されるのだから。

規制当局の承認を得るのに苦労して、危うく導入を阻まれそうになりながらも、遺伝子組み換えパパイアは承認され、１９９８年以来ハワイで順調に栽培されている。ハワイにおける安全性の実績と、現地のパパイア産業を救ったという事実があるにもかかわらず、遺伝子組み換えに対する反発のせいで、この品種が最も役に立つはずの発展途上国への導入は阻まれている。グリーンピースは遺伝子組み換え技術には効果がないと主張しているが、それが利益をもたらすはずの地域で利用が妨げられているのは、グリーンピース自身のせいなのだ。２００４年にタイで、ゴーグルと防毒マスクを着けたグリーンピースの活動家たちが遺伝子組み換えパパイアの試験栽培場をめちゃめちゃにして、実を木からもぎ取り、「バイオハザード」と書かれたごみ容器に投げ込んでいた。

遺伝子組み換え食品は誰にも害を及ぼしていないが、それに対する不合理な反対が害を及ぼしているのはほぼ確実だ。ゴールデンライス——失明や死亡の原因となるビタミンA欠乏に苦しんでいる共同体に提供するために作られた遺伝子組み換え品種のイネ——を無償配布する計画は、遺伝子組み換え反対活動家の激しい抵抗に遭っている。発展途上国の貧しい農民は、害虫や病気に強い遺伝子組み換え品種を利用することができずにいる。インドではナスの遺伝子組み換え品種の導入が活動家によって妨害されており、このナスにはBtと呼ばれる害虫抵抗性遺伝子が組み込まれていて、大事な作物をおもな害虫から防いでくれる。Bt遺伝子は、イモムシに感染して殺す細菌から取り出したものだ。対照的に、Btワタの栽培はインドでも許可されており、導入以来、小規模農家に環境面でも経済面でも利益をもたらしている。農薬を大量に使うことなく収穫量を増やせるからだ。ナスを栽培しているインドの小規模農家は、なぜ同じような利益を受けることができないのだろう？

遺伝子組み換え作物の問題は、進化の問題だ

遺伝子組み換え作物は、持続可能な農業の中で活用できるとてつもない潜在能力を持っている。Btナスのような害虫に強い作物は病気を減らして収穫量を向上させると同時に、農薬などの農業への資本投入を減らすこともできる。農業用水の効率性の大幅な改善が、遺伝子操作を通じて可能となり、農業が環境に及ぼす最も大きな影響の1つを軽減してくれるだろう。遺伝子組み換えが悪者扱いされているため、役に立てるテクノロジーが害を及ぼすに違いないと消費者が誤解させられているのは、悲劇的なことだ。

科学的証拠を無視することは暮らしと環境に損害を与えるわけだが、それに加えて、間違った標的に向けられた善意の活動は、重要な環境保護運動を支持している人々の信用を損なう。科学的証拠を

尊重しない人々や組織を、どうして信じられるだろう？　これに気づいた有名な活動家マーク・ライナスは、遺伝子組み換え作物に対する考えを変えた。彼は２０１５年にニューヨーク・タイムズ紙で次のように書いている。

生涯にわたり環境保護論を唱えてきた者として、過去の私は遺伝子組み換え食品に反対していた。15年前には、英国で栽培試験場の破壊活動に参加すらした。その後、考えが変わった。気候変動の科学に関する本を2冊書いたのちに、地球温暖化について科学支持の立場をとりつつ、遺伝子組み換え作物について反科学の立場をとり続けることはもうできないと判断した。この２つの問題には同等レベルの科学的コンセンサスがあり、気候変動は事実で、遺伝子組み換え食品は安全だとされているということに気づいたのだ。片方の問題で専門家のコンセンサスを支持しながら、もう片方でそれに反対することは、私にはできなかった。

遺伝子組み換え作物の問題は、４つの意味において進化の問題だ。第1に、現在は反対に遭っているとはいえ、遺伝子組み換えは私たちの作物の今後の進化を決定づけるものになるだろう。私たちの食べ物は、そのようにして進化していくのだ。ライナス以外の反対論者にも自分の間違いを公の場で認める勇気があるかどうかは、まだわからない。けれども、いわゆる遺伝子組み換え生物を、何千年も前から家畜化や栽培化によって私たちが遺伝子を組み換えてきた作物や動物と明確に区別し定義するのは不可能だという認識が広がれば、論争も下火になるだろう。この理由は、遺伝子組み換えが進化の問題だという2つ目の意味だ。そもそも自然そのものが、最初に遺伝子操作をおこなっているのだ。

ゲノム革命の鍵となる発見の1つは、遺伝子は水平遺伝子伝達によって自然に種の垣根を乗り越えているということだ（第11章）。ウイルスと一部の細菌が水平遺伝子伝達のおもな担い手で、実験室でも自然界でもおこなわれている。リゾビウム・ラディオバクテルはさまざまな広葉植物の根に感染する土壌細菌で、その感染プロセスの中でＤＮＡの一部を植物細胞の中に伝達する。１９７０年代後半に発見されて以来、この細菌の自然なプロセスは、Ｂｔ遺伝子などの遺伝子を作物の細胞内に移動させるための運搬メカニズムとして広く利用されている。

遺伝子組み換えが進化の問題だという3つ目の理由は、大部分の組み換え技術はすでに自然選択によって進化させられて検証済みなので、それを利用する私たちは自然と一緒に働いているのであって、自然に逆らっているわけではないからだ。たとえば、栽培化されたサツマイモのゲノムには、リゾビウム・ラディオバクテルのような細菌に由来する遺伝子が含まれている。問題のＤＮＡ配列は野生の近縁種には存在していないので、栽培化のプロセスの中で取り込まれたらしい。この遺伝子がサツマイモの中でどんな役割を果たしているのかはいまのところ不明だが、おそらく作物としての利用または貯蔵に有益な形質をもたらしているのだろう。

自然界から手に入れた最新の遺伝子組み換え技術で、現時点で間違いなく最も革命的なのは、ＣＲ

ISPR－Cas9（クリスパー－キャスナイン）という名前のシステムだ。これは細菌の中で見つかったゲノム編集システムで、ウイルスに対する適応免疫（病原体などと接することで新たに獲得される免疫）をもたらしている。このシステムによって、細菌の細胞は染色体内に挿入されたことのあるウイルスのDNA配列を認識し、それを切り取り、切れ目を修復することができる。実験室では、どんなDNA断片でも、それに対応するRNAテンプレートをCas9に結合させることで、編集の標的として利用できる。

要するに、ワープロソフトで文書を編集するために検索・置換機能を使うのと同じように、DNA配列を編集するためにCRISPR－Cas9システムを使うことができるのだ。CRISPR－Cas9システムを構成する細菌の遺伝子を動物や植物の細胞内に導入することによって、細胞のDNAの塩基配列が編集可能になる。この新しいゲノム編集ツールが医学と農業に及ぼしうる影響は、いくら大げさに言っても言い過ぎになることはない。例を2つだけ挙げておくと、医学では嚢胞性線維症などの遺伝病を引き起こす欠陥遺伝子を修復することが可能になるだろう。植物では、CRISPR－Cas9はすでにパンコムギがウドンコ病にかかりやすくなる遺伝子を作り変えるのに利用されていて、食料安全保障を脅かす壊滅的な病気に対する耐性をもたらしている。パンコムギは3セットのゲノムを持っているので、ウドンコ病耐性を与えるための品種改良をゲノム編集以外の手段で達成するのは難しい。

遺伝子組み換え技術は不自然でも未検証でもないが、その恐るべき力に無頓着であってはならないし、それとは逆に、あらゆる問題を解決してくれることを期待すべきでもない。ここで、遺伝子組み換えが進化の問題だという4つ目の意味に話がつながる。つまり、有害生物は、それを退治するための遺伝子組み換え技術に対する耐性を進化させることができるのだ。だから、たとえば除草剤グリホサートは、散布されても枯れない遺伝子組み換え作物に使われているのだが、雑草はグリホサートに対する耐性をすでに進化させている。昆虫も、Ｂｔ遺伝子を組み込まれた遺伝子組み換え作物が作るＢｔ毒素に対する耐性を進化させた。

こうした例からわかるのは、私たちがすでに知っていることにすぎない。つまり、進化は継続中で、常に存在し続けているのであって、遺伝子組み換え反対活動家が主張してきたような、遺伝子組み換え技術は失敗だという意味ではない。有害生物における耐性の進化は、総合的な有害生物管理を通じて制限することが可能だ。これにはさまざまな手段があり、遺伝子組み換えはその1つになり得るというだけだが、持続可能なやり方で収穫量を最大に増やすことができる。たとえば、遺伝子組み換え品種を輪作に加えるのもいいだろう。輪作は数年間にわたってさまざまな作物を循環させるという伝統的な慣習で、土壌の肥沃度の維持と有害生物の増加防止が目的だ。

植物と動物の品種改良は、遺伝子組み換えも含めてどんな形式でも、意図しない結果を招く可能性がある。これは、遺伝子組み換えが本来ほかの品種改良技術よりもリスクが高いからではなく、目新しさは常にリスクを伴うものだからだ。だが、健康や環境に対する最大の脅威と結び付く目新しいものは、遺伝子組み換え作物でも栽培化された品種でもなく、アルゼンチンアリ、カワホトトギスがイ、クズのような野生種で、自然分布域の外から持ち込まれたときに莫大な損害を及ぼしている。私たちがなにをするにしても、しないにしても、すべてリスクを伴うのだから、あらゆるリスクはバランスよく判断しなければならない。いまのところ遺伝子組み換え生物のリスクは非常に過大評価されがちで、その一方で持続可能な食物生産という潜在的な利益についてはあまりにも認識不足だ。

進化と料理は似ている

そういうわけで、ダーウィンと一緒のディナーもここでお開きとなり、この本は『バカでもわかる燻製完全ガイド』や『食べ物の泡』や『胃袋の食事（トライプ）』と並んで図書館に置いてもらえるようになるだろう（第1章）。もしあなたが私と一緒にフルコースを味わっていただけたのなら、進化と料理が根本的には似通っているということに気づいたかもしれない。進化史における革新は、哺乳類や鳥類の起源のような大革新でさえ、既存の特徴から組み立てられている。乳汁の元となる分泌物は哺乳類よりも前から存在していたし、それと同様に、卵や羽やある種の飛翔は鳥類の前の祖先にもあった。肥沃な三日月地帯に穀物農業が発達する前に、人々は2万年もの間にわたって野草の種子を集めていた。遺伝学用語で言えば、選択は——自然選択だろうと人為選択だろうと——現存する多様性に基づいて働くのだ。

これのどこが料理に似ているのか？　まあ、まずは料理もそうやって進化したわけだが、料理人の働き方もそれと同じだ。進化に提供されたものと、戸棚や市場にあるものを使うのだから。ここに学ぶべきことはあるだろうか？　あると私は思う。進化はその材料の潜在能力がすべてであって、上手な料理も同じだ。旧石器時代の食べ物に関する空想的な概念に従って私たちの食事を制限すべきだと進化が命じていると言い張る人々は、この事実を無視している。私たちの進化史はたしかに食物の可能性を形作ってきたが、可能性は狭まるというよりも広がっている。私たち人間が氷床や砂漠の盛衰を乗り越えて、その後繁栄し、子孫を増やして、すべての大陸を占領したのは、適応力のある知的な雑食動物だからだ。もしそうでなかったら、ほとんどタケノコしか食べないジャイアントパンダや、ユーカリの葉だけを食べて生きているコアラのように、絶滅の危機にさらされていただろう。皮肉なことに、もし人間の数がその程度まで減っていたら、この2つの種はおそらく、いまでも危機的な状況には陥っていなかったはずだ。

食事の研究により、さまざまな文化における多種多様な食事の比較から示唆されることが確証されている。それはつまり、健康的でバランスのとれた食事を実現する方法はたくさんあるということで、問題になりがちなのは肉を食べ過ぎたり、動物性タンパク質を一切避けたりといった極端な食事だけなのだ。この両極端の中間では、健康に対して最大の脅威となるのはカロリーを多く取り過ぎる非常に現代的な食事だ。

私たちが楽しむことのできる食べ物はこれほど多様なのに、進化が食事制限を命じているのだと説く本が数多く出ているのはなぜなのか、と不思議に思う人もいるかもしれない。その答えになりそうな意見を、私がこの本の概要を送った著作権エージェントが無意識のうちに教えてくれた。彼は私に、時流に合わせて進化論に基づくダイエットの処方箋を書くべきだ、そういう本が売れるんだから、と言ったのだ。それならいっそ、読者をあからさまにだますほうがまだましだ。

そして最後に、ダーウィンと一緒の実際のディナーはどんな感じだったか、あなたは知りたくなっているかもしれない。この本のディナーのきっかけになるだけでなく、ダーウィン自身が同席してくれていたなら、遺伝学の進歩とそれによって明らかになった進化の知識を知って、きっとびっくりしたことだろう。だが悲しいことに、チャールズ・ダーウィンはほぼ生涯にわたって胃を患っていたので、ディナーパーティーを開くことも、それに参加することもめったになかった。ダーウィンの自伝によると、彼と妻のエマがヴィクトリア朝初期のロンドンの喧騒を逃れてケント州のダウンという村に引っ越した当初は、ディナーパーティーを少しは開いたらしい。エマは姉に宛てた手紙の中で、1839年4月1日に開かれたそんなディナーのことを書いていて、出席したジョン・スティーヴンズ・ヘンズロウとチャールズ・ライエルについて「あの厄介なお2人、つまり欧州一の植物学者様（ヘンズロウ）と地質学者様（ライエル）がいらしたにもかかわらず」その偉大なる男の奥方たちが楽しい会話を提供してくれたおかげで、「パーティーは大成功で、話が途切れることはありませんでした」と記している。

だが、「ダーウィンと一緒のディナー」の時代は長くは続かなかった。じきにダーウィンの健康が悪化したため、やむを得ず「ディナーパーティーはすべてあきらめることになり、そのせいでいささか喪失感を覚えている。そういうパーティーはいつも心弾むひとときだったからだ」と自伝に記されている。偶然にも、エマ・ダーウィンはレシピ帳をつけていたので、彼女の台所から生まれた手の込んだ料理の一部についてはよくわかっているのだが、チャールズの胃弱のせいか、それともヴィクトリア朝料理の限界なのか、現代の料理人にインスピレーションを与えるようなレシピはほとんど載っていない。ダーウィンの真の貢献は、進化のレシピを発見したことなのだ。

謝辞

いつものように、妻のリッサ・デ・ラ・パスが私の原稿を妥協なく綿密にチェックして、どうすれば優れた本になるかについて、明確なビジョンを授けてくれた。この目標に向かって、シュートを打つたびにゴールに近づいているはずだと願いたい。長年の仕事仲間で友人でもある、キャロライン・ポンド教授に感謝する。ほとんど誰よりも生物学に詳しい彼女は、原稿に目を通して間違いを探してくれた。見落とされた間違いがあったとすれば、すべて私の責任だ。カリフォルニア大学デイヴィス校のパム・ロナルド教授にもお礼を言いたい。「未来」の章についてコメントを寄せてくれて、彼女とラウル・アダムシャの共著『有機農業と遺伝子組換え食品 明日の食卓』（丸善出版）の近刊の新版に追加した章を先に見せてくれた。さらに、シャロン・ストラウス教授にも感謝する。私がカリフォルニア大学デイヴィス校に超短期滞在したときにホスト役を務めてくれたのが彼女で、その間に私はこの本を書き始めたのだ。最後に、新しい友人たちにも感謝の気持ちを伝えたい。エディンバラのウォッシュ・バーで、「小説よりも奇なり」というスローガンのもとに月1度集まっているノンフィクション・ライターの皆さんのことだ。十数名の皆さんがこの本の選ばれた章に目を通して、洞察に満ちたコメントを与えてくれた。本当にありがとう。

地図の出典

◎地図1：地図上に示された発見や事象の場所は、第2章および第3章に引用された資料より。

◎地図2：地図上に示されたルートは、S. Oppenheimer, "Out-of-Africa, the Peopling of Continents and Islands: Tracing Uniparental Gene Trees across the Map," *Philosophical Transactions of the Royal Society of London B: Biological Sciences* 367, no. 1590 (2012): 770–84 の figure 1 に挙げられたルートに基づく。年代は上記文献および第3章で引用されたそれ以降の資料に基づく。

◎地図3：D. Q. Fuller et al., "Cultivation and Domestication Had Multiple Origins: Arguments against the Core Area Hypothesis for the Origins of Agriculture in the Near East," *World Archaeology* 43, no. 4 (2011): 628–52 の figure 1 に基づく。追加情報は第4章で引用された資料より。

◎地図4：N. I. Vavilov, *Five Continents by Nicolai Ivanovich Vavilov,* translated from the Russian by Doris Löve (IPGRI; VIR, 1997)〔N・I・ヴァヴィロフ『ヴァヴィロフの資源植物探索紀行』［（財）木原記念横浜生命科学振興財団監訳、八坂書房］に記されたヴァヴィロフの遠征の地図をもとに編集。

◎地図5：A. A. Storey et al., "Investigating the Global Dispersal of Chickens in Prehistory Using Ancient Mitochondrial DNA Signatures," *PLOS ONE* 7, no. 7 (2012); H. Xiang, et al., "Early Holocene Chicken Domestication in Northern China," *Proceedings of the National Academy of Sciences of the United States of America* 111, no. 49 (2014): 17564–69; Y. W. Miao et al., "Chicken Domestication: An Updated Perspective Based on Mitochondrial Genomes," *Heredity (Edinburgh)* 110, no. 3 (2013): 277–82, doi:10.1038/hdy.2012.83 に基づく。

◎地図6：M. A. Zeder, "Domestication and Early Agriculture in the Mediterranean Basin: Origins, Diffusion, and Impact," *Proceedings of the National Academy of Sciences of the United States of America* 105, no. 33 (2008): 11597–604 の figure 1 に基づく。

著者
ジョナサン・シルバータウン Jonathan Silvertown
エディンバラ大学の進化生態学の教授。同大学の進化生物学研究所に所属。生態学と進化に関する多くの著書がある。邦訳書は『なぜ老いるのか、なぜ死ぬのか、進化論でわかる』、『生物多様性と地球の未来』(編著)、『植物の個体群生態学』。『An Orchard Invisible (未邦訳)』で「ニューサイエンティスト」誌の年間ベストブックを獲得。

訳者
熊井 ひろ美 (くまい ひろみ)
翻訳家。訳書は、アンドリュー・ロウラー『ニワトリ 人類を変えた大いなる鳥』、アナリー・ニューイッツ『次の大量絶滅を人類はどう超えるか』、マイケル・R・ローズ『老化の進化論』、ルーパート・ペニー『密室殺人』、アダム・ハート＝デイヴィス『話す科学』など。

美味しい進化
食べ物と人類はどう進化してきたか

2019年11月20日
第1刷発行

著者 ジョナサン・シルバータウン
訳者 熊井ひろ美
発行者 宮野尾 充晴
発行 株式会社 インターシフト
〒156-0042 東京都世田谷区羽根木1-19-6
電話 03-3325-8637 FAX 03-3325-8307
発売 合同出版 株式会社
〒101-0051 東京都千代田区神田神保町1-44-2
電話 03-3294-3506 FAX 03-3294-3509

印刷・製本 モリモト印刷
装丁 織沢 綾
扉：イラスト Ografica © (Shutterstock.com)
カバーオリジナルデザイン Isaac Tobin

Printed in Japan ISBN 978-4-7726-9566-4 C0040 NDC400 188x130

れてはいけない。エタノールは、酵母によるアルコール発酵によって作られる。その起源はなんと地上に顕花植物が現れ、果実の糖を醸造酵母の祖先がエタノールに変える能力を進化させたときにまでさかのぼる。この祖先はエタノールを武器にして、ライバルとなる酵母や細菌を防いでいたらしい。出生からして毒なのだ。とはいえ、果実（熟してアルコールを含んだ果実も）を食べていたヒトの祖先は、エタノールに対する耐性を進化させてきた。だから飲んべえも増えるわけだが、お酒に強いかどうかも、この耐性をもたらす酵素（アルコール脱水素酵素：ＡＤＨ）の遺伝子が関わっている。

エタノールは、ＡＤＨによって分解され、悪酔いや頭痛の原因である有毒なアセトアルデヒドになる。少しお酒を飲んだだけでもすぐ赤くなってしまう人は、低濃度のエタノールで働くＡＤＨの遺伝子を持っていて、不快なアセトアルデヒドも急増するため、飲み過ぎることもない。なお、人間の持つＡＤＨバージョン（変異したＡＤＨ４）はゴリラなどの霊長類にもあり、２１００万年前〜１３００万年前頃に登場したらしい。アルコール好きの起源は、霊長類の進化とともにあり、実に根が深いのだ。

ワイン醸造で主役を務める酵母は、サッカロミュケス・ケレウィシアエと呼ばれるが、日本酒もこれの地元種で造られる。この酒好きの酵母は、醸造環境のなかで、ほかの酵母の遺伝子を水平伝達によって獲得するなどして、発酵に大いに貢献している。酵母たちの独自の進化なしには、美味しいお酒もまた生まれないのだ。

本書出版プロデューサー　真柴隆弘

体に良くないとわかっていながら、デザートをつい食べ過ぎてしまうのも、進化の皮肉かもしれない。デザートの主な材料は、炭水化物（糖質）と脂肪で、どちらも純粋なエネルギー源であり、私たちは専門の味覚受容体まで備えている。糖のうちブドウ糖はあらゆる生き物の動力源となる万能燃料だが、気をつけたいのは果糖のほうだ。ブドウ糖よりも2倍も甘くはるかに危険で、多くの植物はこの糖を果実に加えて、人間を含む動物を強力に引きつける。果糖はブドウ糖と同じカロリーにもかかわらず、体が糖のように認識しない。胃の中の満腹センサーに気づかれないだけでなく、燃料の経済性を管理する身体のほかのメカニズムにとっても見えない存在なのだ。食べ過ぎ監視役の目をすり抜けるマントをかぶっているわけで、だからこそ果糖入り食材があふれる現代ではつい過剰摂取しまう。

人間が育てた最も人工的な食べ物は、チーズに違いない。チーズは何十種類もの細菌・真菌などで作られた微小生態系であり、マイクロバイオームだ。チーズの風味や香りは、スターター乳酸菌（SLAB）をはじめ、多くの微生物の協力（相利共生）によって生み出される。チーズの中には競争もあって、たとえばスターター乳酸菌として知られるラクトコックス・ラクティスは、ほかの細菌に有害なタンパク質を作りもする。この毒性は腐敗菌も防いでくれるので、結果としてチーズの微生物群の安定に役立っている。ところが、ほかにもさまざまな複雑な関係が、チーズの美味しさを醸し出す。

微生物が絡む毒ということでは、飲んべえが身をもって知るエタノール（酒のアルコール成分）を忘

味覚の好みにも、進化は大いに関係している。味覚のセンサーである受容体には、「T1Rファミリー」と呼ばれるタンパク質群が関わっていることがわかってきた。動物による味覚の違いも、T1Rタンパク質を作る遺伝子の働きで理解できる。たとえば、ネコが甘味を感じにくかったり、パンダがうま味を感じないのは、進化によってこれらの遺伝子が働かない亡霊（偽遺伝子）になってしまったからだ。興味深いのは、苦味を感じない人が、世界で3人に1人ほどもいることだ。これにも遺伝子が関わっているが、その理由として苦い青野菜などをより多く食べられることが進化的に役立ってきたから、などと説明されている。

辛いトウガラシの実を哺乳類は受け付けないが、鳥は激辛でも感じない。これは鳥が実を食べて種をまいてくれるためだ。植物は天敵から身を守るために、こうした防御機能を進化させてきた。ハーブやスパイスの香りも、植物が防衛のために生み出した化学物質にほかならない。面白いのは、わずかな遺伝子の違いだけでも、香りが変わることだ。たとえば、ペパーミントとスペアミントの香りは、鉄道線路のポイントを切り替えるレバーのように、1つの遺伝子の働きによって決まる微妙な違いなのだ。また香りは環境によっても異なり、同じローズマリーでも、フランスとギリシャでは芳香成分が変わっている。ちなみにトウガラシを「熱く」感じ、ミントがひんやりと「冷たく」感じられるのは、まさに熱さや冷たさの温度を感じる受容体が反応するからにほかならない。それにしても本来、植物の武器である有毒な香りに人が魅せられるのは、まさに進化の複雑さや皮肉さを表している。

「ダーウィンとディナーをご一緒に！」という招待状が届いたら？　こんな想像から本書は始まる。現代の食卓にダーウィンが同席することはないけれども、実は私たちは日々の食事で「進化」を体験している。さまざまな食べ物は進化の産物であるだけではなく、長い歴史の中で人間が選択・改良し進化させてきた賜物でもある。一方で、私たち自身も食べ物によって、脳や遺伝子が変わっている。人間が食べ物を変え、食べ物が人間を変えた――本書はそんな壮大な進化の物語を、料理の起源から未来の食べ物まで、知的栄養に富んだディナーとともに供してくれる。

人類が最初に栽培化した作物はコムギの一種（エンマーコムギ）だったらしい。いまではコムギの品種は何十万もあるが、その大半はパンなどの原料となるパンコムギで世界中に広がっている。この並外れた汎用性は、パンコムギの巨大なゲノム（染色体が3セットあり、人間のゲノムより5倍も大きい）に由来する。こうした遺伝的多様性を利用して、私たちは品種を増やし各地の環境に適応させてきたわけだ。

パンやコメなどのデンプン豊富な穀物による食事は、ヒトの遺伝子を変えている。デンプンを分解して糖にする唾液中のα-アミラーゼ酵素の遺伝子のコピー数は、より穀物を食べる地域の人びとのほうが多いのだ。驚くことに人類の友であるイヌも、消化器系にあるアミラーゼ酵素の遺伝子のコピー数が祖先のオオカミよりぐんと増えている。

◉第１章　進化美食学

p.6『バカでもわかる燻製完全ガイド』: T. Reader, *The Complete Idiot's Guide to Smoking Foods* (Alpha/Penguin Group, 2012).

p.6『食べ物の泡』: G. M. Campbell, *Bubbles in Food* (Eagan Press, 1999); G. M. Campbell et al., *Bubbles in Food 2: Novelty, Health, and Luxury* (AACC International, 2008).

p.7『胃袋の食事』: T. McLaughlin, *A Diet of Tripe: The Chequered History of Food Reform* (David & Charles, 1978).

p.7『雄ウシなんか要らない！』: H. F. Lyman et al., *No More Bull!: The Mad Cowboy Targets America's Worst Enemy, Our Diet* (Scribner, 2005).

p.7『手持ちサイズのパイ』: R. Wharton and S. Billingsley, *Handheld Pies: Pint-Sized Sweets and Savories* (Chronicle Books, 2012).

p.7 オックスフォード大学で開催された食物と料理のシンポジウム: H. Saberi, ed., *Cured, Fermented and Smoked Foods: Proceedings of the Oxford Symposium on Food and Cookery, 2010* (Prospect Books, 2011).

p.7『２軸エクストルージョン』: I. Hayakawa, *Food Processing by Ultra High Pressure Twin-Screw Extrusion* (Technomic Publishing, 1992).

p.11 恐竜は巣作りまでしていて: D. J. Varricchio et al., "Avian Paternal Care Had Dinosaur Origin," *Science* 322, no. 5909 (2008): 1826–28, doi:10.1126/science.1163245.

p.11 南フランスはいまもなお: R. Allain and X. P. Suberbiola, "Dinosaurs of France," *Comptes Rendus Palevol* 2, no. 1 (2003): 27–44, doi:10.1016/s1631-0683(03)00002-2.

p.12 年間 9.5 トンものミルク: USDA, *Milk Cows and Production Final Estimates, 2003–2007* (2009).

p.13 ヒト 400 人を１日養うのに十分なエネルギー: O. T. Oftedal, "The Evolution of Milk Secretion and Its Ancient Origins," *Animal* 6, no. 3 (2012): 355–68, doi:10.1017/s1751731111001935.

p.15 偽遺伝子になっている: D. Brawand et al., "Loss of Egg Yolk Genes in Mammals and the Origin of Lactation and Placentation," *PLOS Biology* (2008), doi:10.1371/journal.pbio.0060063.g001.

p.15『見えない果樹園』: J. Silvertown, *An Orchard Invisible: A Natural History of Seeds* (University of Chicago Press, 2009).

◉第２章　料理

p.21 料理をする動物: J. Boswell, *The Journal of a Tour to the Hebrides with Samuel Johnson, LLD* (1785), http://www.gutenberg.org/

ebooks/6018 (accessed February 22, 2015). ジェイムズ・ボズウェル『ヘブリディーズ諸島旅日記』（諏訪部仁・市川泰男・江藤秀一・芝垣茂・稲村善二・福島治訳、中央大学出版部）
p.22 十分な知能を備えている: F. Warneken and A. G. Rosati, "Cognitive Capacities for Cooking in Chimpanzees," *Proceedings of the Royal Society B: Biological Sciences* 282, no. 1809 (2015), doi:10.1098/rspb.2015.0229.
p.22 絶滅によって消し去られてしまった: W. H. Kimbel and B. Villmoare, "From *Australopithecus* to *Homo*: The Transition That Wasn't," *Philosophical Transactions of the Royal Society of London, Series B: Biological Sciences* 371, no. 1698 (2016), doi:10.1098/rstb.2015.0248.
p.22 チャールズ・ダーウィンはまだ: C. Darwin, *The Descent of Man, and Selection in Relation to Sex* (J. Murray, 1901). チャールズ・ダーウィン『人間の由来』〈上・下〉（長谷川眞理子訳、講談社学術文庫）
p.24 表紙代わりの鏡: 同上 , 242.
p.26 法医学的推理: J. Kappelman et al., "Perimortem Fractures in Lucy Suggest Mortality from Fall Out of Tall Tree," *Nature* (2016), doi:10.1038/nature19332.
p.26 幅広い範囲の環境: K. M. Stewart, "Environmental Change and Hominin Exploitation of C4-Based Resources in Wetland/Savanna Mosaics," *Journal of Human Evolution* 77 (2014): 1–16, doi:10.1016/j.jhevol.2014.10.003.
p.26 何度も噛み砕いていた: D. Lieberman, *The Evolution of the Human Head* (Belknap Press of Harvard University Press, 2011), 434.
p.27 ココに尋ねました: R. Wrangham, *Catching Fire: How Cooking Made Us Human* (Profile Books, 2009). 91. リチャード・ランガム『火の賜物――ヒトは料理で進化した』（依田卓巳訳、ＮＴＴ出版）
p.27 完全な菜食主義者だったとは考えられず: S. P. McPherron et al., "Evidence for Stone-Tool-Assisted Consumption of Animal Tissues Before 3.39 Million Years Ago at Dikika, Ethiopia," *Nature* 466, no. 7308 (2010): 857–60, doi:10.1038/nature09248.
p.28 石器が製作されていた: S. Harmand et al., "3.3-Million-Year-Old Stone Tools from Lomekwi 3, West Turkana, Kenya," *Nature* 521, no. 7552 (2015): 310–15, doi:10.1038/nature14464.
p.28 エチオピアに住んでいたヒト族: M. Dominguez-Rodrigo et al., "Cutmarked Bones from Pliocene Archaeological Sites, at Gona, Afar, Ethiopia: Implications for the Function of the World's Oldest Stone Tools," *Journal of Human Evolution* 48, no. 2 (2005): 109–21, doi:10.1016/j.jhevol.2004.09.004.
p.29 ホモ・ハビリスの起源は230万年前まで押し戻され: F. Spoor et al., "Reconstructed *Homo habilis* Type OH 7 Suggests Deep-Rooted Species Diversity in Early Homo," *Nature* 519, no. 7541 (2015): 83–86, doi:10.1038/nature14224.

p.29 ルーシーと同じくらい勢いよく: Lieberman, *The Evolution of the Human Head*, 503.

p.29 顎の化石を新たに発見: B. Villmoare et al., “Early Homo at 2.8 Ma from Ledi-Geraru, Afar, Ethiopia,” *Science* (2015), doi:10.1126/science.aaa1343.

p.30 プロポーションは私たちに似ている: C. Ruff, “Variation in Human Body Size and Shape,” *Annual Review of Anthropology* 31 (2002): 211–32, doi:10.1146/annurev.anthro.31.040402.085407.

p.30 半分の回数しか噛まずに: Lieberman, *The Evolution of the Human Head*.

p.31 カバやサイやクロコダイル: D. R. Braun et al., “Early Hominin Diet Included Diverse Terrestrial and Aquatic Animals 1.95 Ma in East Turkana, Kenya,” *Proceedings of the National Academy of Sciences of the United States of America* 107, no. 22 (2010): 10002–7, doi:10.1073/pnas.1002181107.

p.31 ウサギ飢餓: S. Bilsborough and N. Mann, “A Review of Issues of Dietary Protein Intake in Humans,” *International Journal of Sport Nutrition and Exercise Metabolism* 16, no. 2 (2006): 129–52.

p.32 狩猟採集民族: A. Strohle and A. Hahn, “Diets of Modern Hunter-Gatherers Vary Substantially in Their Carbohydrate Content Depending on Ecoenvironments: Results from an Ethnographic Analysis,” *Nutrition Research* 31, no. 6 (2011): 429–35, doi:10.1016/j.nutres.2011.05.003.

p.33 熱帯のイネ科やカヤツリグサ科: J. Lee-Thorp et al., “Isotopic Evidence for an Early Shift to C_4 Resources by Pliocene Hominins in Chad,” *Proceedings of the National Academy of Sciences of the United States of America* 109, no. 50 (2012): 20369–72, doi:10.1073/pnas.1204209109.

p.33 古代エジプトで: D. Zohary et al., *Domestication of Plants in the Old World: The Origin and Spread of Domesticated Plants in South-West Asia, Europe, and the Mediterranean Basin* (Oxford University Press, 2012), 158.

p.33 1900本以上の草: M. E. Tumbleson and T. Kommedahl, “Reproductive Potential of *Cyperus esculentus* by Tubers,” *Weeds* 9, no. 4 (1961): 646–53, doi:10.2307/4040817.

p.33 実験用の剥片石器: C. Lemorini et al., “Old Stones’ Song: Use-Wear Experiments and Analysis of the Oldowan Quartz and Quartzite Assemblage from Kanjera South (Kenya),” *Journal of Human Evolution* 72 (2014): 10–25, doi:10.1016/j.jhevol.2014.03.002.

p.34 最も完全に近い初期のヒトの頭蓋骨: D. Lordkipanidze et al., “A Complete Skull from Dmanisi, Georgia, and the Evolutionary Biology of Early Homo,” *Science* 342 (2013): 326–31.

p.35 ゾウは食用として狩られ: M. Ben-Dor et al., “Man the Fat Hunter:

The Demise of *Homo erectus* and the Emergence of a New Hominin Lineage in the Middle Pleistocene (ca. 400 kyr) Levant," *PLOS ONE* 6, no. 12 (2011), doi:10.1371/journal.pone.0028689.

p.35 ゾウの在来種が絶滅した場所：T. Surovell et al., "Global Archaeological Evidence for Proboscidean Overkill," *Proceedings of the National Academy of Sciences of the United States of America* 102, no. 17 (2005): 6231–36, doi:10.1073/pnas.0501947102.

p.35 人類初のバーベキュー：S. E. Bentsen, "Using Pyrotechnology: Fire-Related Features and Activities with a Focus on the African Middle Stone Age," *Journal of Archaeological Research* 22, no. 2 (2014): 141–75, doi:10.1007/s10814-013-9069-x.

p.36 先史考古学的証拠だけでなく生物学的な証拠も：J. A. J. Gowlett and R. W. Wrangham,"Earliest Fire in Africa: Towards the Convergence of Archaeological Evidence and the Cooking Hypothesis," *Azania-Archaeological Research in Africa* 48, no. 1 (2013):5–30, doi:10.1080/0067270x.2012.756754.

p.36 『ヒトは料理で進化した』：Wrangham, *Catching Fire*. リチャード・ランガム『火の賜物――ヒトは料理で進化した』（依田卓巳訳、ＮＴＴ出版）

p.37 MYH16という遺伝子：G. H. Perry et al., "Insights into Hominin Phenotypic and Dietary Evolution from Ancient DNA Sequence Data," *Journal of Human Evolution* 79 (2015): 55–63, doi:10.1016/j.jhevol.2014.10.018.

p.37 料理は食べ物の消化率を高め：R. N. Carmody and R. W. Wrangham, "The Energetic Significance of Cooking," *Journal of Human Evolution* 57, no. 4 (2009): 379–91, doi:10.1016/j.jhevol.2009.02.011.

p.38 肉や脂肪も、生のままなら：R. N. Carmody et al., "Energetic Consequences of Thermal and Nonthermal Food Processing," *Proceedings of the National Academy of Sciences of the United States of America* 108, no. 48 (2011): 19199–203, doi:10.1073/pnas.1112128108; E. E. Groopman et al., "Cooking Increases Net Energy Gain from a Lipid-Rich Food," *American Journal of Physical Anthropology* 156, no. 1 (2015): 11–18, doi:10.1002/ajpa.22622.

p.38 絶対的な大きさがすべてではない：G. Roth and U. Dicke, "Evolution of the Brain and Intelligence," *Trends in Cognitive Sciences* 9, no. 5 (2005): 250–57, doi:10.1016/j.tics.2005.03.005.

p.39 このエネルギーの大部分は：J. J. Harris et al., "Synaptic Energy Use and Supply," *Neuron* 75, no. 5 (2012): 762–77, doi:10.1016/j.neuron.2012.08.019.

p.39 消化器官を節約すること：L. C. Aiello and P. Wheeler, "The Expensive Tissue Hypothesis: The Brain and the Digestive System in Human and Primate Evolution," *Current Anthropology* 36, no. 2 (1995): 199–221, doi:10.1086/204350; A. Navarrete et al., "Energetics and the Evolution of Human Brain Size," *Nature* 480, no. 7375 (2011): 91–93,

doi:10.1038/nature10629.

p.39 27パーセント高い: H. Pontzer et al., “Metabolic Acceleration and the Evolution of Human Brain Size and Life History,” *Nature* 533, no. 7603 (2016): 390–92, doi:10.1038/nature17654.

p.39 脳が大きくなった: Wrangham, *Catching Fire*. リチャード・ランガム『火の賜物——ヒトは料理で進化した』（依田卓巳訳、ＮＴＴ出版）

p.40 ホモ・ハイデルベルゲンシス: L. T. Buck and C. B. Stringer, “*Homo heidelbergensis*,” *Current Biology* 24, no. 6 (2014): R214–15, doi:10.1016/j.cub.2013.12.048.

p.40 必要なときにいつでも火を入手できた: Bentsen, “Using Pyrotechnology”; N. Goren-Inbar et al., “Evidence of Hominin Control of Fire at Gesher Benot Ya’aqov, Israel,” *Science* 304, no. 5671 (2004): 725–27, doi:10.1126/science.1095443.

p.41 トウヒの木でできていて: H. Thieme, “Lower Palaeolithic Hunting Spears from Germany,” *Nature* 385, no. 6619 (1997): 807–10, doi:10.1038/385807a0.

p.41 ウマを狩りで仕留めていて: T. van Kolfschoten, “The Palaeolithic Locality Schöningen (Germany): A Review of the Mammalian Record,” *Quaternary International* 326–27 (2014): 469–80, doi:10.1016/j.quaint.2013.11.006.

p.41 食事にはヘーゼルナッツや: M. Balter, “The Killing Ground,” *Science* 344, no. 6188 (2014): 1080–83.

p.41 絶滅した親戚: D. Reich et al., “Genetic History of an Archaic Hominin Group from Denisova Cave in Siberia,” *Nature* 468, no. 7327 (2010): 1053–60, doi:10.1038/nature09710.

p.42 出会っていたはずだという証拠: D. Reich et al., “Denisova Admixture and the First Modern Human Dispersals into Southeast Asia and Oceania,” *American Journal of Human Genetics* 89, no. 4 (2011): 516–28, doi:10.1016/j.ajhg.2011.09.005.

p.43 赤毛だった: C. Lalueza-Fox et al., “A Melanocortin 1 Receptor Allele Suggests Varying Pigmentation among Neanderthals,” *Science* 318, no. 5855 (2007): 1453–55, doi:10.1126/science.1147417.

p.43 枝分かれした: K. Prüfer et al., “The Complete Genome Sequence of a Neanderthal from the Altai Mountains,” *Nature* 505, no. 7481 (2014): 43–49, doi:10.1038/nature12886.

p.43 ４万年前まで: T. Higham et al., “The Timing and Spatiotemporal Patterning of Neanderthal Disappearance,” *Nature* 512, no. 7514 (2014): 306–9, doi:10.1038/nature13621.

p.43 脳もわずかに大きかった: A. W. Froehle and S. E. Churchill, “Energetic Competition between Neandertals and Anatomically Modern Humans,” *PaleoAnthropology* (2009): 96–116.

p.43 ネアンデルタール人の糞便: A. Sistiaga et al., “The Neanderthal Meal: A New Perspective Using Faecal Biomarkers,” *PLOS ONE* 9, no.

6 (2014), doi:10.1371/journal.pone.0101045.

p.44 煙の粒子：A. G. Henry et al., “Microfossils in Calculus Demonstrate Consumption of Plants and Cooked Foods in Neanderthal Diets (Shanidar III, Iraq; Spy I and II, Belgium),” *Proceedings of the National Academy of Sciences of the United States of America* 108, no. 2 (2011): 486–91, doi:10.1073/pnas.1016868108.

p.44 カルメル山：E. Lev et al., “Mousterian Vegetal Food in Kebara Cave, Mt. Carmel,” *Journal of Archaeological Science* 32, no. 3 (2005): 475–84, doi:10.1016/j.jas.2004.11.006.

p.44 現生人類とあまり変わらなかった：A. G. Henry et al., “Plant Foods and the Dietary Ecology of Neanderthals and Early Modern Humans,” *Journal of Human Evolution* 69 (2014): 44–54, doi:10.1016/j.jhevol.2013.12.014.

p.44 貝や、ときにはウサギ：I. Gutierrez-Zugasti et al., “The Role of Shellfish in Hunter-Gatherer Societies during the Early Upper Palaeolithic: A View from El Cuco Rockshelter, Northern Spain,” *Journal of Anthropological Archaeology* 32, no. 2 (2013): 242–56, doi:10.1016/j.jaa.2013.03.001; D. C. Salazar-Garcia et al., “Neanderthal Diets in Central and Southeastern Mediterranean Iberia,” *Quaternary International* 318 (2013): 3–18, doi:10.1016/j.quaint.2013.06.007.

p.45 カワラバト：R. Blasco et al., “The Earliest Pigeon Fanciers,” *Scientific Reports* 4, no. 5971 (2014), doi:10.1038/srep05971.

◉第３章　貝

p.47 『料理術の本』：この記述が引用されているのはW. Sitwell, *A History of Food in 100 Recipes* (Little, Brown, 2013), 58. ウィリアム・シットウェル『食の歴史：100のレシピをめぐる人々の物語』（栗山節子訳、柊風舎）

p.48 数多くのサルや類人猿：A. E. Russon et al., “Orangutan Fish Eating, Primate Aquatic Fauna Eating, and Their Implications for the Origins of Ancestral Hominin Fish Eating,” *Journal of Human Evolution* 77 (2014): 50–63, doi:10.1016/j.jhevol.2014.06.007.

p.48 捨てられた貝殻の山：M. Álvarez et al., “Shell Middens as Archives of Past Environments, Human Dispersal and Specialized Resource Management,” *Quaternary International* 239, nos. 1–2 (2011): 1–7, doi:10.1016/j.quaint.2010.10.025.

p.48 脳の発達にきわめて重要：J. T. Brenna and S. E. Carlson, “Docosahexaenoic Acid and Human Brain Development: Evidence That a Dietary Supply Is Needed for Optimal Development,” *Journal of Human Evolution* 77 (2014): 99–106, doi:10.1016/j.jhevol.2014.02.017; S. C. Cunnane and M. A. Crawford, “Energetic and Nutritional Constraints on Infant Brain Development: Implications for Brain Expansion during Human Evolution,” *Journal of Human Evolution* 77 (2014): 88–98, doi:10.1016/j.jhevol.2014.05.001.

p.48 彼らが食べていた貝と同じ種: C. W. Marean et al., “Early Human Use of Marine Resources and Pigment in South Africa during the Middle Pleistocene,” *Nature* 449, no. 7164 (2007): 905–8, doi:10.1038/nature06204.

p.49 アフリカ大陸のほとんどが人類の生存に適さなくなった: C. W. Marean, “When the Sea Saved Humanity,” *Scientific American* 303, no. 2 (2010): 54–61, doi:10.1038/scientificamerican0810-54; C. W. Marean, “Pinnacle Point Cave 13B (Western Cape Province, South Africa) in Context: The Cape Floral Kingdom, Shellfish, and Modern Human Origins,” *Journal of Human Evolution* 59, nos. 3–4 (2010): 425–43, doi:10.1016/j.jhevol.2010.07.011.

p.50 エリトリア沖の: R. C. Walter et al., “Early Human Occupation of the Red Sea Coast of Eritrea during the Last Interglacial,” *Nature* 405, no. 6782 (2000): 65–69, doi:10.1038/35011048.

p.50 はるばる中国まで: W. Liu et al., “The Earliest Unequivocally Modern Humans in Southern China,” *Nature* 526, no. 7575 (2015): 696–99, doi:10.1038/nature15696.

p.51 火であぶられた: M. Cortes-Sanchez et al., “Earliest Known Use of Marine Resources by Neanderthals,” *PLOS ONE* 6, no. 9 (2011), doi:10.1371/journal.pone.0024026.

p.51 北アフリカのホモ・サピエンスが: E. A. A. Garcea, “Successes and Failures of Human Dispersals from North Africa,” *Quaternary International* 270 (2012): 119–28, doi:10.1016/j.quaint.2011.06.034.

p.52 人口増加の圧力が: P. Mellars, “Why Did Modern Human Populations Disperse from Africa ca. 60,000 Years Ago? A New Model,” *Proceedings of the National Academy of Sciences of the United States of America* 103, no. 25 (2006): 9381–86, doi:10.1073/pnas.0510792103.

p.52 私たちの遺伝子にそのように記録されている: S. Oppenheimer, “Out-of-Africa, the Peopling of Continents and Islands: Tracing Uniparental Gene Trees across the Map,” *Philosophical Transactions of the Royal Society of London, Series B: Biological Sciences* 367, no. 1590 (2012): 770–84, doi:10.1098/rstb.2011.0306.

p.52 アフリカの住民は遺伝的に多様性に富んでいて: S. A. Tishkoff et al., “The Genetic Structure and History of Africans and African Americans,” *Science* 324, no. 5930 (2009): 1035–44, doi:10.1126/science.1172257.

p.52 遺伝的多様性が失われていった: S. Ramachandran et al., “Support from the Relationship of Genetic and Geographic Distance in Human Populations for a Serial Founder Effect Originating in Africa,” *Proceedings of the National Academy of Sciences of the United States of America* 102, no. 44 (2005): 15942–47, doi:10.1073/pnas.0507611102.

p.52 4万5000年前に: T. D. Weaver, “Tracing the Paths of Modern Humans from Africa,” *Proceedings of the National Academy of Sciences of the United States of America* 111 (2014): 7170–71.

p.53 海岸はもう氷が消えて: E. J. Dixon, “Late Pleistocene Colonization of North America from Northeast Asia: New Insights from Large-Scale Paleogeographic Reconstructions,” *Quaternary International* 285 (2013): 57–67, doi:10.1016/j.quaint.2011.02.027.

p.53 すべてのアメリカ先住民は: T. Goebel et al., “The Late Pleistocene Dispersal of Modern Humans in the Americas,” *Science* 319, no. 5869 (2008): 1497–502, doi:10.1126/science.1153569.

p.53 解体処理されたマストドンの骨: E. Marris, “Underwater Archaeologists Unearth Ancient Butchering Site,” *Nature* (May 13, 2016), doi:10.1038/nature.2016.19913.

p.53 太平洋岸に沿って: J. M. Erlandson and T. J. Braje, “From Asia to the Americas by Boat? Paleogeography, Paleoecology, and Stemmed Points of the Northwest Pacific,” *Quaternary International* 239, nos. 1–2 (2011): 28–37, doi:10.1016/j.quaint.2011.02.030.

p.53 チリにたどり着いた: T. D. Dillehay, *Monte Verde, a Late Pleistocene Settlement in Chile: The Archaeological Context and Interpretation* (Smithsonian Institution Press, 1997).

p.53 ティエラ・デル・フエゴ: A. Prieto et al., “The Peopling of the Fuego-Patagonian Fjords by Littoral Hunter-Gatherers after the Mid-Holocene H1 Eruption of Hudson Volcano,” *Quaternary International* 317 (2013): 3–13, doi:10.1016/j.quaint.2013.06.024.

p.54 おもに貝を常食としているため: C. Darwin, *The Voyage of HMS Beagle* (Folio Society, 1860), chap. 10. チャールズ・R・ダーウィン『新訳 ビーグル号航海記』〈上・下〉(荒俣宏訳、平凡社など)

p.55 考古学的発掘: L. A. Orquera et al., “Littoral Adaptation at the Southern End of South America,” *Quaternary International* 239, nos. 1–2 (2011): 61–69, doi:10.1016/j.quaint.2011.02.032.

●第4章 パン

p.57 両方にとって祖先に当たる: D. Zohary et al., *Domestication of Plants in the Old World: The Origin and Spread of Domesticated Plants in South-West Asia, Europe, and the Mediterranean Basin* (Oxford University Press, 2012); P. J. Berkman et al., “Dispersion and Domestication Shaped the Genome of Bread Wheat,” *Plant Biotechnology Journal* 11, no. 5 (2013): 564–71, doi:10.1111/pbi.12044.

p.57 王族だけでなく労働者もコムギのパンを食べていた: D. Samuel, “Investigation of Ancient Egyptian Baking and Brewing Methods by Correlative Microscopy,” *Science* 273, no. 5274 (1996): 488–90, doi:10.1126/science.273.5274.488; D. Samuel, “Bread Making and

Social Interactions at the Amarna Workmen's Village, Egypt," *World Archaeology* 31, no. 1 (1999): 121–44.

p.57 ネブヘペトラー・メンチュヘテプ2世：大英博物館所蔵の模型：http://culturalinstitute.britishmuseum.org/asset-viewer/model-from-the-tomb-of-nebhepetre-mentuhotep-ii/ygG7V06b8fjrfQ?hl=en (accessed November 19, 2016).

p.58 エジプトのミイラの歯が激しくすり減っている：J. E. Harris, "Dental Care," *Oxford Encyclopedia of Ancient Egypt*, vol. 1, ed. D. B. Redford (Oxford University Press, 2001): 383–85.

p.58 ヒエログリフでなにやら喋っているので：http://www.osirisnet.net/tombes/nobles/antefoqer/e_antefoqer_02.htm (accessed March 12, 2014).

p.59 200種類のパン：J. Bottéro, *Cooking in Mesopotamia*, trans. T. L. Fagan (University of Chicago Press, 2011).

p.61 乾燥気候が大きい種子の進化に好都合なのは：A. T. Moles and M. Westoby, "Seedling Survival and Seed Size: A Synthesis of the Literature," *Journal of Ecology* 92, no. 3 (2004): 372–83.

p.62 野生のヒトツブコムギ：J. R. Harlan, "Wild Wheat Harvest in Turkey," *Archaeology* 20, no. 3 (1967): 197–201.

p.62 自然の群生が耕作地と同じくらい密生している場所で：J. R. Harlan and D. Zohary, "Distribution of Wild Wheats and Barley," *Science* 153, no. 3740 (1966): 1074–80, doi:10.1126/science.153.3740.1074.

p.63 栽培化に何千年もの時間がかかったこと：M. D. Purugganan and D. Q. Fuller, "Archaeological Data Reveal Slow Rates of Evolution during Plant Domestication," *Evolution* 65, no. 1 (2011): 171–83, doi:10.1111/j.1558-5646.2010.01093.x.

p.63 野生のエンマーコムギと野生のオオムギは：Zohary et al., *Domestication of Plants in the Old World*.

p.64 肥沃な三日月地帯でそんな遺物が発見された最古の遺跡は：同上.

p.64 栽培化の中で進化して：D. Q. Fuller et al., "Moving Outside the Core Area," *Journal of Experimental Botany* 63, no. 2 (2012): 617–33, doi:10.1093/jxb/err307; P. Civan et al., "Reticulated Origin of Domesticated Emmer Wheat Supports a Dynamic Model for the Emergence of Agriculture in the Fertile Crescent," *PLOS ONE* 8, no. 11 (2013), doi:10.1371/journal.pone.0081955.

p.65 フランスから持ち込んだ秋まきコムギにとって：C. Darwin, *The Variation of Animals and Plants under Domestication*, vol. 1 (John Murray, 1868).

p.65 鉄道車両が足りなくなってしまった：http://www.agcanada.com/daily/statscan-shows-shockingly-large-crops-all-around (accessed March 19, 2014).

p.65 80万年前〜50万年前の間：T. Marcussen et al., "Ancient Hybridizations among the Ancestral Genomes of Bread Wheat," *Science* 345, no.

6194 (2014), doi:10.1126/science.1250092.

p.65 わずか8000年前に : Zohary et al., *Domestication of Plants in the Old World*; J. Dvorak et al., "The Origin of Spelt and Free-Threshing Hexaploid Wheat," *Journal of Heredity* 103, no. 3 (2012): 426–41, doi:10.1093/jhered/esr152.

p.65 少なくとも23万年前 : Marcussen et al., "Ancient Hybridizations among the Ancestral Genomes of Bread Wheat."

p.66 パンコムギの進化における桁外れの汎用性 : J. Dubcovsky and J. Dvorak, "Genome Plasticity a Key Factor in the Success of Polyploid Wheat under Domestication," *Science* 316, no. 5833 (2007): 1862–66, doi:10.1126/science.1143986.

p.68 黒サビ病菌の変種のUg 99: R. P. Singh et al., "The Emergence of Ug99 Races of the Stem Rust Fungus Is a Threat to World Wheat Production," *Annual Review of Phytopathology* 49, no. 1 (2011): 465–81, doi:10.1146/annurev-phyto-072910-095423.

p.69 チャールズ・ダーウィンの蔵書 : I. G. Loskutov, *Vavilov and His Institute: A History of the World Collection of Plant Genetic Resources in Russia* (International Plant Genetic Resources Institute, 1999).

p.70 作物の遺伝的多様性が最も大きいのは : N. I. Vavilov and V. F. Dorofeev, *Origin and Geography of Cultivated Plants* (Cambridge University Press, 1992).

p.70 時の試練に耐えて生き残ったとはまだ言えない : J. Dvorak et al., "NI Vavilov's Theory of Centres of Diversity in the Light of Current Understanding of Wheat Diversity, Domestication and Evolution," *Czech Journal of Genetics and Plant Breeding* 47 (2011): S20–S27.

p.70 それから20年の間、この原稿は紛失したと思われていた : S. Reznik and Y. Vavilov, "The Russian Scientist Nicolay Vavilov," in *Five Continents by Nicolay Ivanovich Vavilov*, trans. Doris Löve (IPGRI; VIR, 1997), xvii–xxix. N・I・ヴァヴィロフ『ヴァヴィロフの資源植物探索紀行』[(財) 木原記念横浜生命科学振興財団監訳、八坂書房]

p.72 ヴァヴィロフは次のように書いている : この記述が引用されているのは G. P. Nabhan, *Where Our Food Comes From: Retracing Nikolay Vavilov's Quest to End Famine* (Island Press Shearwater Books, 2009).

p.73 その原種である野生の雑草は : A. L. Ingram and J. J. Doyle, "The Origin and Evolution of *Eragrostis tef* (Poaceae) and Related Polyploids: Evidence from Nuclear Waxy and Plastid Rps16," *American Journal of Botany* 90, no. 1 (2003): 116–22.

p.74 だが、ヴァヴィロフの研究者としての人生には、苦くも甘い終結が : Loskutov, *Vavilov and His Institute*.

p.74 ロシアコレクション奇襲隊 : Nabhan, *Where Our Food Comes From*.

p.75 彼の伝記の著者G・A・ゴルベフが : 同上 , xxiii, 223.

p.75 地球温暖化の悪影響を受けている : J. R. Porter et al., *IPCC Fifth Report*, chapter 7: "Food Security and Food Production Systems" (final

draft, 2014).

p.76 ペルシャ（イラン）に収集旅行に行き：N. I. Vavilov, *Five Continents*. N・I・ヴァヴィロフ『ヴァヴィロフの資源植物探索紀行』［（財）木原記念横浜生命科学振興財団監訳、八坂書房］

p.77 種子そのものも野生のライムギのように小さくなった：J. C. Burger et al., "Rapid Phenotypic Divergence of Feral Rye from Domesticated Cereal Rye," *Weed Science* 55, no. 3 (2007): 204–11, doi:10.1614/WS-06-177.1.

p.78 オーストラリアの歴史家V・ゴードン・チャイルドは：V. G. Childe, *Man Makes Himself* (Spokesman, 1936). G・チャイルド『文明の起源』〈上・下〉（ねずまさし訳、岩波新書）

p.79 ある研究で：G. H. Perry et al., "Diet and the Evolution of Human Amylase Gene Copy Number Variation," *Nature Genetics* 39, no. 10 (2007): 1256–60, doi:10.1038/ng2123.

p.80 それとは正反対の結果になった：A. L. Mandel and P. A. S. Breslin, "High Endogenous Salivary Amylase Activity Is Associated with Improved Glycemic Homeostasis Following Starch Ingestion in Adults," *Journal of Nutrition* 142, no. 5 (2012): 853–58, doi:10.3945/jn.111.156984.

p.81 イヌの消化器系：E. Axelsson et al., "The Genomic Signature of Dog Domestication Reveals Adaptation to a Starch-Rich Diet," *Nature* 495, no. 7441 (2013): 360–64, doi:10.1038/nature11837.

◉第５章　スープ

p.83 おそらくそれは、深海にある熱水噴出孔の周辺だろう：W. Martin et al., "Hydrothermal Vents and the Origin of Life," *Nature Reviews Microbiology* 6, no. 11 (2008): 805–14, doi:10.1038/nrmicro1991; W. F. Martin et al., "Energy at Life's Origin," *Science* 344, no. 6188 (2014): 1092–93, doi:10.1126/science.1251653.

p.83 1871年に友人の植物学者ジョセフ・フッカーに宛てて書いた手紙：C. Darwin, "Letter to J. D. Hooker 1st Feb. 1871," https://www.darwinproject.ac.uk/letter/DCP-LETT-7471.xml (accessed November 5, 2016).

p.83「原始スープ」：J. B. S. Haldane, "The Origin of Life," *Rationalist Annual* 3 (1929): 3–10.

p.83「原始クレープ」または「原始ドレッシング」：H. S. Bernhardt and W. P. Tate, "Primordial Soup or Vinaigrette: Did the RNA World Evolve at Acidic pH?," *Biology Direct* 7 (2012), doi:10.1186/1745-6150-7-4; G. von Kiedrowski, "Origins of Life—Primordial Soup or Crepes?," *Nature*381, no. 6577 (1996): 20–21, doi:10.1038/381020a0.

p.84 多糖類からスタートする：V. Tolstoguzov, "Why Are Polysaccharides Necessary?," *Food Hydrocolloids* 18, no. 5 (2004): 873–77, doi:10.1016/j.foodhyd.2003.11.011.

p.84　スープはわが国の食事の基礎であり：J. A. Brillat-Savarin, *The Physiology of Taste* (Everyman, 2009), 85. ブリア＝サヴァラン『美味礼讃』〈上・下〉（関根秀雄・戸部松実訳、岩波文庫）
p.84　すてきなスープ、こってりとして緑色：ルイス・キャロル『不思議の国のアリス』（矢川澄子訳、新潮文庫など）に登場する「にせウミガメ」の歌。
p.85　ハロルド・マギー：H. McGee, *McGee on Food and Cooking* (Hodder & Stoughton, 2004). Harold McGee『マギーキッチンサイエンス――食材から食卓まで――』（香西みどり監訳、北山薫・北山雅彦訳、共立出版）
p.85　第6の味覚：R. S. Keast and A. Costanzo, "Is Fat the Sixth Taste Primary? Evidence and Implications," *Flavour* 4, no. 1 (2015): 1–7, doi:10.1186/2044-7248-4-5.
p.85　日本語で論説を発表し：K. Ikeda, "New Seasonings," *Chemical Senses* 27, no. 9 (2002): 847–49, doi:10.1093/chemse/27.9.847 (translated from the Japanese original published in 1909). 池田菊苗「新調味料に就いて」東京化学会誌、30, p.820 (1909)
p.87　最も塩辛い海に棲む海藻だ：O. G. Mouritsen, *Seaweeds: Edible, Available, and Sustainable* (University of Chicago Press, 2013).
p.88　うま味の爆弾を爆発させる：O. G. Mouritsen et al., *Umami: Unlocking the Secrets of the Fifth Taste* (Columbia University Press, 2014).
p.88　どんなスープにとっても基本的な出発点で：L. Bareham, *A Celebration of Soup* (Michael Joseph, 1993).
p.89　同じく動物性材料からのイノシン酸塩：K. Kurihara, "Glutamate: From Discovery as a Food Flavor to Role as a Basic Taste (Umami)," *American Journal of Clinical Nutrition* 90, no. 3 (2009): 719S–22S, doi:10.3945/ajcn.2009.27462D.
p.89　その存在が第5の味覚として：B. Lindemann et al., "The Discovery of Umami," *Chemical Senses* 27, no. 9 (2002): 843–44, doi:10.1093/chemse/27.9.843.
p.89　醤油の鑑定：Ikeda, "New Seasonings." 池田菊苗「新調味料に就いて」
p.90　味蕾の中に：N. Chaudhari et al., "A Metabotropic Glutamate Receptor Variant Functions as a Taste Receptor," *Nature Neuroscience* 3, no. 2 (2000): 113–19, doi:10.1038/72053.
p.92　砂糖を味わう能力：P. H. Jiang et al., "Major Taste Loss in Carnivorous Mammals," *Proceedings of the National Academy of Sciences of the United States of America* 109, no. 13 (2012): 4956–61, doi:10.1073/pnas.1118360109.
p.93　マウスを使った研究：J. Chandrashekar et al., "The Cells and Peripheral Representation of Sodium Taste in Mice," *Nature* 464, no. 7286 (2010): 297–301, doi:10.1038/nature08783.
p.95　ウリハムシ：C. P. Da Costa and C. M. Jones, "Cucumber Beetle Resistance and Mite Susceptibility Controlled by the Bitter Gene

in *Cucumis sativus* L," *Science* 172, no. 3988 (1971): 1145–46, doi:10.1126/science.172.3988.1145.

p.95 オニオンクリーム：R. Man and R. Weir, *The Mustard Book* (Grub Street, 2010).

p.96 ホップの苦味：D. Intelmann et al., "Three TAS2R Bitter Taste Receptors Mediate the Psychophysical Responses to Bitter Compounds of Hops (*Humulus lupulus* L.) and Beer," *Chemosensory Perception* 2, no. 3 (2009): 118–32, doi:10.1007/s12078-009-9049-1.

p.96 別れたのは 9300 万年前：http://www.timetree.org/index.php?taxon_a=mouse&taxon_b=human&submit=Search (accessed October 28, 2014).

p.96 苦味化合物の受容体遺伝子：D. Y. Li and J. Z. Zhang, "Diet Shapes the Evolution of the Vertebrate Bitter Taste Receptor Gene Repertoire," *Molecular Biology and Evolution* 31, no. 2 (2014): 303–9, doi:10.1093/molbev/mst219.

p.96 10 個あまりの偽遺伝子：Y. Go et al., "Lineage-Specific Loss of Function of Bitter Taste Receptor Genes in Humans and Nonhuman Primates," *Genetics* 170, no. 1 (2005): 313–26, doi:10.1534/genetics.104.037523.

p.97 このような細工をされたマウス：K. L. Mueller et al., "The Receptors and Coding Logic for Bitter Taste," *Nature* 434, no. 7030 (2005): 221–25, doi:10.1038/nature03366.

p.99 酸っぱい物に対して：D. G. Liem and J. A. Mennella, "Heightened Sour Preferences during Childhood," *Chemical Senses* 28, no. 2 (2003): 173–80.

p.99 味わう能力：D. Drayna, "Human Taste Genetics," *Annual Review of Genomics and Human Genetics* 6 (2005): 217–35.

p.101 エディンバラ動物園：R. A. Fisher et al., "Taste-Testing the Anthropoid Apes," *Nature* 144 (1939): 750.

p.102 高い割合で多型性を示しているもの：Drayna, "Human Taste Genetics."

p.102 抗がん成分：Y. Shang et al., "Biosynthesis, Regulation, and Domestication of Bitterness in Cucumber," *Science* 346, no. 6213 (2014): 1084–88, doi:10.1126/science.1259215.

◉第６章　魚

p.104 刺身で美味しく食べられる：O. G. Mouritsen et al., *Umami: Unlocking the Secrets of the Fifth Taste* (Columbia University Press, 2014).

p.105 痛覚受容体さえ：F. Viana, "Chemosensory Properties of the Trigeminal System," *ACS Chemical Neuroscience* 2, no. 1 (2011): 38–50, doi:10.1021/cn100102c.

p.105 ポリカルプ・ポンスレ師："*Chimie du goût et de l'odorat* [1st ed., 1755]," described by A. Davidson, "Tastes, Aromas, Flavours," in

Oxford Symposium on Food and Cookery, 1987: Taste, ed. T. Jaine (Prospect Books, 1988): 9–14.
p.106 アリストテレス：この記述が引用されているのは：G. M. Shepherd, *Neurogastronomy: How the Brain Creates Flavor and Why It Matters* (Columbia University Press, 2012), 12. ゴードン・M・シェファード『美味しさの脳科学――においが味わいを決めている』（小松淳子訳、インターシフト）
p.106 嗅覚受容体：Y. Niimura, "Olfactory Receptor Multigene Family in Vertebrates: From the Viewpoint of Evolutionary Genomics," *Current Genomics* 13, no. 2 (2012): 103–14.
p.107 アフリカゾウ：Y. Niimura et al., "Extreme Expansion of the Olfactory Receptor Gene Repertoire in African Elephants and Evolutionary Dynamics of Orthologous Gene Groups in 13 Placental Mammals," *Genome Research* 24, no. 9 (2014): 1485–96, doi:10.1101/gr.169532.113.
p.108 たくさんの進化的変化：Y. Niimura and M. Nei, "Extensive Gains and Losses of Olfactory Receptor Genes in Mammalian Evolution," *PLOS ONE* 2, no. 8 (2007), doi:10.1371/journal.pone.0000708.
p.112 1兆種類以上のにおい：C. Bushdid et al., "Humans Can Discriminate More than 1 Trillion Olfactory Stimuli," *Science* 343, no. 6177 (2014): 1370–72, doi:10.1126/science.1249168.
p.112 ありとあらゆる方法で組み合わせると：M. Auvray and C. Spence, "The Multisensory Perception of Flavor," *Consciousness and Cognition* 17, no. 3 (2008): 1016–31, doi:10.1016/j.concog.2007.06.005.
p.112 気づかずにいる：G. M. Shepherd, "The Human Sense of Smell: Are We Better than We Think?," *PLOS Biology* 2, no. 5 (2004): e146, doi:10.1371/journal.pbio.0020146.
p.113 対立遺伝子が600個ずつある：T. Olender et al., "Personal Receptor Repertoires: Olfaction as a Model," *BMC Genomics* 13 (2012), doi:10.1186/1471-2164-13-414.
p.113 これらの対立遺伝子がすべて使われて：B. Keverne, "Monoallelic Gene Expression and Mammalian Evolution," *Bioessays* 31, no. 12 (2009): 1318–26, doi:10.1002/bies.200900074.
p.114 パクチーが好きかどうか：N. Eriksson et al., "A Genetic Variant Near Olfactory Receptor Genes Influences Cilantro Preference," *Flavour* 1, no. 22 (2012), doi:10.1186/2044-7248-1-22.
p.114 進化が筋肉をどのように適応させてきたか：H. McGee, *McGee on Food and Cooking* (Hodder & Stoughton, 2004). Harold McGee『マギーキッチンサイエンス――食材から食卓まで――』（香西みどり監訳、北山薫・北山雅彦訳、共立出版）
p.116 ガルムが使われている：R. I. Curtis, "Umami and the Foods of Classical Antiquity," *American Journal of Clinical Nutrition* 90, no. 3 (2009): 712S–18S, doi:10.3945/ajcn.2009.27462C.

p.117 唯一の大規模工場産業：A. Dalby and S. Grainger, *The Classical Cookbook* (British Museum Press, 1996). アンドリュー・ドルビー、サリー・グレインジャー『古代ギリシア・ローマの料理とレシピ』（今川香代子訳、丸善）

p.117 不運な町ポンペイの「ガルム長者」：Curtis, "Umami and the Foods of Classical Antiquity."

◉第7章 肉

p.119 さらに肉は：N. Mann, "Dietary Lean Red Meat and Human Evolution," *European Journal of Nutrition* 39, no. 2 (2000): 71–79, doi:10.1007/s003940050005.

p.121 この寄生虫と私たちの付き合い：E. P. Hoberg et al., "Out of Africa: Origins of the *Taenia* Tapeworms in Humans," *Proceedings of the Royal Society of London: Series B, Biological Sciences* 268, no. 1469 (2001): 781–87.

p.122 旋毛虫：D. S. Zarlenga et al., "Post-Miocene Expansion, Colonization, and Host Switching Drove Speciation among Extant Nematodes of the Archaic Genus *Trichinella*," *Proceedings of the National Academy of Sciences of the United States of America* 103, no. 19 (2006): 7354–59, doi:10.1073/pnas.0602466103.

p.123 熱ショックに対する防御：G. H. Perry, "Parasites and Human Evolution," *Evolutionary Anthropology* 23, no. 6 (2014): 218–28, doi:10.1002/evan.21427.

p.124 動物と認識できる世界初の壁画：M. Aubert et al., "Pleistocene Cave Art from Sulawesi, Indonesia," *Nature* 514, no. 7521 (2014): 223–27, doi:10.1038/nature13422.

p.124「バビュロウサ・バビュルッサ」：L. Watson, *The Whole Hog: Exploring the Extraordinary Potential of Pigs* (Profile, 2004). ライアル・ワトソン『思考する豚』（福岡伸一訳、木楽舎）

p.125 ショーヴェ洞窟：http://www.bradshawfoundation.com/chauvet/ ; J. Combier and G. Jouve, "Nouvelles recherches sur l'identité culturelle et stylistique de la grotte Chauvet et sur sa datation par la méthode du 14C," *L'Anthropologie* 118, no. 2 (2014): 115–51, doi:10.1016/j.anthro.2013.12.001.

p.125 トナカイの肉：S. Gaudzinski-Windheuser and L. Niven, "Hominin Subsistence Patterns during the Middle and Late Paleolithic in Northwestern Europe," in *The Evolution of Hominin Diets*, Vertebrate Paleobiology and Paleoanthropology, ed. J.-J. Hublin and M. Richards (Springer Netherlands, 2009), 99–111.

p.125 丸石：M. Mariotti Lippi et al., "Multistep Food Plant Processing at Grotta Paglicci (Southern Italy) around 32,600 Cal B.P.," *Proceedings of the National Academy of Sciences of the United States of America* 112, no. 39 (2015): 12075–80, doi:10.1073/pnas.1505213112.

p.126 野ネズミの巣のたくわえ : M. Jones, “Moving North: Archaeobotanical Evidence for Plant Diet in Middle and Upper Paleolithic Europe,” in *The Evolution of Hominin Diets*, Vertebrate Paleobiology and Paleoanthropology, ed. J.-J. Hublin and M. Richards (Springer Netherlands, 2009), 171–80.

p.126 植生も変化した : E. Willerslev et al., “Fifty Thousand Years of Arctic Vegetation and Megafaunal Diet,” *Nature* 506, no. 7486 (2014): 47–51, doi:10.1038/nature12921.

p.126 ハイイロオオカミの変種 : J. A. Leonard et al., “Megafaunal Extinctions and the Disappearance of a Specialized Wolf Ecomorph,” *Current Biology* 17, no. 13 (2007): 1146–50, doi:10.1016/j.cub.2007.05.072.

p.127 取り残された個体群 : M. Hofreiter and I. Barnes, “Diversity Lost: Are All Holarctic Large Mammal Species Just Relict Populations?,” *BMC Biology* 8 (2010): 46, doi:10.1186/1741-7007-8-46.

p.127 とどめを刺したのは人間の狩猟者 : A. J. Stuart, “Late Quaternary Megafaunal Extinctions on the Continents: A Short Review,” *Geological Journal* 50, no. 3 (2015): 338–63, doi:10.1002/gj.2633.

p.127 大好物はケナガマンモス : H. Bocherens et al., “Reconstruction of the Gravettian Food-Web at Předmostí I Using Multi-Isotopic Tracking (13C, 15N, 34S) of Bone Collagen,” *Quaternary International* 359 (2015): 211–28, doi:10.1016/j.quaint.2014.09.044.

p.127 マンモスはマンモス・ステップの全域において : P. Shipman, “How Do You Kill 86 Mammoths? Taphonomic Investigations of Mammoth Megasites,” *Quaternary International* 359–60 (2015): 38–46, doi:10.1016/j.quaint.2014.04.048.

p.127 ウランゲリ島 : A. J. Stuart et al., “Pleistocene to Holocene Extinction Dynamics in Giant Deer and Woolly Mammoth,” *Nature* 431 (2004): 684–89.

p.128 食べ物のレパートリーを広げ始めていた : M. C. Stiner and N. D. Munro, “Approaches to Prehistoric Diet Breadth, Demography, and Prey Ranking Systems in Time and Space,” *Journal of Archaeological Method and Theory* 9, no. 2 (June 2002): 181–214.

p.128 オハロ II: L. A. Maher et al., “The Pre-Natufian Epipaleolithic: Long-Term Behavioral Trends in the Levant,” *Evolutionary Anthropology* 21, no. 2 (2012): 69–81, doi:10.1002/evan.21307.

p.128 耕作地の雑草 : A. Snir et al., “The Origin of Cultivation and Proto-Weeds, Long Before Neolithic Farming,” *PLOS ONE* 10, no. 7 (2015), doi:10.1371/journal.pone.0131422.

p.129 オハロ II の人々は : D. Nadel et al., “On the Shore of a Fluctuating Lake: Environmental Evidence from Ohalo II (19,500 BP),” *Israel Journal of Earth Sciences* 53, nos. 3–4, special issue (2004): 207–23, doi:10.1560/v3cu-ebr7-ukat-uca6.

p.129 ハイファの近くにあるエル＝ワド：R. Yeshurun et al., "Intensification and Sedentism in the Terminal Pleistocene Natufian Sequence of el-Wad Terrace (Israel)," *Journal of Human Evolution* 70 (2014): 16–35, doi:10.1016/j.jhevol.2014.02.011.

p.130 アシュクル・ホユック：M. C. Stiner et al., "A Forager-Herder Trade-Off, from Broad-Spectrum Hunting to Sheep Management at Aşikli Höyük, Turkey," *Proceedings of the National Academy of Sciences of the United States of America* 111, no. 23 (2014): 8404–9, doi:10.1073/pnas.1322723111.

p.130 女性1人当たりの子供の数は：E. Guerrero, S. Naji, and J.-P. Bocquet-Appel, "The Signal of the Neolithic Demographic Transition in the Levant," in *The Neolithic Demographic Transition and Its Consequences*, ed. J.-P. Bocquet-Appel and O. Bar-Yosef (Springer, 2008), 57–80, doi:10.1007/978-1-4020-8539-0_4.

p.130 世界的な現象：P. Bellwood and M. Oxenham, "The Expansions of Farming Societies and the Role of the Neolithic Demographic Transition," 同上, 13–34, doi:10.1007/978-1-4020-8539–0_2.

p.131 「迷うだろうけど」：Dr. Seuss, *Oh, the Places You'll Go!* (Random House, 1990). ドクター・スース『きみの行く道』（いとうひろみ訳、河出書房新社）

p.132 現代のニワトリとの遺伝的類似性：H. Xiang et al., "Early Holocene Chicken Domestication in Northern China," *Proceedings of the National Academy of Sciences of the United States of America* 111, no. 49 (2014): 17564–69, doi:10.1073/pnas.1411882111.

p.132 別々に家畜化された：S. Kanginakudru et al., "Genetic Evidence from Indian Red Jungle Fowl Corroborates Multiple Domestication of Modern Day Chicken," *BMC Evolutionary Biology* 8 (2008): 174, doi:10.1186/1471-2148-8-174; Y. P. Liu et al., "Multiple Maternal Origins of Chickens: Out of the Asian Jungles," *Molecular Phylogenetics and Evolution* 38, no. 1 (2006): 12–19, doi:10.1016/j.ympev.2005.09.014.

p.132 インドから中国に生きたニワトリが：A. A. Storey et al., "Investigating the Global Dispersal of Chickens in Prehistory Using Ancient Mitochondrial DNA Signatures," *PLOS ONE* 7, no. 7 (2012), doi:10.1371/journal.pone.0039171.

p.132 ハイイロヤケイ：J. Eriksson et al., "Identification of the Yellow Skin Gene Reveals a Hybrid Origin of the Domestic Chicken," *PLOS Genetics* 4, no. 2 (2008), doi:10.1371/journal.pgen.1000010.

p.134 3つの別々なルートで：J. M. Mwacharo et al., "The History of African Village Chickens: An Archaeological and Molecular Perspective," *African Archaeological Review* 30, no. 1 (2013): 97–114, doi:10.1007/s10437-013-9128-1; J. M. Mwacharo et al., "Reconstructing the Origin and Dispersal Patterns of Village Chickens across East Africa: Insights from Autosomal Markers," *Molecular Ecology* 22, no.

10 (2013): 2683–97, doi:10.1111/mec.12294.
p.134 最も勇敢な移住: P. V. Kirch, "Peopling of the Pacific: A Holistic Anthropological Perspective," *Annual Review of Anthropology* 39, no. 1 (2010): 131–48, doi:10.1146/annurev.anthro.012809.104936; J. M. Wilmshurst et al., "High-Precision Radiocarbon Dating Shows Recent and Rapid Initial Human Colonization of East Polynesia," *Proceedings of the National Academy of Sciences of the United States of America* 108, no. 5 (2011): 1815–20, doi:10.1073/pnas.1015876108.
p.134 鶏小屋: J. Diamond, *Collapse: How Societies Choose to Fail or Survive* (Allen Lane, 2005). ジャレド・ダイアモンド『文明崩壊——滅亡と存続の命運を分けるもの』〈上・下〉(楡井浩一訳、草思社)
p.135 有史以前のポリネシアのニワトリ: Storey et al., "Investigating the Global Dispersal of Chickens"; A. A. Storey, "Polynesian Chickens in the New World: A Detailed Application of a Commensal Approach," *Archaeology in Oceania* 48 (2013): 101–19, doi:10.1002/arco.5007.
p.135 スペイン人の征服者フランシスコ・ピサロ: S. M. Fitzpatrick and R. Callaghan, "Examining Dispersal Mechanisms for the Translocation of Chicken (*Gallus gallus*) from Polynesia to South America," *Journal of Archaeological Science* 36, no. 2 (2009): 214–23, doi:10.1016/j.jas.2008.09.002.
p.136 ボールベアリング: J. Flenley and P. Bahn, *The Enigmas of Easter Island* (Oxford University Press, 2002).
p.136 エクアドルやペルー: C. Roullier et al., "Historical Collections Reveal Patterns of Diffusion of Sweet Potato in Oceania Obscured by Modern Plant Movements and Recombination,"*Proceedings of the National Academy of Sciences of the United States of America* 110, no. 6 (2013): 2205–10, doi:10.1073/pnas.1211049110.
p.136 歓迎されて: J. V. Moreno-Mayar et al., "Genome-Wide Ancestry Patterns in Rapanui Suggest Pre-European Admixture with Native Americans," *Current Biology* 24, no. 21 (2014): 2518–25, doi:10.1016/j.cub.2014.09.057.
p.137 1万5000年前には: D. F. Morey, "In Search of Paleolithic Dogs: A Quest with Mixed Results," *Journal of Archaeological Science* 52 (2014): 300–307, doi:10.1016/j.jas.2014.08.015.
p.137 その2倍は古い: Shipman, "How Do You Kill 86 Mammoths?"
p.137 四方八方へ広がった: F. H. Lv et al., "Mitogenomic Meta-Analysis Identifies Two Phases of Migration in the History of Eastern Eurasian Sheep," *Molecular Biology and Evolution* 32, no. 10 (2015): 2515–33, doi:10.1093/molbev/msv139.
p.137 ヒツジがはるばる中国北部に: J. Dodson et al., "Oldest Directly Dated Remains of Sheep in China," *Scientific Reports* 4 (2014), doi:10.1038/srep07170.
p.137 約1500もの品種がある: P. Taberlet et al., "Conservation Genetics

of Cattle, Sheep, and Goats," *Comptes Rendus Biologies* 334, no. 3 (2011): 247–54, doi:10.1016/j.crvi.2010.12.007.
p.137 太い尾: M. H. Moradi et al., "Genomic Scan of Selective Sweeps in Thin and Fat Tail Sheep Breeds for Identifying of Candidate Regions Associated with Fat Deposition," *BMC Genetics* 13 (2012): 10, doi:10.1186/1471-2156-13-10.
p.138 昔から料理に使われている: J. Tilsley-Benham, "Sheep with Two Tails: Sheep's Tail Fat as a Cooking Medium in the Middle East," *Oxford Symposium on Food & Cookery, 1986: The Cooking Medium: Proceedings*, ed. T. Jaine (Prospect Books, 1987), 46–50.
p.138 移行が起きた形跡: N. Marom and G. Bar-Oz, "The Prey Pathway: A Regional History of Cattle (*Bos taurus*) and Pig (*Sus scrofa*) Domestication in the Northern Jordan Valley, Israel," *PLOS ONE* 8, no. 2 (2013): e55958, doi:10.1371/journal.pone.0055958.
p.138 家畜化は3度あった: J. E. Decker et al., "Worldwide Patterns of Ancestry, Divergence, and Admixture in Domesticated Cattle," *PLOS Genetics* 10, no. 3 (2014), doi:10.1371/journal.pgen.1004254.
p.138 人類遺伝学の研究から: W. Haak et al., "Ancient DNA from European Early Neolithic Farmers Reveals Their Near Eastern Affinities," *PLOS Biology* 8, no. 11 (2010): e1000536, doi:10.1371/journal.pbio.1000536; Q. M. Fu et al., "Complete Mitochondrial Genomes Reveal Neolithic Expansion into Europe," *PLOS ONE* 7, no. 3 (2012), doi:10.1371/journal.pone.0032473.
p.139 ヨーロッパに拡散した: R. Pinhasi et al., "Tracing the Origin and Spread of Agriculture in Europe," *PLOS Biology* 3, no. 12 (2005): e410, doi:10.1371/journal.pbio.0030410.
p.139 最初の農民たちは: A. Gibbons, "First Farmers' Motley Roots," *Science* 353, no. 6296 (2016): 207–8.
p.139 遊牧の基盤となっていた: O. Hanotte et al., "African Pastoralism: Genetic Imprints of Origins and Migrations," *Science* 296, no. 5566 (2002): 336–39, doi:10.1126/science.1069878.
p.139 最初に進化した場所: L. A. F. Frantz et al., "Genome Sequencing Reveals Fine Scale Diversification and Reticulation History during Speciation in Sus," *Genome Biology* 14, no. 9 (2013), doi:10.1186/gb-2013-14-9-r107.
p.141 6度か7度: G. Larson et al., "Worldwide Phylogeography of Wild Boar Reveals Multiple Centers of Pig Domestication," *Science* 307, no. 5715 (2005): 1618–21.
p.141 中国で少なくとも2度: G. S. Wu et al., "Population Phylogenomic Analysis of Mitochondrial DNA in Wild Boars and Domestic Pigs Revealed Multiple Domestication Events in East Asia," *Genome Biology* 8, no. 11 (2007), doi:10.1186/gb-2007-8-11-r245.
p.141 ベトナム原産: G. Larson et al., "Phylogeny and Ancient DNA of

Sus Provides Insights into Neolithic Expansion in Island Southeast Asia and Oceania," *Proceedings of the National Academy of Sciences of the United States of America* 104, no. 12 (2007): 4834–39, doi:10.1073/pnas.0607753104.

p.142 宗教上のタブー: Watson, *The Whole Hog*. ワトソン『思考する豚』

p.142 アカシカはヨーロッパで5万年前: J. Clutton-Brock, *A Natural History of Domesticated Mammals* (Cambridge University Press, 1999).

p.142 2度にわたって家畜化されている: K. H. Roed et al., "Genetic Analyses Reveal Independent Domestication Origins of Eurasian Reindeer," *Proceedings of the Royal Society B: Biological Sciences* 275, no. 1645 (2008): 1849–55, doi:10.1098/rspb.2008.0332.

p.143 『家畜および栽培植物の変異』: C. Darwin, *The Variation of Animals and Plants under Domestication* (John Murray, 1868).

p.144 ダグラス・アダムス: D. Adams, *The Restaurant at the End of the Universe* (Random House, 2008). ダグラス・アダムス『宇宙の果てのレストラン』(安原和見訳、河出文庫など)

p.145 ギンギツネ: L. Trut et al., "Animal Evolution during Domestication: The Domesticated Fox as a Model," *Bioessays* 31, no. 3 (2009): 349–60, doi:10.1002/bies.200800070.

p.146 ロシアの科学者たちは: 同上

p.146 まだ誰も見つけられていないことになる: G. Larson and D. Q. Fuller, "The Evolution of Animal Domestication," *Annual Review of Ecology, Evolution, and Systematics* 45, no. 1 (2014): 115–36, doi:10.1146/annurev-ecolsys-110512-135813.

p.146 別の説明: A. S. Wilkins et al., "The 'Domestication Syndrome' in Mammals: A Unified Explanation Based on Neural Crest Cell Behavior and Genetics," *Genetics* 197, no. 3 (2014): 795–808, doi:10.1534/genetics.114.165423.

p.147 現在そのころと同じように暮らしている狩猟採集民: A. Strohle and A. Hahn, "Diets of Modern Hunter-Gatherers Vary Substantially in Their Carbohydrate Content Depending on Ecoenvironments: Results from an Ethnographic Analysis," *Nutrition Research* 31, no. 6 (2011): 429–35, doi:10.1016/j.nutres.2011.05.003; C. Higham, "Hunter-Gatherers in Southeast Asia: From Prehistory to the Present," *Human Biology* 85, no. 1–3 (2013): 21–43.

●第8章 野菜

p.149 4000種以上: S. Proches et al., "Plant Diversity in the Human Diet: Weak Phylogenetic Signal Indicates Breadth," *Bioscience* 58, no. 2 (2008): 151–59, doi:10.1641/b580209.

p.150 レクチンを含んでいて: G. Vandenborre et al., "Plant Lectins as Defense Proteins against Phytophagous Insects," *Phytochemistry* 72, no. 13 (2011): 1538–50, doi:10.1016/j.phytochem.2011.02.024.

p.150 有害になってしまう: J. C. Rodhouse et al., "Red Kidney Bean Poisoning in the UK—An Analysis of 50 Suspected Incidents between 1976 and 1989," *Epidemiology and Infection* 105, no. 3 (1990): 485–91.
p.151 立派な杖: http://jerseyeveningpost.com/island-life/history-heritage/giant-cabbage/ (accessed April 28, 2015).
p.151 トロフィー: L. H. Bailey, *The Survival of the Unlike: A Collection of Evolution Essays Suggested by the Study of Domestic Plants* (Macmillan, 1897).
p.152 人為選択によって驚くべき変化をもたらす: Y. Bai and P. Lindhout, "Domestication and Breeding of Tomatoes: What Have We Gained and What Can We Gain in the Future?," *Annals of Botany* 100, no. 5 (2007): 1085–94, doi:10.1093/aob/mcm150.
p.152 遺伝子はごく少数: E. van der Knaap et al., "What Lies beyond the Eye: The Molecular Mechanisms Regulating Tomato Fruit Weight and Shape," *Frontiers in Plant Science* 5 (2014), doi:10.3389/fpls.2014.00227.
p.152 大きさと中身の充実を増していった: Bailey, *The Survival of the Unlike*, 485.
p.152 作物に大きな変化を: J. F. Hancock, *Plant Evolution and the Origin of Crop Species* (CABI, 2012).
p.153 マヤ族によって栽培化された: J. A. Jenkins, "The Origin of the Cultivated Tomato," *Economic Botany* 2, no. 4 (1948): 379–92, doi:10.1007/BF02859492.
p.153 とても小さくて風味豊かな果実: Hancock, *Plant Evolution and the Origin of Crop Species*.
p.154 非常にさまざまなトマトル: S. D. Coe, *America's First Cuisines* (University of Texas Press, 1994).
p.154 エアルーム品種の販売サイト: http://www.heirloomtomatoes.net/Varieties.html (accessed April 16, 2015).
p.155 70種の作物が栽培されていて: O. F. Cook, "Peru as a Center of Domestication: Tracing the Origin of Civilization through Domesticated Plants (continued)," *Journal of Heredity* 16, no. 3 (1925): 95–110.
p.155 1万7000年前～1万6000年前: N. Misarti et al., "Early Retreat of the Alaska Peninsula Glacier Complex and the Implications for Coastal Migrations of First Americans," *Quaternary Science Reviews* 48 (2012): 1–6, doi:10.1016/j.quascirev.2012.05.014.
p.155 当時の定説: T. D. Dillehay, "Battle of Monte Verde," *The Sciences* (January/February 1997): 28–33.
p.156 野生のジャガイモ: T. D. Dillehay et al., "Monte Verde: Seaweed, Food, Medicine, and the Peopling of South America," *Science* 320, no. 5877 (2008): 784–86, doi:10.1126/science.1156533.
p.156 ピーナッツ、カボチャ: D. R. Piperno and T. D. Dillehay, "Starch Grains on Human Teeth Reveal Early Broad Crop Diet in Northern

Peru," *Proceedings of the National Academy of Sciences of the United States of America* 105, no. 50 (2008): 19622–27, doi:10.1073/pnas.0808752105.

p.157 渓谷の集落遺跡で見つかった植物: T. D. Dillehay et al., "Preceramic Adoption of Peanut, Squash, and Cotton in Northern Peru," *Science* 316, no. 5833 (2007): 1890–93, doi:10.1126/science.1141395.

p.158 ソラヌム・カンドルレアヌムというアンデス山脈の野生種：D. M. Spooner et al., "Systematics, Diversity, Genetics, and Evolution of Wild and Cultivated Potatoes," *Botanical Review* 80, no. 4 (2014): 283–383, doi:10.1007/s12229-014-9146-y.

p.159 3000種以上の在来種のジャガイモ：同上

p.159 ソラヌム・ヒュドロテルミクム：National Research Council, *Lost Crops of the Incas: Little-Known Plants of the Andes with Promise for Worldwide Cultivation* (National Academy Press, 1989).

p.160 アブラムシに強い：K. L. Flanders et al., "Insect Resistance in Potatoes—Sources, Evolutionary Relationships, Morphological and Chemical Defenses, and Ecogeographical Associations," *Euphytica* 61, no. 2 (1992): 83–111, doi:10.1007/bf00026800.

p.160 ジャガイモ疫病に対する耐性: G. M. Rauscher et al., "Characterization and Mapping of $R_{Pi\text{-}ber}$, a Novel Potato Late Blight Resistance Gene from *Solanum berthaultii*," *Theoretical and Applied Genetics* 112, no. 4 (2006): 674–87, doi:10.1007/s00122-005-0171-4.

p.160 100万人が死んで：J. Reader, *The Untold History of the Potato* (Vintage, 2009).

p.160 耐性を進化させた: Y. T. Hwang et al., "Evolution and Management of the Irish Potato Famine Pathogen *Phytophthora infestans* in Canada and the United States," *American Journal of Potato Research* 91, no. 6 (2014): 579–93, doi:10.1007/s12230-014-9401-0.

p.160 チューニョ：Reader, *The Untold History of the Potato*.

p.161 太陽に捧げられた庭園：同上

p.162 何千人もの人々を：National Research Council, *Lost Crops of the Incas*.

p.162 20種近くのほかの根菜作物：同上

p.163 マニオク（マニホット・エスクレンタ）：K. M. Olsen and B. A. Schaal, "Evidence on the Origin of Cassava: Phylogeography of *Manihot esculenta*," *Proceedings of the National Academy of Sciences of the United States of America* 96, no. 10 (1999): 5586–91, doi:10.1073/pnas.96.10.5586.

p.163 森に住む人々の庭で：M. Arroyo-Kalin, "The Amazonian Formative: Crop Domestication and Anthropogenic Soils," *Diversity* 2, no. 4 (2010): 473–504, doi:10.3390/d2040473.

p.165 毒のないマニオク：D. McKey et al., "Chemical Ecology in Coupled Human and Natural Systems: People, Manioc, Multitrophic Interactions

and Global Change," *Chemoecology* 20, no. 2 (2010): 109–33, doi:10.1007/s00049-010-0047-1.

p.165 3億年前に: C. C. Labandeira, "Early History of Arthropod and Vascular Plant Associations," *Annual Review of Earth and Planetary Sciences* 26 (1998): 329–77, doi:10.1146/annurev.earth.26.1.329.

p.166 シアン配糖体を生成する経路に似ている: J. E. Rodman et al., "Parallel Evolution of Glucosinolate Biosynthesis Inferred from Congruent Nuclear and Plastid Gene Phylogenies," *American Journal of Botany* 85, no. 7 (1998): 997–1006, doi:10.2307/2446366.

p.166 腫瘍抑制作用: M. Traka and R. Mithen, "Glucosinolates, Isothiocyanates and Human Health," *Phytochemistry Reviews* 8, no. 1 (2009): 269–82, doi:10.1007/s11101-008-9103-7.

p.167 解毒メカニズム: C. W. Wheat et al., "The Genetic Basis of a Plant-Insect Coevolutionary Key Innovation," *Proceedings of the National Academy of Sciences of the United States of America* 104, no. 51 (2007): 20427–31, doi:10.1073/pnas.0706229104.

p.167 チョウの新種が1000種: M. F. Braby and J. W. H. Trueman, "Evolution of Larval Host Plant Associations and Adaptive Radiation in Pierid Butterflies," *Journal of Evolutionary Biology* 19, no. 5 (2006): 1677–90.

p.167 シアン化物にも耐性がある: E. J. Stauber et al., "Turning the 'Mustard Oil Bomb' into a 'Cyanide Bomb': Aromatic Glucosinolate Metabolism in a Specialist Insect Herbivore," *PLOS ONE* 7, no. 4 (2012), doi:10.1371/journal.pone.0035545.

p.168 この実験結果は、グルコシノレートの地理: T. Zust et al., "Natural Enemies Drive Geographic Variation in Plant Defenses," *Science* 338, no. 6103 (2012): 116–19, doi:10.1126/science.1226397.

p.169 一番大きな遺伝的多様性: B. Pujol et al., "Microevolution in Agricultural Environments: How a Traditional Amerindian Farming Practice Favors Heterozygosity in Cassava (*Manihot esculenta* Crantz, Euphorbiaceae)," *Ecology Letters* 8, no. 2 (2005): 138–47, doi:10.1111/j.1461-0248.2004.00708.x.

p.170 図を描いたとき: I. Ahuja et al., "Defence Mechanisms of Brassicaceae: Implications for Plant-Insect Interactions and Potential for Integrated Pest Management: A Review," *Agronomy for Sustainable Development* 30, no. 2 (2010): 311–48, doi:10.1051/agro/2009025.

p.170 現代のゲノム分析: T. Arias et al., "Diversification Times among Brassica (Brassicaceae) Crops Suggest Hybrid Formation after 20 Million Years of Divergence," *American Journal of Botany* 101, no. 1 (2014): 86–91, doi:10.3732/ajb.1300312.

p.171 野生種のクロガラシと: Hancock, *Plant Evolution and the Origin of Crop Species*.

◉第９章　ハーブとスパイス

p.173 アラビア人の話では: J. Keay, *The Spice Route: A History* (John Murray, 2005).

p.174 エルナン・コルテス: J. Turner, *Spice: The History of a Temptation* (Harper Perennial, 2005), 11.

p.174 古代エジプト王ラムセス２世のミイラ: A. Gilboa and D. Namdar, "On the Beginnings of South Asian Spice Trade with the Mediterranean Region: A Review," *Radiocarbon* 57, no. 2 (2015): 265–83, doi:10.2458/azu_rc.57.18562.

p.175 つる植物のコショウ: D. Q. Fuller et al., "Across the Indian Ocean: The Prehistoric Movement of Plants and Animals," *Antiquity* 85, no. 328 (2011): 544–58.

p.175 ローマの硬貨の出土跡: Keay, *The Spice Route*.

p.175 フェニキア人は小さな瓶に: Gilboa and Namdar, "On the Beginnings of South Asian Spice Trade."

p.176 それが理由かもしれないという意見もある: P. W. Sherman and J. Billing, "Darwinian Gastronomy: Why We Use Spices," *Bioscience* 49, no. 6 (1999): 453–63, doi:10.2307/1313553.

p.176 ますます食べにくくなってしまう: Keay, *The Spice Route*.

p.176 ネギ属: E. Block, *Garlic and Other Alliums: The Lore and the Science* (Royal Society of Chemistry Publications, 2010).

p.178 50万個もの炭素原子: N. Theis and M. Lerdau, "The Evolution of Function in Plant Secondary Metabolites," *International Journal of Plant Sciences* 164, no. 3 (May 2003): S93–S102.

p.178 ２段階の組み立て: R. Firn, *Nature's Chemicals: The Natural Products That Shaped Our World* (Oxford University Press, 2010).

p.178 ４万種類以上あることがわかっている: S. Steiger et al., "The Origin and Dynamic Evolution of Chemical Information Transfer," *Proceedings of the Royal Society of London: Series B, Biological Sciences* 278, no. 1708 (2011): 970–79, doi:10.1098/rspb.2010.2285.

p.178 モノテルペンの混合物: Firn, *Nature's Chemicals*.

p.180 野生のタイム: J. D. Thompson, *Plant Evolution in the Mediterranean* (Oxford University Press, 2005).

p.180 この奇妙な分布の理由は: J. Thompson et al., "Evolution of a Genetic Polymorphism with Climate Change in a Mediterranean Landscape," *Proceedings of the National Academy of Sciences of the United States of America* 110, no. 8 (2013): 2893–97, doi:10.1073/pnas.1215833110; J. D. Thompson et al., "Ongoing Adaptation to Mediterranean Climate Extremes in a Chemically Polymorphic Plant," *Ecological Monographs* 77, no. 3 (2007): 421–39, doi:10.1890/06-1973.1.

p.181 ローズマリーにはおもに４種類か: Thompson, *Plant Evolution in the Mediterranean*.

p.182 侵害受容器も刺激する：D. Julius, "TRP Channels and Pain," *Annual Review of Cell and Developmental Biology* 29 (2013): 355–84, doi:10.1146/annurev-cellbio-101011-155833.

p.182 TRP は種類ごとに：F. Viana, "Chemosensory Properties of the Trigeminal System," *ACS Chemical Neuroscience* 2, no. 1 (2011): 38–50, doi:10.1021/cn100102c.

p.183 シナモンが刺激するのは TRPA1 だけ：同上

p.184 タランチュラの毒：J. Siemens et al., "Spider Toxins Activate the Capsaicin Receptor to Produce Inflammatory Pain," *Nature* 444, no. 7116 (2006): 208–12, doi:10.1038/nature05285.

p.184 TRP 受容体は進化史の中で：S. F. Pedersen et al., "TRP Channels: An Overview," *Cell Calcium* 38, nos. 3–4 (2005): 233–52, doi:10.1016/j.ceca.2005.06.028.

p.184 刺激を避けるよりも楽しむことができるようになる：E. Carstens et al., "It Hurts So Good: Oral Irritation by Spices and Carbonated Drinks and the Underlying Neural Mechanisms," *Food Quality and Preference* 13, nos. 7–8 (October–December 2002): 431–43.

p.185 ある TRP 遺伝子が一部の種では失われ：S. Saito and M. Tominaga, "Functional Diversity and Evolutionary Dynamics of ThermoTRP Channels," *Cell Calcium* 57, no. 3 (2015): 214–21, doi:10.1016/j.ceca.2014.12.001.

p.185 鳥類ではこの化学物質に無反応で：S. E. Jordt and D. Julius, "Molecular Basis for Species-Specific Sensitivity to 'Hot' Chili Peppers," *Cell* 108, no. 3 (2002): 421–30, doi:10.1016/s0092-8674(02)00637-2.

p.185 野生のトウガラシで実験をおこなったところ：J. J. Tewksbury and G. P. Nabhan, "Seed Dispersal—Directed Deterrence by Capsaicin in Chillies," *Nature* 412, no. 6845 (2001): 403–4.

p.186 Pun1 という名の 1 個の遺伝子：C. Stewart et al., "Genetic Control of Pungency in *C. chinense* via the *Pun1* Locus," *Journal of Experimental Botany* 58, no. 5 (2007): 979–91, doi:10.1093/jxb/erl243.

p.186 フサリウムという真菌の 1 種：J. J. Tewksbury et al., "Evolutionary Ecology of Pungency in Wild Chilies," *Proceedings of the National Academy of Sciences of the United States of America* 105, no. 33 (2008): 11808–11, doi:10.1073/pnas.0802691105.

p.187 種子の数は辛くない個体の半分：D. C. Haak et al., "Why Are Not All Chilies Hot? A Trade-Off Limits Pungency," *Proceedings of the Royal Society of London: Series B, Biological Sciences* 279, no. 1735 (2012): 2012–17, doi:10.1098/rspb.2011.2091.

◉第 10 章　デザート

p.188 フレッド・プロトキン：英国ロイヤル・オペラ・ハウスでオペラと食べ物に関するマスタークラスが開催された際に語られた内容で、2014 年 7 月 13 日にＢＢＣラジオ４の番組「フード・プログラム」で放送された。

http://www.bbc.co.uk/programmes/b0495lm1.
p.190 ニューギニアで栽培化されていて：P. H. Moore et al., “Sugarcane: The Crop, the Plant, and Domestication,” in *Sugarcane: Physiology, Biochemistry, and Functional Biology* (John Wiley & Sons, 2013), 1–17.
p.191 いとこの大型類人猿：A. N. Crittenden, “The Importance of Honey Consumption in Human Evolution,” *Food and Foodways* 19, no. 4 (2011): 257–73, doi:10.1080/07409710.2011.630618.
p.192 蜂蜜を消費しているタンザニアのハッツァ族：F. W. Marlowe et al., “Honey, Hadza, Hunter-Gatherers, and Human Evolution,” *Journal of Human Evolution* 71 (2014): 119–28, doi:10.1016/j.jhevol.2014.03.006.
p.193 ミツオシエと人間は蜂蜜を求めて実際にコミュニケーションをとって：H. A. Isack and H.-U. Reyer, “Honeyguides and Honey Gatherers: Interspecific Communication in a Symbiotic Relationship,” *Science* 243, no. 4896 (1989): 1343–46, doi:10.1126/science.243.4896.1343.
p.193 5分の1未満の時間で：B. M. Wood et al., “Mutualism and Manipulation in Hadza-Honeyguide Interactions,” *Evolution and Human Behavior* 35, no. 6 (2014): 540–46, doi:10.1016/j.evolhumbehav.2014.07.007.
p.194 ハーブの防虫性と防御性を利用して：T. S. Kraft and V. V. Venkataraman, “Could Plant Extracts Have Enabled Hominins to Acquire Honey before the Control of Fire?,” *Journal of Human Evolution* 85 (2015): 65–74, doi:10.1016/j.jhevol.2015.05.010.
p.194 大プリニウス：A. Mayor, “Mad Honey!,” *Archaeology* 48, no. 6 (1995): 32–40, doi:10.2307/41771162.
p.196 狂気の蜂蜜による中毒：A. Demircan et al., “Mad Honey Sex: Therapeutic Misadventures from an Ancient Biological Weapon,” *Annals of Emergency Medicine* 54, no. 6 (2009): 824–29, http://dx.doi.org/10.1016/j.annemergmed.2009.06.010.
p.197 人口のまる3分の2は：C. L. Ogden et al., “Prevalence of Childhood and Adult Obesity in the United States (2011–2012),” *JAMA* 311, no. 8 (2014): 806–14, doi:10.1001/jama.2014.732.
p.197 西ヨーロッパ全体の平均：M. Ng et al., “Global, Regional, and National Prevalence of Overweight and Obesity in Children and Adults during 1980–2013: A Systematic Analysis for the Global Burden of Disease Study 2013,” *The Lancet* 384, no. 9945 (2014): 766–81, doi:10.1016/s0140-6736(14)60460-8.
p.198 飢餓問題が解消されたわけではない：A. Sonntag et al. *2014 Global Hunger Index: The Challenge of Hidden Hunger* (International Food Policy Research Institute, 2014).
p.199 ジェイムズ・ニール：J. V. Neel, “Diabetes Mellitus—a Thrifty Genotype Rendered Detrimental by Progress,” *American Journal of Human Genetics* 14, no. 4 (1962): 353–57.
p.200 飢饉の頻度：J. C. Berbesque et al., “Hunter-Gatherers Have

Less Famine than Agriculturalists," *Biology Letters* 10, no. 1 (2014), doi:10.1098/rsbl.2013.0853.

p.201 現存する狩猟採集民のBMI: J. R. Speakman, "Genetics of Obesity: Five Fundamental Problems with the Famine Hypothesis," in *Adipose Tissue and Adipokines in Health and Disease*, 2nd ed., ed. G. Fantuzzi and C. Braunschweig (Springer, 2014), 169–86.

p.201 2型糖尿病にかかりやすくなる遺伝子型の広がりは示されていない: E. A. Brown, "Genetic Explorations of Recent Human Metabolic Adaptations: Hypotheses and Evidence," *Biological Reviews* 87, no. 4 (2012): 838–55, doi:10.1111/j.1469-185X.2012.00227.x; Q. Ayub et al., "Revisiting the Thrifty Gene Hypothesis via 65 Loci Associated with Susceptibility to Type 2 Diabetes," *American Journal of Human Genetics* 94, no. 2 (2014): 176–85, doi:10.1016/j.ajhg.2013.12.010.

p.202 話はまったく逆で: L. Segurel et al., "Positive Selection of Protective Variants for Type 2 Diabetes from the Neolithic Onward: A Case Study in Central Asia," *European Journal of Human Genetics* 21, no. 10 (2013): 1146–51, doi:10.1038/ejhg.2012.295.

p.203 ロバート・ラスティグ博士によると: R. H. Lustig, *Fat Chance: Beating the Odds against Sugar, Processed Food, Obesity, and Disease* (Penguin, 2012).

p.203 果糖の消費量は: 同上, 21.

p.204 カロリーの摂取量と消費量: H. Pontzer et al., "Constrained Total Energy Expenditure and Metabolic Adaptation to Physical Activity in Adult Humans," *Current Biology* 26, no. 3 (February 8, 2016): 410–17, http://dx.doi.org/10.1016/j.cub.2015.12.046.

p.204 心理学者が発見した要因としては: C. Spence and B. Piqueras-Fiszman, *The Perfect Meal: The Multisensory Science of Food and Dining* (Wiley Blackwell, 2014).

p.206 肥満症患者の研究では: R. H. Lustig et al., "Isocaloric Fructose Restriction and Metabolic Improvement in Children with Obesity and Metabolic Syndrome," *Obesity* 24, no. 2 (February 2016), doi:10.1002/oby.21371.

p.206 果糖を毒素の1つとみなしている: R. H. Lustig et al., "The Toxic Truth about Sugar," *Nature* 482, no. 7383 (2012): 27, doi:10.1038/482027a.

p.207 「パレオファンタジー」: M. Zuk, *Paleofantasy: What Evolution Really Tells Us about Sex, Diet, and How We Live* (Norton, 2013). マーリーン・ズック『私たちは今でも進化しているのか?』(渡会圭子訳、文藝春秋)

◉第11章 チーズ

p.209 わずかずつの修正が: C. Darwin, *The Origin of Species by Means of Natural Selection* (reprint of the first edition; Penguin, 1859). ダー

ウィン『種の起源』〈上・下〉(渡辺政隆訳、光文社古典新訳文庫など)

p.209 いずれかの動物の子供が:この記述が引用されているのはO. T. Oftedal, "The Mammary Gland and Its Origin during Synapsid Evolution," *Journal of Mammary Gland Biology and Neoplasia* 7, no. 3 (2002).

p.210 乳汁を産生する腺: C. M. Lefevre et al., "Evolution of Lactation: Ancient Origin and Extreme Adaptations of the Lactation System," *Annual Review of Genomics and Human Genetics* 11 (2010): 219–38, doi:10.1146/annurev-genom-082509-141806; O. T. Oftedal and D. Dhouailly, "Evo-Devo of the Mammary Gland," *Journal of Mammary Gland Biology and Neoplasia* 18, no. 2 (2013): 105–20, doi:10.1007/s10911-013-9290-8.

p.210 最初の哺乳類が出現した約2億年前よりもはるか昔: O. T. Oftedal, "The Evolution of Milk Secretion and Its Ancient Origins," *Animal* 6, no. 3 (2012): 355–68, doi:10.1017/s1751731111001935.

p.213 母親と赤ん坊の両方にとって、環境への適応を: C. Holt and J. A. Carver, "Darwinian Transformation of a 'Scarcely Nutritious Fluid' into Milk," *Journal of Evolutionary Biology* 25, no. 7 (2012): 1253–63, doi:10.1111/j.1420-9101.2012.02509.x.

p.214 南西アジア全域: R. P. Evershed et al., "Earliest Date for Milk Use in the Near East and Southeastern Europe Linked to Cattle Herding," *Nature* 455, no. 7212 (2008): 528–31, doi:10.1038/nature07180.

p.214 カッテージチーズ: M. Salque et al., "Earliest Evidence for Cheese Making in the Sixth Millennium BC in Northern Europe," *Nature* 493, no. 7433 (2013): 522–25, doi:10.1038/nature11698.

p.214 新石器時代の最古の農民たち: J. Burger et al., "Absence of the Lactase-Persistence-Associated Allele in Early Neolithic Europeans," *Proceedings of the National Academy of Sciences of the United States of America* 104, no. 10 (2007): 3736–41, doi:10.1073/pnas.0607187104.

p.214 コーカサス山脈: Y. Itan et al., "The Origins of Lactase Persistence in Europe," *PLOS Computational Biology* 5, no. 8 (2009), doi:10.1371/journal.pcbi.1000491.

p.215 ラクターゼ活性持続症の対立遺伝子: A. Curry, "The Milk Revolution," *Nature* 500 (2013): 20–22.

p.215 カルシウムを供給: O. O. Sverrisdottir et al., "Direct Estimates of Natural Selection in Iberia Indicate Calcium Absorption Was Not the Only Driver of Lactase Persistence in Europe," *Molecular Biology and Evolution* 31, no. 4 (2014): 975–83, doi:10.1093/molbev/msu049.

p.216 ラクターゼ活性持続症はサウジアラビアでも: N. S. Enattah et al., "Independent Introduction of Two Lactase-Persistence Alleles into Human Populations Reflects Different History of Adaptation to Milk Culture," *American Journal of Human Genetics* 82, no. 1 (2008): 57–

72, doi:10.1016/j.ajhg.2007.09.012.

p.217 アイルランドのチーズの小規模の調査：L. Quigley, "High-Throughput Sequencing for Detection of Subpopulations of Bacteria Not Previously Associated with Artisanal Cheeses," *Applied and Environmental Microbiology* 78 (2012): 5717–23.

p.217 海洋環境の細菌：B. E. Wolfe et al., "Cheese Rind Communities Provide Tractable Systems for In Situ and In Vitro Studies of Microbial Diversity," *Cell* 158, no. 2 (2014): 422–33, doi:10.1016/j.cell.2014.05.041.

p.218 ストレプトコックス属の厄介な菌：Y. J. Goh et al., "Specialized Adaptation of a Lactic Acid Bacterium to the Milk Environment: The Comparative Genomics of *Streptococcus thermophilus* LMD-9," *Microbial Cell Factories* 10 (2011), doi:10.1186/1475-2859-10-s1-s22.

p.218 本のページの上でも見つかっている：J. Ropars et al., "A Taxonomic and Ecological Overview of Cheese Fungi," *International Journal of Food Microbiology* 155, no. 3 (2012): 199–210, doi:10.1016/j.ijfoodmicro.2012.02.005.

p.219 遺伝的特徴を比較したところ：G. Gillot et al., "Insights into *Penicillium roqueforti* Morphological and Genetic Diversity," *PLOS ONE* 10, no. 6 (2015), doi:10.1371/journal.pone.0129849.

p.219 SLABを含む何百種もの細菌：L. Quigley et al., "The Complex Microbiota of Raw Milk," *FEMS Microbiology Reviews* 37 (2013): 664–98, doi:10.1111/1574-6976.12030.

p.219 微生物：T. P. Beresford et al., "Recent Advances in Cheese Microbiology," *International Dairy Journal* 11 (2001): 259–74.

p.220 チーズの特徴的な風味や香り：E. J. Smid and M. Kleerebezem, "Production of Aroma Compounds in Lactic Fermentations," *Annual Review of Food Science and Technology* 5, ed. M. P. Doyle and T. R. Klaenhammer (2014): 313–26.

p.220 野生型のラクトコックス・ラクティス：D. Cavanagh et al., "From Field to Fermentation: The Origins of *Lactococcus lactis* and Its Domestication to the Dairy Environment," *Food Microbiology* 47 (2015): 45–61, doi:10.1016/j.fm.2014.11.001.

p.222 遺伝子は余分になっていた：H. Bachmann et al., "Microbial Domestication Signatures of *Lactococcus lactis* Can Be Reproduced by Experimental Evolution," *Genome Research* 22, no. 1 (2012): 115–24, doi:10.1101/gr.121285.111.

p.222 機能を使わなくなった影響：Darwin, *The Origin of Species*, chap. 5. ダーウィン『種の起源』〈上・下〉（渡辺政隆訳、光文社古典新訳文庫など）

p.223 プロピオン酸菌：E. J. Smid and C. Lacroix, "Microbe-Microbe Interactions in Mixed Culture Food Fermentations," *Current Opinion in Biotechnology* 24, no. 2 (2013): 148–54, doi:10.1016/j.copbio.2012.11.007.

p.223 ヨーグルトを発酵させるために協力する：K. Papadimitriou et al., "How Microbes Adapt to a Diversity of Food Niches," *Current Opinion in Food Science* 2 (2015): 29–35, doi:10.1016/j.cofs.2015.01.001.

p.225 バクテリオシン：P. D. Cotter et al., "Bacteriocins: Developing Innate Immunity for Food," *Nature Reviews Microbiology* 3, no. 10 (2005): 777–88.

p.225 酵母を殺す毒素：K. Cheeseman et al., "Multiple Recent Horizontal Transfers of a Large Genomic Region in Cheese Making Fungi," *Nature Communications* 5 (2014): 2876, doi:10.1038/ncomms3876.

●第 12 章　ワインとビール

p.228 何百種類もの真菌や細菌：N. A. Bokulich et al., "Microbial Biogeography of Wine Grapes Is Conditioned by Cultivar, Vintage, and Climate," *Proceedings of the National Academy of Science USA* (2013), doi:10.1073/pnas.1317377110.

p.229 デッケラ、ピキア、クロエケラ：I. Tattersall and R. DeSalle, *A Natural History of Wine* (Yale University Press, 2015).

p.229 現代の醸造酵母の祖先：A. Hagman et al., "Yeast 'Make-Accumulate-Consume' Life Strategy Evolved as a Multi-Step Process That Predates the Whole Genome Duplication," *PLOS ONE* 8, no. 7 (2013), doi:10.1371/journal.pone.0068734.

p.230 2個のADH遺伝子：J. M. Thomson et al., "Resurrecting Ancestral Alcohol Dehydrogenases from Yeast," *Nature Genetics* 37, no. 6 (2005): 630–35.

p.231 2100万年前～1300万年前：M. A. Carrigan et al., "Hominids Adapted to Metabolize Ethanol Long before Human-Directed Fermentation," *Proceedings of the National Academy of Sciences of the United States of America* 112, no. 2 (2015): 458–63, doi:10.1073/pnas.1404167111.

p.231 この本2ページ分の単語：ADH 4に含まれるアミノ酸の数は380個。http://www.uniprot.org/uniprot/P08319#sequences (accessed December 27, 2015).

p.232 40倍も高くする：N. J. Dominy, "Ferment in the Family Tree," *Proceedings of the National Academy of Sciences of the United States of America* 112, no. 2 (2015): 308-9, doi:10.1073/pnas.1421566112.

p.232 ヒトのアルコールに対する嗜好：R. Dudley, *The Drunken Monkey: Why We Drink and Abuse Alcohol* (University of California Press, 2014).

p.233 ADH1B: T. D. Hurley and H. J. Edenberg, "Genes Encoding Enzymes Involved in Ethanol Metabolism," *Alcohol Research: Current Reviews* 34, no. 3 (2012): 339–44.

p.233 可能性がはるかに低い：D. W. Li et al., "Strong Association of the Alcohol Dehydrogenase 1B Gene (*ADH1B*) with Alcohol Dependence

and Alcohol-Induced Medical Diseases," *Biological Psychiatry* 70, no. 6 (2011): 504–12, doi:10.1016/j.biopsych.2011.02.024.

p.234 心臓血管疾患：M. V. Holmes et al., "Association between Alcohol and Cardiovascular Disease: Mendelian Randomisation Analysis Based on Individual Participant Data," *BMJ* 349 (2014), doi:10.1136/bmj.g4164.

p.234 そういう変異は2種類ある：Hurley and Edenberg, "Genes Encoding Enzymes Involved in Ethanol Metabolism."

p.235 コプリン：http://en.wikipedia.org/wiki/Coprinopsis_atramentaria#Toxicity (accessed December 30, 2015).

p.236 ラクトコックス・チュンガンゲンシス：M. Konkit et al., "Alcohol Dehydrogenase Activity in *Lactococcus chungangensis*: Application in Cream Cheese to Moderate Alcohol Uptake," *Journal of Dairy Science* 98, no. 9 (2015): 5974–82, doi:10.3168/jds.2015-9697.

p.236 ビールを醸造するためだった：B. Hayden et al., "What Was Brewing in the Natufian? An Archaeological Assessment of Brewing Technology in the Epipaleolithic," *Journal of Archaeological Method and Theory* 20, no. 1 (2013): 102–50, doi:10.1007/s10816-011-9127-y.

p.236 新石器時代初期の賈湖遺跡：P. E. McGovern et al., "Fermented Beverages of Pre-and Proto-Historic China," *Proceedings of the National Academy of Sciences of the United States of America* 101, no. 51 (2004): 17593–98.

p.237 実がなるのは半数だけで：P. This et al., "Historical Origins and Genetic Diversity of Wine Grapes," *Trends in Genetics* 22, no. 9 (2006): 511–19, doi:10.1016/j.tig.2006.07.008.

p.237 最古の考古学的証拠は：P. E. McGovern et al., "Neolithic Resinated Wine," *Nature* 381, no. 6582 (1996): 480–81, doi:10.1038/381480a0.

p.237 アルメニアのアレニという村：H. Barnard et al., "Chemical Evidence for Wine Production around 4000 BCE in the Late Chalcolithic Near Eastern Highlands," *Journal of Archaeological Science* 38, no. 5 (2011): 977–84, doi:10.1016/j.jas.2010.11.012.

p.238 イアン・タッターソルとロブ・デーサルは：Tattersall and DeSalle, *A Natural History of Wine*.

p.238 遺伝学によってたしかに裏付けられている：S. Myles et al., "Genetic Structure and Domestication History of the Grape," *Proceedings of the National Academy of Sciences of the United States of America* 108, no. 9 (2011): 3530–35, doi:10.1073/pnas.1009363108.

p.238 地中海西部でも独自に栽培化されていた：R. Arroyo-Garcia et al., "Multiple Origins of Cultivated Grapevine (*Vitis vinifera* L. ssp. *sativa*) Based on Chloroplast DNA Polymorphisms," *Molecular Ecology* 15, no. 12 (2006): 3707–14, doi:10.1111/j.1365-294X.2006.03049.x.

p.239 ジョージア人：S. Imazio et al., "From the Cradle of Grapevine Domestication: Molecular Overview and Description of Georgian

Grapevine (*Vitis vinifera* L.) Germplasm," *Tree Genetics and Genomes* 9, no. 3 (2013): 641–58, doi:10.1007/s11295-013-0597-9.

p.240 サンティアゴ・デ・コンポステーラ: J. C. Santana et al., "Genetic Structure, Origins, and Relationships of Grapevine Cultivars from the Castilian Plateau of Spain," *American Journal of Enology and Viticulture* 61, no. 2 (2010): 214–24.

p.240 ブドウのクローンにおける変異: G. Carrier et al., "Transposable Elements Are a Major Cause of Somatic Polymorphism in *Vitis vinifera* L," *PLOS ONE* 7, no. 3 (2012), doi:10.1371/journal.pone.0032973.

p.240 転移因子: O. Jaillon et al., "The Grapevine Genome Sequence Suggests Ancestral Hexaploidization in Major Angiosperm Phyla," *Nature* 449, no. 7161 (2007): 463–67, doi:10.1038/nature06148.

p.241 ピノ・ブランやピノ・グリなどの: F. Pelsy et al., "Chromosome Replacement and Deletion Lead to Clonal Polymorphism of Berry Color in Grapevine," *PLOS Genetics* 11, no. 4 (2015): e1005081, doi:10.1371/journal.pgen.1005081.

p.241 白いブドウの実を作り出すクローンは: S. Kobayashi et al., "Retrotransposon-Induced Mutations in Grape Skin Color," *Science* 304, no. 5673 (2004): 982, doi:10.1126/science.1095011.

p.241 アントシアニンの生成を促す遺伝子: A. Fournier-Level et al., "Evolution of the *VvMybA* Gene Family, the Major Determinant of Berry Colour in Cultivated Grapevine (*Vitis vinifera* L.)," *Heredity* 104, no. 4 (2010): 351–62, doi:10.1038/hdy.2009.148.

p.242「フィロキセラ」: C. Campbell, *The Botanist and the Vintner* (Algonquin Books, 2004).

p.243 テキサス州の野生のブドウに: 同上

p.243 コンコード種のブドウ: J. Granett et al., "Biology and Management of Grape Phylloxera," *Annual Review of Entomology* 46 (2001): 387–412, doi:10.1146/annurev.ento.46.1.387.

p.244 中国とチリで生き残っていた: X. M. Zhong et al., " 'Cabernet Gernischt' Is Most Likely to Be 'Carmenère,'" *Vitis* 51, no. 3 (2012).

p.244 地酒造り: J. L. Legras et al., "Bread, Beer and Wine: *Saccharomyces cerevisiae* Diversity Reflects Human History," *Molecular Ecology* 16, no. 10 (2007): 2091–102, doi:10.1111/j.1365-294X.2007.03266.x; G. Liti et al., "Population Genomics of Domestic and Wild Yeasts," *Nature* 458, no. 7236 (2009): 337–41, doi:10.1038/nature07743.

p.245 オークの木: K. E. Hyma and J. C. Fay, "Mixing of Vineyard and Oak-Tree Ecotypes of *Saccharomyces cerevisiae* in North American Vineyards," *Molecular Ecology* 22, no. 11 (2013): 2917–30, doi:10.1111/mec.12155.

p.245 スズメバチは: I. Stefanini et al., "Role of Social Wasps in *Saccharomyces cerevisiae* Ecology and Evolution," *Proceedings of the*

National Academy of Sciences of the United States of America 109, no. 33 (2012): 13398, doi:10.1073/pnas.1208362109.
p.245 醸造責任者の顎ひげ：http://www.rogue.com/rogue_beer/beard-beer/ (accessed January 6, 2016).
p.246 39個の遺伝子：S. Marsit and S. Dequin, "Diversity and Adaptive Evolution of Saccharomyces Wine Yeast: A Review," *FEMS Yeast Research* 15, no. 7 (2015), doi:10.1093/femsyr/fov067.
p.246 フロール酵母：H. Alexandre, "Flor Yeasts of *Saccharomyces cerevisiae*—Their Ecology, Genetics and Metabolism," *International Journal of Food Microbiology* 167, no. 2 (2013): 269–75, doi:10.1016/j.ijfoodmicro.2013.08.021.
p.247 サッカロミュケス・カールスベルゲンシス：J. Wendland, "Lager Yeast Comes of Age," *Eukaryotic Cell* 13, no. 10 (2014): 1256–65, doi:10.1128/EC.00134-14.

◉第13章　祝宴

p.251 5日間にわたる祝宴：J. McCann, *Stirring the Pot: A History of African Cuisine* (C. Hurst, 2010).
p.251 現在でもエチオピアは：http://www.wolframalpha.com/input/?i=cattle+per+capita+in+African+countries (accessed January 29, 2016).
p.251 特別な料理：McCann, *Stirring the Pot*, 74.
p.252 干ばつと牛疫の蔓延：P. Webb and J. Von Braun, *Famine and Food Security in Ethiopia: Lessons for Africa* (John Wiley & Sons Canada, 1994).
p.252 死者数は60万から100万にものぼった：S. Devereux, *Famine in the Twentieth Century* (Institute of Development Studies, 2000).
p.252 エチオピアの全世帯の3分の1は：Webb and Von Braun, *Famine and Food Security in Ethiopia*.
p.252 1億5000万ドル：http://news.bbc.co.uk/1/hi/world/africa/703958.stm〔リンク切れ〕.
p.253『人間の由来』：C. Darwin, *The Descent of Man, and Selection in Relation to Sex* (J. Murray, 1901). チャールズ・ダーウィン『人間の由来』〈上・下〉（長谷川眞理子訳、講談社学術文庫）
p.253 ホールデン：R. Clark, *J. B. S.: The Life and Work of J. B. S. Haldane* (Bloomsbury, 2011). R・クラーク『J・B・S・ホールデン：この野人科学者の生と死』（鎮目恭夫訳、平凡社）
p.253 いとこ8人：M. Kohn, *A Reason for Everything* (Faber & Faber, 2004), 281.
p.255 さまざまな人間社会の比較研究では：R. Kurzban et al., "The Evolution of Altruism in Humans," *Annual Review of Psychology* 66, ed. S. T. Fiske (2015): 575–99.
p.255 リチャード・ドーキンスは：Kohn, *A Reason for Everything*, 272.
p.256 霊長類の間では：A. V. Jaeggi and C. P. Van Schaik, "The Evolution

of Food Sharing in Primates," *Behavioral Ecology and Sociobiology* 65, no. 11 (2011): 2125–40, doi:10.1007/s00265-011-1221-3.

p.257 キケロ: M. Ridley, *The Origins of Virtue* (Viking, 1996). マット・リドレー『徳の起源:他人をおもいやる遺伝子』(岸由二監修、古川奈々子訳、翔泳社)

p.257 親愛なるセプティキウス・クラルス君: A. Dalby and S. Grainger, *The Classical Cookbook* (British Museum Press, 1996), 100. アンドリュー・ドルビー、サリー・グレインジャー『古代ギリシア・ローマの料理とレシピ』(今川香代子訳、丸善)

p.258 狩猟採集民の食べ物の分配: M. Gurven, "To Give and to Give Not: The Behavioral Ecology of Human Food Transfers," *Behavioral and Brain Sciences* 27, no. 4 (2004): 543–83; A. V. Jaeggi and M. Gurven, "Reciprocity Explains Food Sharing in Humans and Other Primates Independent of Kin Selection and Tolerated Scrounging: A Phylogenetic Meta-Analysis," *Proceedings of the Royal Society of London: Series B, Biological Sciences* 280, no. 1768 (2013), doi:10.1098/rspb.2013.1615.

p.258 動物社会: T. Clutton-Brock, "Cooperation between Non-Kin in Animal Societies," *Nature* 461, no. 7269 (2009): 51–57.

p.259 最善の戦略が、サルの逃げ道をふさぐか: M. Tomasello et al., "Two Key Steps in the Evolution of Human Cooperation: The Interdependence Hypothesis," *Current Anthropology* 53, no. 6 (2012): 673–92, doi:10.1086/668207.

p.260 強要されてから仕方なく分け与える: I. C. Gilby, "Meat Sharing among the Gombe Chimpanzees: Harassment and Reciprocal Exchange," *Animal Behaviour* 71 (2006): 953–63, doi:10.1016/j.anbehav.2005.09.009.

p.260 ゴンベ: 同上

p.261 オキシトシン: R. M. Wittig et al., "Food Sharing Is Linked to Urinary Oxytocin Levels and Bonding in Related and Unrelated Wild Chimpanzees," *Proceedings of the Royal Society of London: Series B, Biological Sciences* 281, no. 1778 (2014), doi:10.1098/rspb.2013.3096.

p.262 人間の幼児は喜んで食べ物を分け合う: Tomasello et al., "Two Key Steps in the Evolution of Human Cooperation."

p.264 そんなことには関心がないのかもしれない: J. M. Engelmann et al., "The Effects of Being Watched on Resource Acquisition in Chimpanzees and Human Children," *Animal Cognition* 19, no. 1 (2016): 147–51, doi:10.1007/s10071-015-0920-y.

p.265 ひと組の目だけの写真: M. Bateson et al., "Cues of Being Watched Enhance Cooperation in a Real-World Setting," *Biology Letters* 2, no. 3 (2006): 412–14, doi:10.1098/rsbl.2006.0509.

p.265 オセロー: W. Shakespeare, *Othello*, in *Complete Works of William Shakespeare RSC Edition*, ed. J. Bate and E. Rasmussen (Macmillan, 2006), 3.3. シェイクスピア『シェイクスピア全集 13 オセロー』(松岡和子

訳、ちくま文庫など）

p.268「イノシシのトロイ風」: A. Soyer, *The Pantropheon: Or, a History of Food and Its Preparation in Ancient Times* (Paddington Press, 1977).

p.268 エンガストレーションのエスカレーション: www.dailymail.co.uk/news/article-502605/It-serves-125-takes-hours-cook-stuffed-12-different-birds-really-IS-Christmas-dinner.html (accessed February 9, 2016).

p.270 ポトラッチの祝宴: Ridley, *The Origins of Virtue*. マット・リドレー『徳の起源——他人をおもいやる遺伝子』（岸由二監修、古川奈々子訳、翔泳社）

p.271 ニューギニア: B. Hayden, T*he Power of Feasts* (Cambridge University Press, 2014).

◉第 14 章 未来

p.272 気候変動: A. J. Challinor et al., "A Meta-Analysis of Crop Yield under Climate Change and Adaptation," *Nature Climate Change* 4, no. 4 (2014): 287–91, doi:10.1038/nclimate2153.

p.272 食料生産システムと作物そのものを適応: B. McKersie, "Planning for Food Security in a Changing Climate," *Journal of Experimental Botany* 66, no. 12 (2015): 3435–50, doi:10.1093/jxb/eru547.

p.273 寓話の時代の狩人は: A. D. Hope, "Conversations with Calliope," in *Collected Poems, 1930–1970* (Angus and Robertson, 1972), http://www.poetrylibrary.edu.au/poets/hope-a-d/conversation-with-calliope-0146087 (accessed February 20, 2016).

p.275 重要な2冊の本: P. R. Ehrlich, *The Population Bomb* (Ballantine, 1968) ポール・R・エーリック『人口爆弾』（宮川毅訳、河出書房新社）; D. H. Meadows, *The Limits to Growth: A Report for the Club of Rome's Project on the Predicament of Mankind* (Earth Island Ltd., 1972) D・H・メドウズ、D・L・メドウズ、J・ランダース、W・W・ベアランズ三世『成長の限界——ローマ・クラブ「人類の危機」レポート』（大来佐武郎監訳、ダイヤモンド社）

p.275 食料供給も: L. T. Evans, *Feeding the Ten Billion: Plants and Population Growth* (Cambridge University Press, 1998). ロイド エヴァンス『100億人への食糧——人口増加と食糧生産の知恵』（日向康吉訳、学会出版センター）

p.277 自然生息地: J. R. Stevenson et al., "Green Revolution Research Saved an Estimated 18 to 27 Million Hectares from Being Brought into Agricultural Production," *Proceedings of the National Academy of Sciences of the United States* 110, no. 21 (2013): 8363.

p.277 緑の革命の父ボーローグ: N. Borlaug, "Norman Borlaug—Nobel Lecture: The Green Revolution, Peace, and Humanity," 1970, http://www.nobelprize.org/nobel_prizes/peace/laureates/1970/borlaug-lecture.html (accessed February 20, 2016).

p.277 平均収穫量を：Evans, *Feeding the Ten Billion*. ロイド エヴァンス『100億人への食糧——人口増加と食糧生産の知恵』（日向康吉訳、学会出版センター）
p.278 現在の傾向のままでおそらく達成可能：D. K. Ray et al., "Yield Trends Are Insufficient to Double Global Crop Production by 2050," *PLOS ONE* 8, no. 6 (2013), doi:10.1371/journal.pone.0066428.
p.278 食品廃棄物を減らしたり：M. Kummu et al., "Lost Food, Wasted Resources: Global Food Supply Chain Losses and Their Impacts on Freshwater, Cropland, and Fertiliser Use," *Science of the Total Environment* 438 (2012): 477–89, doi:10.1016/j.scitotenv.2012.08.092.
p.278 肉を食べる量を少なくする：V. Smil, *Should We Eat Meat? Evolution and Consequences of Modern Carnivory* (Wiley-Blackwell, 2013).
p.279 原因となる遺伝子変異：A. Sasaki et al., "Green Revolution: A Mutant Gibberellin-Synthesis Gene in Rice—New Insight into the Rice Variant That Helped to Avert Famine over Thirty Years Ago," *Nature* 416, no. 6882 (2002): 701–2, doi:10.1038/416701a.
p.279 耐塩性を高める：R. Munns et al., "Wheat Grain Yield on Saline Soils Is Improved by an Ancestral Na^+ Transporter Gene," *Nature Biotechnology* 30, no. 4 (2012): 360–64, doi:10.1038/nbt.2120.
p.279 光合成：S. P. Long et al., "Meeting the Global Food Demand of the Future by Engineering Crop Photosynthesis and Yield Potential," *Cell* 161, no. 1 (2015): 56–66, doi:10.1016/j.cell.2015.03.019; J. Kromdijk et al., "Improving Photosynthesis and Crop Productivity by Accelerating Recovery from Photoprotection," *Science* 354, no. 6314 (2016): 857–61, doi:10.1126/science.aai8878.
p.279 ルーマニア：P. Ronald and R. W. Adamchak, *Tomorrow's Table: Organic Farming, Genetics, and the Future of Food*, 2nd ed. (Oxford University Press, 2017). パム・ロナルド、ラウル・アダムシャ『有機農業と遺伝子組換え食品——明日の食卓』（椎名隆・石崎陽子監訳、奥西紀子・増村威宏訳、丸善出版）〔なお、邦訳は原著初版の翻訳であり、第2版で追加された当該内容には触れられていない〕
p.280 2014年に実施された調査：C. Funk and L. Rainie, "Public Opinion about Food," in *Americans, Politics and Science Issues* (Pew Research Center, 2015).
p.280 誤解のせいで：W. Saletan, "Unhealthy Fixation," *Slate.com*, July 15, 2015, http://www.slate.com/articles/health_and_science/science/2015/07/are_gmos_safe_yes_the_case_against_them_is_full_of_fraud_lies_and_errors.html (accessed August 19, 2016).
p.280 遺伝子組み換え作物の安全性試験：A. Nicolia et al., "An Overview of the Last 10 Years of Genetically Engineered Crop Safety Research," *Critical Reviews in Biotechnology* 34, no. 1 (2014): 77–88, doi:10.3109/07388551.2013.823595.

p.280 いまではその代わりに: H. van Bekkem and W. Pelegrina, "Food Security Can't Wait for GE's Empty Promises," June 30, 2016, http://www.greenpeace.org/international/en/news/Blogs/makingwaves/food-security-GE-empty-promises/blog/56913/ (accessed August 20, 2016).

p.280 遺伝子組み換え技術が現実にもたらした利益: National Academies of Sciences Engineering and Medicine, *Genetically Engineered Crops: Experiences and Prospects* (National Academies Press, 2016), doi:10.17226/23395.

p.281 遺伝子を組み換えられたパパイア: D. Gonsalves, "Control of Papaya Ringspot Virus in Papaya: A Case Study," *Annual Review of Phytopathology* 36 (1998): 415–37, doi:10.1146/annurev.phyto.36.1.415.

p.282 2004年にタイで: S. N. Davidson, "Forbidden Fruit: Transgenic Papaya in Thailand," *Plant Physiology* 147, no. 2 (2008): 487–93, doi:10.1104/pp.108.116913.

p.282 ゴールデンライス: Saletan, "Unhealthy Fixation."

p.283 遺伝子組み換え品種を利用することができずにいる: R. L. Paarlberg, *Starved for Science: How Biotechnology Is Being Kept Out of Africa*(Harvard University Press, 2008).

p.283 ナスの遺伝子組み換え品種: E. Hallerman and E. Grabau, "Crop Biotechnology: A Pivotal Moment for Global Acceptance," *Food and Energy Security* 5, no. 1 (2016): 3–17, doi:10.1002/fes3.76.

p.283 持続可能な農業: Ronald and Adamchak, Tomorrow's Table. パム・ロナルド、ラウル・アダムシャ『有機農業と遺伝子組換え食品——明日の食卓』(椎名隆・石崎陽子監訳、奥西紀子・増村威宏訳、丸善出版)

p.284 マーク・ライナス: M. Lynas, "How I Got Converted to GMO Food," *New York Times*, April 24, 2015.

p.284 いわゆる遺伝子組み換え生物を: N. Johnson, "It's Practically Impossible to Define 'GMOs,' " December 21, 2015, https://grist.org/food/mind-bomb-its-practically-impossible-to-define-gmos/.

p.285 リゾビウム・ラディオバクテル: M. Van Montagu, "It Is a Long Way to GM Agriculture," *Annual Review of Plant Biology* 62 (2011): 1–23, doi:10.1146/annurev-arplant-042110-103906.

p.285 栽培化されたサツマイモのゲノムには: T. Kyndt et al., "The Genome of Cultivated Sweet Potato Contains *Agrobacterium* T-DNAs with Expressed Genes: An Example of a Naturally Transgenic Food Crop," *Proceedings of the National Academy of Sciences* 112, no. 18 (2015): 5844–49, doi:10.1073/pnas.1419685112.

p.285 CRISPR–Cas 9: J. A. Doudna and E. Charpentier, "The New Frontier of Genome Engineering with CRISPR-Cas9," *Science* 346, no. 6213 (2014), doi:10.1126/science.1258096.

p.286 パンコムギをウドンコ病にかかりやすくする: S. Huang et al., "A Proposed Regulatory Framework for Genome-Edited Crops," *Nature*

Genetics 48, no. 2 (2016): 109–11, doi:10.1038/ng.3484, http://www.nature.com/ng/journal/v48/n2/abs/ng.3484.html#supplementary-information (accessed March 12, 2014).
p.289 食事の研究により：C. T. McEvoy et al., “Vegetarian Diets, Low-Meat Diets and Health: A Review,” *Public Health Nutrition* 15, no. 12 (2012): 2287–94, doi:10.1017/s1368980012000936.
p.291 エマ・ダーウィンはレシピ帳を：D. Bateson and W. Janeway, *Mrs. Charles Darwin's Recipe Book: Revived and Illustrated* (Glitterati, 2008).